日本都市計画学会中部支部創設 30 周年記念

変革社会に対応する新しい都市計画像

―動き始めた「コンパクト・プラス・ネットワーク」型都市への取り組み―

公益社団法人日本都市計画学会中部支部 編

中日出版

はじめに

　国・地域によって、時代によって、求められる都市像は異なる。本格的な人口減少を迎えた我が国においては、集約型都市構造が求められており、全国の地方公共団体で都市の集約化に向けた計画が策定されている。超高齢社会、インフラの老朽化、都市のスポンジ化、激甚化する自然災害などへの対応も急務である。先進諸国と比べて緑の少なさや景観の未成熟も指摘される。いかに使うか、続けていくかも重要な視点になった。

　交通のあり方も変わりつつある。ネットショッピングの普及は買物行動を減らすことにつながる。さらなる情報技術の進展により、在宅勤務やオンライン授業などが普通になり、遠隔医療が可能になり、人々の外出機会は減少することになろう。感染症対策からの外出抑制を経験し、その影響の大きさも学んだ。

　このように、我が国の将来を俯瞰したとき暗い未来が待ち受けていそうであるが、それをバネにし、乗り越えた時、新たな持続可能で個性豊かな都市像が実現していよう。今、新しい都市像を描く時が来たのである。

　2020(令和2)年に、日本都市計画学会中部支部は創設30周年を迎えた。これを機に、社会・経済、そして人々の価値観や生活様式の変化を見据え、これからの都市像を描く『変革社会に対応する新しい都市計画像』を記念出版することになった。中部地方を中心に活躍する大学等の研究者、民間企業の専門家、行政の担当者らが最新の研究、実務、施策等を盛り込みながら執筆にあたった。事例等は中部地方が中心に紹介されることになるが、考え方や方法などは全国の各地方公共団体に当てはまるだろう。本書を読み進んでいただき、それぞれの地域にふさわしい都市計画像を描くことに資することができれば望外の喜びである。

　最後に、都市計画学会中部支部を30年前に設立し、また、この30年間に渡って支部活動を支えてきた学会支部会員、ならびに中部地方の都市計画に携わられた多くの方々に感謝の意を表するとともに、来る変革社会を乗り越える各地方公共団体の都市計画の実現を祈念して結びとしたい。

　2020(令和2)年9月

公益社団法人日本都市計画学会中部支部

支部長　　松本幸正（名城大学）

副支部長　浅野　聡（三重大学）

副支部長　秀島栄三（名古屋工業大学）

目　次

第2章 「コンパクト・プラス・ネットワーク」型都市の構築を目指した
     多様なまちづくりの展開

| 第Ⅱ部 | 中部地方における「コンパクト・プラス・ネットワーク」型都市への取り組み　125 |

第3章　北陸地方における取り組み

1　魅力ある都市づくりを目指して

変革社会に対応する新しい都市計画像の未来
—中部地方からの展望—

The Future of New Urban Planning for the Changing Society
-A View from the Chubu Region-

松本　幸正　　日本都市計画学会中部支部　支部長
Yukimasa MATSUMOTO　　Manager of Chubu Branch, the City Planning Institute of Japan

浅野　　聡　　日本都市計画学会中部支部　副支部長
Satoshi ASANO　　Deputy Manager of Chubu Branch, the City Planning Institute of Japan

秀島　栄三　　日本都市計画学会中部支部　副支部長
Eizo HIDESHIMA　　Deputy Manager of Chubu Branch, the City Planning Institute of Japan

1　本書のテーマ

　本書のテーマは、『変革社会に対応する新しい都市計画像』である。変革とは「変えあらためること」(広辞苑第五版、岩波書店)であり、国内外の様々な要因から生じる社会変化に対して、自らの意思で社会を改革し、持続可能な社会を実現する都市計画像を描くことを企図している。

　今世紀に入り、人口減少や高齢化、地場産業の低迷等に伴う都市衰退を迎える中で、前世紀の成長の時代に築かれた都市計画を転換できるかどうかが問われている。都市衰退を招く社会変化は、国内における人口減少等によるものだけではなく、経済活動のグローバル化に伴う産業構造の変化等によっても引き起こされている。また、決して人為的な要因だけではなく、近年の大規模地震や集中豪雨に代表される自然災害の存在も、都市衰退を招く要因としてクローズアップされている。

　わが国では、1990年代に入ると都市の中心市街地の衰退問題が顕在化し、郊外に市街地を拡大する都市計画が見直され、1998(平成10)年にまちづくり三法(大規模小売店舗立地法と中心市街地活性化法の制定、都市計画法の改正)の整備が行われた。そして、多くの都市において中心市街地活性化基本計画が策定された。しかしながら、同計画は十分な実効力を持つ位置づけではなかったこと、EUのように持続可能な社会をコンセプトにしたいわゆるコンパクトシティを目指したものではなかったこと、等の理由から、中心市街地の衰退に十分な歯止めをかけることは出来なかった。

　以上の経緯を踏まえて、2014(平成26)年に都市再生特別措置法が改正され、都市機能を集約し市街地をコンパクト化することを目的にして、「立地適正化計画」が制度化された。また、これと同時に「国土のグランドデザイン2050」(国土交通省)が公表され、この中で今後の国土づくりのキーワードとして「コンパクト・プラス・ネットワーク」が示されることとなった。

　2016(平成28)年以降、立地適正化計画を策定して公表する地方公共団体が増えてきている。国土交通省のホームページによると2016(平成28)年に箕面市、熊本市、花巻市、札幌市が公表しており、これらの取り組みが最も早いものである。中部地方では、2017(平成29)年に(本誌でも紹介している)富山市、金沢市、福井市、岐阜市、静岡市、岡崎市などが公表しており、以後、多くの地方公共団体で策定が進み、「コンパクト・プラス・ネットワーク」型都市の構築に向けて動き始めているところである。

2　本書の構成

　本書の構成は図1に示す通り、全2部から成る。
　第Ⅰ部は、「変革社会に対応する新しい都市計画像」と題し、将来の都市計画のあり方に関する計画論や制度論に関する論考を集めている。
　第1章は、『立地適正化計画を中心とした「コンパクト・プラス・ネットワーク」型都市の構

築』と題し、新たに制度化された立地適正化計画に関する原論と3つの基本論（交通機能、商業・医療・福祉機能、居住機能）から成る。

第2章は、『「コンパクト・プラス・ネットワーク」型都市を目指した多様なまちづくりの展開』と題し、立地適正化計画と連携して展開することが重要と考えられる7つの特論（協働事業・合意形成、防災・事前復興、モビリティ・スマートシティ、にぎわい・集客交流、歴史・文化的景観、空き家・空き地、ニュータウン再生）から成る。

第Ⅱ部は、『中部地方における「コンパクト・プラス・ネットワーク」型都市への取り組み』と題し、中部地方の地方公共団体による取り組みとして、県による県土構造のコンパクト化に関する実践報告、市による立地適正化計画の策定と運用を中心とした実践報告を集めている。

第3章は、「北陸地方における取り組み」と題し、富山県、富山市、石川県、金沢市、福井県、福井市の実践報告から成る。

第4章は、「東海地方における取り組み」と題し、岐阜県、岐阜市、静岡市、浜松市、愛知県、名古屋市、一宮市、岡崎市、三重県、津市の実践報告から成る。

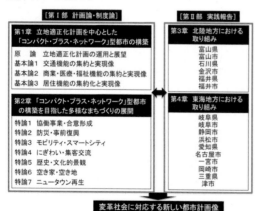

図1　本書の構成

3　第Ⅰ部の計画論・制度論の特徴

第1章の原論では、立地適正化計画の運用と展望について論じられる。はじめに、立地適正化計画が本質的に求める姿が示され、計画策定に当たっての留意点と計画実現の方策についてまとめられる。続いて、地方公共団体における居

住誘導区域の指定方針の実態が明らかにされる。設定された目標人口密度と線引き制度の関係が示されるとともに、その実現性についての考察が行われる。さらに、2014（平成26）年の立地適正化計画制度の導入までの背景と法制度の変遷がまとめられるとともに、今後は、土砂災害特別警戒区域や浸水想定区域の居住誘導区域からの除外、スポンジ化対策、スマートシティやMaaSへの対応が立地適正化計画に求められると指摘する。

基本論1では、交通機能の集約と実現像について論じられる。はじめに、モータリゼーション起因の都市と公共交通が抱える問題の解決には、都市の集約と公共交通ネットワーク整備の連携が重要であることが説かれる。続いて、地域公共交通計画の根拠となる法制度の変遷が整理され、今後の地域公共交通に求められる視点が示される。立地適正化計画の評価の1つとして、公共交通による誘導区域とのアクセシビリティを時空間軸上で定量的に分析する事例も紹介される。鉄道駅やバスターミナルなどを単なる交通結節点としてではなく、商業施設や病院を利用したり、芝生広場と一体化させたギャラリーや飲食店、多目的室を併設したバスターミナルにリデザインしたりする事例が紹介される。公共交通に見いだす価値は幅広いが、地域住民が認識する地域鉄道に対する価値を分析し、定住意向にもつながっていることが明らかにされる。公共交通を利用したラストマイルとして、徒歩あるいは自転車は重要な手段である。集約型都市では歩いて暮らせる環境の構築も望まれる。自転車通行空間の整備のあり方や公共交通との連携策について示され、安全な歩行空間ネットワークならびに歩道整備による賑わい創出の方法が論じられる。

基本論2では、商業・医療・福祉機能の集約化と実現像について論じられる。立地適正化計画では、各都市施設が誘導施設として指定され、都市機能誘導区域への誘導が図られる。中部地方における都市機能誘導区域の設定状況と指定される誘導施設の現況が整理されるが、それを実現する誘導施策の乏しさが指摘され、官民協働の事業推進方策や近隣市町との連携の必要性が示唆される。立地適正化計画の策定に当たっ

ては、居住誘導区域外の空間モデルの必要性が指摘されているが、実際に居住誘導区域外に何らかの拠点が設定されている地方公共団体が相当数あり、その実態が報告される。

基本論3では、居住機能の集約化と実現像について論じられる。居住を誘導するためには居住エリアの魅力向上や低未利用地の利活用が欠かせず、一方で、区域外における住宅供給の制限が必要となる。多くの学術論文を基にその実現方法や問題点が読み解かれる。立地適正化の制度が2014（平成26）年に創設されてからいくつかの課題も見えてきた。自然災害への対応と賑わいの創出である。これらへ対応するための制度改正について整理され、セカンドステージに入った立地適正化計画では安全性や生活利便性といった生活者の視点が重要になったことが示される。

人口が減少する我が国において、集約型都市構造への転換は待ったなしである。一方で、地域によっては居住誘導区域外での生活があったり、災害危険度が高い地域での居住を全て排除することは現実的には不可能であったりもする。立地適正化計画を横並びに策定する必要は無く、計画策定を機に、地域の地理、歴史、文化的背景を十分に踏まえ、どのリスクをどこまで受け入れるかを地域住民とともに考え、持続可能で個性豊かな都市計画像が描かれることを願わずにはいられない。

個性豊かな都市を実現するためには、地域問題に根ざした個別のまちづくりや地域文脈を活かした地域住民との協働も欠かせない。特に、つくることから使うことへの発想の転換が求められている。そこで第2章では、立地適正化計画の推進と共に取り組むべき個別のまちづくりやソフト策等について論じられる。

第2章の特論1では、協働事業・合意形成について論じられる。はじめに、市民参加型・主導型景観まちづくりの取り組み事例が紹介され、空間の可能性の気づきの連鎖が景観まちづくりにつながることが示され、続いて、都市計画マスタープランに地域マネジメントを位置づけ、都市を「つくる」から「つかう」「いかす」方向へ転換していく必要性について論じられる。

特論2では、防災・震災復興について論じられ

る。災害への対応は、第1章でも論じられているが、個別のまちづくりとしても重要となる。地区が持つ共助力を評価するための方法が提案され、共助力向上の方策が示される。事前復興まちづくりの視点から、木造仮設を供与終了後に恒久住宅として計画的に継続利用するための災害復興対応型木造住宅計画も提案される。

特論3では、モビリティ・スマートシティについて論じられる。自動運転車両が都市に及ぼす影響が考察されるとともに、CASEと呼ばれる新たなモビリティに対応した都市のあり方が示され、さらに、スマートシティやMaaSを推進するにあたっての行政の役割についても論じられる。

特論4では、にぎわい・集客交流について論じられる。都市の集約化と公共交通ネットワークの連携は周遊観光の促進にも資することが示され、都市の魅力を引き上げる河川空間を活かした「かわまちづくり」が紹介されるとともに、公共空間を活用した賑わい・交流の場づくりとなるプレイス・ブランディングにも触れられる。長寿社会を支えるには、高齢者の交流を支える場づくりと移動手段が連携した都市づくり・まちづくりが求められることも示される。

特論5では、歴史・文化的景観について論じられる。はじめに、中部地域における歴史を活かしたまちづくりの実態が紹介されるとともに、歴史を活かした歩いて楽しいまちづくりは、コンパクトなまちづくりの一翼を担うことが説かれる。

特論6では、空き家・空き地について論じられる。都市計画マスタープランの目標を具現化するシンボル施策として空き家の利活用を位置づけて推進する方策が紹介される。

特論7では、ニュータウン再生について論じられる。老朽化と高齢化に直面したニュータウンの再生方法として、コンパクトシティとして構造転換させる糸口について触れられる。

コンパクト・プラス・ネットワークは、都市を鳥瞰したときの構造をあらわすことになるが、この構造は観光や地域福祉、歴史を活かしたまちづくりにもつながっていく。空間や施設の整備に加えて、自然災害や新技術への対応も準備し、都市空間の使い方を地域住民らと共に考え、生み出し、実践するというプロセスを経ることが、

都市構造の転換とともに、持続可能で個性豊かな都市像の実現の鍵になろう。

4 第Ⅱ部の実践報告の特徴

本書後半では、「コンパクト・プラス・ネットワーク」型都市に向けての取り組み事例を取り上げる。第3章は北陸地方の事例であり、第4章は東海地方の事例である。これらを通じて、中部地方の地方公共団体の動きを把握できるが、その特徴を概観すると以下のとおりである。

2016（平成28）年に立地適正化計画制度が制定された後、早くに策定に着手した地方公共団体もあれば、都市計画マスタープランなど関連する計画の改訂に合わせた地方公共団体もある。

都市機能の誘導は、何らかの拠点に向かって取り組むことが必然的に多い。とすると市街地規模の観点から県よりも市が果たす役割が大きいこととなる。一方、公共交通体系、道路網の整備、地域軸の形成等は主として県が担うべき役割となる。そして、地方公共団体ごとに、固有の問題に根ざした個別のまちづくりや、地域文脈を活かした計画の個性が見いだされる。各県、各市の特徴を簡単に述べると以下の通りである。

まず富山県は、取り組みを街路整備、土地区画整理等の事業別に整理している。その中で、住民参加のまちづくりも大切であると主張している。

石川県は、2002（平成16）年に策定した都市マスを見直す形で立地適正化を検討した。今後5年周期で進捗管理を行うことを強調している。

福井県は、各市で都市機能誘導区域と居住誘導区域の割合が大きく異なることに着目し、立地適正化の方針に違いがあることを示している。

岐阜県は、最初に5つの方針、回避すべき問題、2030（令和12）年頃における目指すべき都市像を鮮明にし、諸市の取り組みとともに県の役割を示している。

愛知県は、今なお人口が増加する状況にあり、改めて都市づくりの理念、基本方向、都市マスの見直しのポイントを示している。

三重県は、県土全体としての取り組みが際立ち、圏域マスタープランと各市の都市マスとの関わりに言及している。防災面も多く触れている。

一方、市レベルの取り組みについては、まずもってコンパクトシティ化を早くから推進していたのが富山市である。都心と都市計画区域外も含めた地域生活拠点との関係性を示す図式が目を引く。

金沢市は、計画策定にあたっての綿密な都市診断と計画策定のポイントを並べている。

福井市は、中心市街地の再生に重点を置いている。同時に景観計画を盛り込んでいるのは特徴的である。

岐阜市は、総合計画、都市マス、中心市街地活性化基本計画、地域公共交通網形成計画など諸計画との関係性を整理している。

静岡市は、合併等これまでの経緯から「3つの都心」を今後の拠点としていかに位置づけるかに工夫を凝らしている。

浜松市も、合併で広がった都市圏を対象に「メリハリ」をいかに効かせるか検討した経緯がわかるようになっている。

名古屋市は、大都市で、かつ人口減少が顕著ではないところでのコンパクト・プラス・ネットワークの実現化の難しさが垣間見える。

一宮市は、多くの市町村が合併した経緯から「多拠点」を許容した上で、交通条件を活かした都市機能誘導、居住誘導の施策を示している。

岡崎市では、QURUWA戦略を打ち立て、立地適正化計画と連携させ、水辺も含め、中心市街地の魅力や回遊性向上を図ろうとしている。

津市は、人口減少に直面しており、基本的方針とはいえ、具体的な立地適正化の方策が全方向的に整理されている。

今後も人口減少が続く中で、各地の取り組みは、今後の計画策定の参考になり得よう。第Ⅱ部を読み解き、変革社会に対応した新しい都市計画像を実践的な面からも描いてもらいたい。

【引用・参考文献】

1) 日本都市計画学会中部支部（2015）：集約型都市構造への転換とそのプロセス・プランニングの構築に向けて、日本都市計画学会中部支部同支部25周年記念誌

2) 海道清信（2007）：コンパクトシティの計画とデザイン、学芸出版社

第Ⅰ部

変革社会に対応する新しい都市計画像

第1章　立地適正化計画を中心とした「コンパクト・プラス・ネットワーク」型都市の構築

第2章　「コンパクト・プラス・ネットワーク」型都市の構築を目指した多様なまちづくりの展開

立地適正化計画制度の特質と適用のあり方

Characteristics of Japanese Compact City Policy and its Application and Issues

福 島　茂　　名城大学都市情報学部
Shigeru FUKUSHIMA　　Faculty of Urban Science, Meijo University

1　はじめに

立地適正化計画（立適計画）が適用される自治体は、大都市圏・地方圏などの立地条件、人口動態、歴史的な市街化プロセスと都市・地域構造、土地利用規制などにおいて、それぞれに状況が異なる。また、各自治体は異なるスタンスのもとで立適計画を策定・運用しようしており、地域文脈の違いと相まって多様な立適計画が策定されている。本稿では、国土交通省の立適制度に関する各種資料（国土交通省2014, 2015, 2016, 2019）をもとに、立適制度の特質を概観したうえで、その計画立案と政策運営のあり方と課題について論じてみたい。

2　立地適正化計画制度の特質

(1) コンパクトシティ・プラス・ネットワーク

立適計画の本質は「コンパクトシティ・プラス・ネットワーク」のコンセプトによく表されている（国土交通省2014）。人口減少プロセスのもとで居住誘導区域に人口を集約しつつ、その拠点に都市機能を誘導することで、利便性と都市インフラ・生活サービスの持続的な運営を保障するアプローチである。各拠点と居住誘導区域を公共交通で結ぶことは、地域公共交通の運営をより持続的なものとする。交通結節点の徒歩圏内に都市機能施設を配置することは、歩いて暮らせる健康的なまちや、安心して暮らしやすいまちづくりにもつながる。また、立適計画は居住誘導区域の設定の際に、ハザードリスクを避けることで事前防災計画に資するものでもある。一方、欧州のコンパクトシティ政策では、低炭素型の都市構造をつくることが大きな政策目標に位置付けられているが、立適計画ではその色彩はやや弱い。

(2) 立地・投資環境改善による緩やかな誘導政策

立適計画は線引き制度のように土地所有者の開発権に介入して、土地利用を強制誘導するものではない。居住誘導区域外での住宅開発や、都市機能誘導区域外での誘導施設立地については、届出・勧告による立地調整を図る仕組みになっている。開発許可制度（立地基準）を適用できる居住調整区域が例外的に用意されているが、その適用は任意であり立適計画の必須事項ではない。その一方、指定区域内へ居住機能や都市機能を誘導するために、多彩な補助金・交付金制度や規制緩和を伴う特定用途誘導地区制度を設けている（国土交通省2014）。国の支援制度と社会的な反発の少ない緩やかな誘導政策という制度上の特質が、短期間に多くの自治体が立適計画の策定に着手した要因である。このことは運用の仕方によっては立地誘導効果が乏しいものになりかねないことを示唆している。

(3) 市町村都市計画マスタープランの高度化版

立適計画は法定の都市計画施設だけでなく、居住・医療・福祉・商業など様々な都市機能の立地誘導と土地利用規制・景観・まちづくりや地域交通計画とも統合させることで、「都市計画マスタープランの高度化版」としての性格付けがなされている（国土交通省2014）。立適計画は都市計画マスタープランに即するものであり、その実現には各種の財政支援措置が用意されていることから、都市計画マスタープランの実現を推進する手段としても活用できる。都市機能の立地誘導には部局横断的な調整のもとで策定・運用が求められ、官民連携や公共交通事業者との連携も求められている。立適計画をより

効果的に運用できるかどうかは、こうした庁内外の連携体制のもとで、効果的な立地誘導・施設サービスの運用ができるかどうかにかかっている。

(4) 誘導区域外の対応の弱さ

立適制度では誘導区域内に居住や都市機能を立地させる支援措置は充実しているが、誘導区域外の空間をどのように管理・運営するかの制度設計は弱い。具体的には、跡地等管理区域・跡地等管理協定制度、空き家再生等推進事業、市民農園整備事業があるが、限定的である。世帯減少が進み始めた都市において居住誘導区域に人口を誘導することは、それ以外の市街地の空洞化・スポンジ化を進めることになる。居住誘導区域外での都市空間像をどのように描き実現するかは立適計画においても適切に定めておく必要がある。

3　立地適正化計画の適用のあり方

(1) 都市タイプと立適計画

ここでは、二つのタイプの地方都市における立適計画の適用を考えてみたい。

一つは、都市の立地的背景や歴史的な発展過程から拠点構造が明瞭な都市である。このタイプの都市では、立適計画の立案自体は比較的容易である。しかし、これらの都市の多くは中心市街地の空洞化問題を長らく抱え、その周辺でも高齢化・人口減少による居住のスポンジ化がみられる。立適計画とともに連動した関連政策に本腰を据えて取り組まないと、実効性は上がらない。文化生活サービス施設・公共空間・公共交通拠点の整備や、地域固有の歴史・文化・自然資源の活用を梃に、民間・市民の再投資を戦略的に促していくことが成否を分ける鍵となる。地域購買需要以上に広がった中心商業地域の土地利用再編も求められよう。人々が住みたくなるまちなかライフスタイルと居住環境を構築できるかどうかにかかっている。

もう一つは、高度成長期以降に発展してきた新興郊外都市である。これらの都市の多くは、不明瞭な拠点性、低密で拡散的な人口分布、自動車交通への依存度の高さと公共交通基盤の弱さという共通性を有し、土地利用規制の観点か

らは未線引き都市も多い。こうした都市では、コンパクトな都市機能誘導区域や居住区域の設定も難しく、結果的に公共交通との連動も難しい。地域の文脈とこれまでの開発・人口動態を読み解き、何を、あるいはどこを核として拠点形成を促すかを検討することが求められる。また、それ以上に重要なことは、自然災害リスク地域、まとまりのある農地、自然環境配慮地域の開発抑制を徹底させることである。合意形成は容易でないが、本来ならば居住調整区域の指定などが求められよう。

(2) 緩やかな長期的誘導と新規開発抑制

立適計画を策定する際には、長期的誘導と現在時点での新規（グリーンフィールド）の開発抑制という二つのタイムフレームを念頭に置くことが大切である。立適計画は「緩やかに誘導していく」というイメージが強いが、人口減少のもとでは適切な規制対応がなければ、長期的にみて持続可能な都市空間管理は難しい。新規開発が40〜50年を経て更新期に入ったときを見据え、将来の人口動態のもとで住み継がれるものであるか、その維持管理における将来的な財政負担を厳しく検討し、開発すべきでないものを現段階において適切に抑制することが求められる。縮減社会では、新規開発を抑制しなければ、劣化・低利用化したグレイフィールドへの投資を誘発させることも難しい。

(3) 多極分散とネットワーク化

立適計画の立案において問題になるのは、誘導区域から外れた地域からの不満の高まりである。このことが誘導区域の過大設定につながりやすい。都市の成り立ちや地域の拠点構造によっても異なるが、都市内の多極分散構造と公共交通を軸とするネットワーク化は都市のバランスのとれた発展にもつながり、立適計画策定の合意形成に資するものである。その際にも、将来人口フレームと区域配分（居住誘導区域、区域外、市街化調整区域などへの）、目標人口密度からみて、居住誘導区域が過大にならないようにすべきである。

(4) 居住誘導区域外の空間モデルの必要性

人口減少のもとで居住誘導区域の人口密度を維持しようとすれば、区域外の空洞化・低利用

化は避けられない[1]。区域外にどのような都市空間像をもたせ、どう実現していくかは大きな課題となる。近年の生産緑地法の改正（2017）、都市農地賃借法の施行（2018）、田園住居地域の創設（2018）は、居住誘導区域外において、新しい空間ビジョンの実現に向けたプラットフォームを提供するものである。生産緑地での市民農園、地産地消型の農園レストラン、農産品の加工販売施設の開設ニーズに対して柔軟に対応できるようになり、都市と農村集落地の混住地域を計画的に誘導するアプローチがとりやすくなった。これは生産緑地を活用したグリーンインフラの一つの形態ともいえる。生産緑地は農地機能としてはかなり形骸化しているが、レストランや農業加工品ショップなどを併設するようになれば、農地の適切な管理や環境価値を高めるインセンティブが働き始める。魅力的な都市田園環境を創出し、新しいライフスタイルを生み出していくことが求められる。居住誘導区域外では低い人口密度でも土地利用を適切に管理しうる仕組みをつくることが求められ、こうした都市田園モデルの他にも、再生エネルギー施設用地や隣接空き地の取得に対する税制優遇なども考えられる。

(5) 激甚化する災害リスクに備える

居住誘導区域の設定に際し、まず検討すべきは災害リスクの高い地域を誘導区域から外すことである。国土交通省の都市計画運用指針（2016）では、特に災害リスクの高い特別警戒区域等は居住誘導区域に含めないとしているが、警戒区域や浸水想定区域などに関しては、災害リスクや警戒避難体制の整備状況、災害防止・軽減対策を総合的に判断して居住誘導区域に含めるかどうかを決定することが示されている。しかし、多くの立適計画において、居住誘導区域内に災害リスク地域が含まれていることが指摘されている（国土交通省2019）。とりわけ、浸水想定区域は都市に広範に広がっている場合も多いこともあり、9割の立適計画がその居住誘導区域に浸水想定区域を含むとされる。激甚化する豪雨と高齢化が同時並行で進む中で、近年の豪雨災害では高齢者の人的被害が増加している。要介護の高齢者にとって垂直避難は容易ではなく、床

上浸水が想定されるような区域は居住誘導区域から原則外すことが求められる。災害リスク地域を居住誘導区域から除外することで新規住宅開発を届出の対象とし、災害リスクの確認とその対策・避難方法を不動産取引の重要事項説明に記載させれば、事前防災の一助となる。特に災害リスクの高い地域は、居住調整区域に指定し、防災上必要な対策を講じた開発のみを許可することが求められる。

(6) 広域的調整の必要性

人口・産業・商業の立地を巡る都市間競争が土地利用規制や立適計画を歪めがちである。線引き都市計画と非線引き都市計画地が隣接している場合、開発需要は非線引き都市に流出しやすい。このため、線引き都市計画を有する自治体が市街化調整区域の緩和的運用を行うことで開発需要を自地域に囲い込むことが頻発している（国土交通省2019）。同じ文脈で、区域区分を廃止する動きも一部ではみられる。仮に、線引き都市が市街化調整区域の緩和的運用によって開発需要を取り込んだとしても、インフラ・公共施設の整備・維持管理コストの増大につながり、長期的な財政負担につながる。定住自立圏の設定と協定にもとづき中心都市と周辺都市が都市機能の役割分担に合意し、その信頼関係を自治体間の土地利用規制の調整に結び付ける。縮小していく開発需要の誘致競争に走るのではなく、それぞれの自治体が、趨勢として推計される人口・世帯数をもとに、合理的な都市機能・居住機能の誘導区域を設定することに合意することがまず求められる[2]。こうした合意形成においては、中心都市、郊外、田園・中山間地域がそれぞれの地域維持・発展のビジョンを有し、生活圏として持続性や生活の質を高めうることを確認しあうことが大切である。

4 理想と現実－今後に向けた課題

立適計画を策定する際、自治体のスタンスとはどのようなものであろうか。総括的に言えば、「縮減社会に対応した空間計画を立案し、国の立適計画助成措置を活用することで都市空間管理を少しでも持続的な方向に誘導する」ということになろう。しかし、策定・公表された立適

計画の実態に関する既存調査（野澤千絵他2019、国土交通省2019）から読み取れることは、立適計画の策定に合わせて新規開発の規制強化に踏み込んだ自治体や人口フレーム、都市施設の再編について広域的な調整を試みた地域は極めて少ないことである。

　立適計画の理念を実現しようとするならば、調整課題の克服と誘導のためのプラットフォームの強化が求められる。調整課題には、①生活圏レベルでの人口フレーム・都市施設・地域公共交通に係る調整[3]、②自治体内での空間計画上の調整、③自治体内の部局間調整がある。自治体の多くは、これらの調整が十分にできていないことが推察される。このことは、趨勢値を上回る人口フレームの設定、あるいは曖昧な人口密度計画、居住誘導や都市機能誘導の区域を必要以上に広めに指定すること（災害リスク地域も含めて）、市街化調整区域の緩和的措置の温存、誘導区域外の状況については少し曖昧にしておく、都市機能誘導についても関連部局の今後の意思決定の制約になる計画記述は避けるなどの状況を生み出しやすい。生活圏、自治体とその構成地区で整合した人口フレームのもとで、また、それぞれの財政フレームと地域文脈を踏まえて、持続可能な地域発展と空間管理のビジョンを多様なステイクホルダーと協働で策定し、目標実現に向かって統合的に取り組むことが求められている。

　立適計画制度はインセンティブ・ベースの誘導プラットフォームを前提としている。しかし、これで新規開発や居住人口の郊外化を適切に抑制できるのであろうか。とりわけ、非線引きの都市において、適切に空間管理を行うことは容易でない。人口減少・世帯減少過程に入った都市においても郊外化が進んできた背景には、郊外での新規開発の方が既成市街地に比べ開発が容易でコストが安いことにある。この関係構造を転換する必要がある。グリーンフィールド開発による追加的な財政コストは、受益者に負担させる仕組み（課税・料金・負担金など）、いわばディスインセンティブ制度を導入することも検討課題である。グリーンフィールド開発については容積率・建ぺい率を従来以上に抑制し、

高い緑被率を課するなどのアプローチも考えられる（例えば、兵庫県の緑条例などはその一つ）。適切な空間管理と誘導のためには、規制と開発・整備、インセンティブとディスインセンティブの統合的な運用が求められる。こうした制度・政策のパッケージは空間計画・管理の調整を助けるものとなる。立適計画は長期的なアクションプランとして位置付けられている。国・都道府県は立適計画の理念の実現に向けて制度・政策上のプラットフォームの整備をさらに進めること、市町村は本格的な縮減社会の到来に向けて計画の水準を切り上げていくことが求められている。

【補　注】

(1) 2018年末時点で策定済みの立適計画の居住誘導区域外の平均人口密度は19.1人/ha（居住誘導区域：57.8人/ha）と低い（国土交通省2019）。

(2) コンパクトシティは、アフォーダブルな居住機会を減じてしまうとして、都市経済学の立場から批判されている。中心市は拡散的な宅地開発による外部不経済を背負うより、郊外自治体にアフォーダブルな住宅供給を委ねることで、合意形成につなげるという考え方もある。

(3) 国土交通省の立地適正化計画の中間とりまとめ（2019）では、舘林都市圏と中播磨圏域での広域調整が取り上げられている。舘林都市圏の広域調整は、群馬県のガイドラインに基づいて行われている。

【引用・参考文献】

1) 国土交通省（2014）：「みんなで進める、コンパクトなまちづくり　～いつまでも暮らしやすいまちへ～　コンパクトシティ・プラス・ネットワーク」国土交通省都市局

2) 国土交通省（2015）：「立地適正化計画作成の手引き」国土交通省都市局

3) 国土交通省（2016）：「都市計画運用指針における立地適正化計画に係る概要」国土交通省都市局

4) 国土交通省（2019）：「安全で豊かな生活を支えるコンパクトなまちづくりのさらなる推進を目指して：中間とりまとめ　参考資料」国土交通省都市局・都市計画基本問題小委員会

5) 野澤千絵他（2019）：「立地適正化計画の策定を機にした自治体の立地誘導施策の取り組み実態と課題」『都市計画論文集』54-3, 840-847

線引き都市の居住誘導区域における目標人口密度設定の特性

The Characteristics of Population Density Target in Residential Inducing Area of Area-Divided City

浅野純一郎　　**豊橋技術科学大学建築・都市システム学系**
Junichiro ASANO　　Department of Architecture and Civil engineering,
Toyohashi University of Technology

1　はじめに

　「コンパクト＋ネットワーク」の都市フォームの構築が掲げられているように、立地適正化計画(以下、立適計画)の目的は都市のコンパクト化であり、その実質は人口密度の維持または上昇である。同計画は都市マスタープランの高度化版とされ、拠点設定や公共交通軸との関係等、都市構造の根本を位置づけ出来る上、両誘導区域の指定(任意ゾーン指定も可能)や多彩な事業支援等、実現手段も含む為、各自治体の計画は百家争鳴の感があるが、改めて人口密度の維持・上昇という根本の目的に立ち返る必要があると考えられる。同計画における人口密度指標の重要性は、例えば制度創設当時の都市計画運用指針第7版にすでに「同計画の遂行により実現しようとする目標値を設定するとともに、(中略)目標値としては、例えば居住誘導区域内の人口密度等が考えられる」とわざわざ明記されていることからも窺えるのである[1]。他方、立適計画の実現方法は、規制的手法によるのではなく誘導的手法によると、制度創設当初から解説された為(両誘導区域の性格や支援メニューの構成からも明らかである)、概ね自治体の認識もコンパクト化の推進は誘導的手法によるものと理解されている[2]。以上を踏まえ、本稿は線引き都市の立適計画を人口密度維持の観点から実態を見た上で、人口密度維持の実質をほぼ線引き制度に依存している現状と課題を指摘する。対象とする都市は、2018(平成30)年8月1日に両誘導区域を指定していた線引き地方都市を主とする[3]。

2　線引き都市における居住誘導区域指定方針

　立適計画の根幹は居住誘導区域の人口密度維持と上昇にあると言っても過言ではない。そこで、まず居住誘導区域の指定方針を確認する(表1)。指定方針の記載方法として、同誘導区域に含めるべき要件(編入要件)と除外すべき要件(除外要件)に分けて列記する点で、各都市は共通している。表1では仔細を省略した上で要件項目のみ取り上げた。多くの都市に共通する要件は、都市計画運用指針において、①「居住誘導区域を定めることが考えられる区域」、②同区域の指定に「慎重に判断を行うことが望ましい」区域[4]、③都市再生法81条11項や同施行令22条で同区域に含まないとされている区域のいずれかである。こうした中、表1の「人口密度」は、都市計画運用指針で編入要件として明記されているわけではないが、多くの自治体(対象32都市中12市に事例がある)が居住誘導区域の性質を考慮した上で記載したものとして注目される。しかし、その内実は市街化区域が維持すべき最低限の人口密度値である40人/ha[5]がほとんどであり(表1注釈参照のこと)、線引きが規定する人口密度設定条件に依存していることが窺われる。

　表2では居住誘導区域面積率(原則として、工業専用地域を除いた市街化区域面積に対する居住誘導区域の割合)を一覧しているが、値が100%で実質的な除外のない新発田市から7.4%まで限定している舞鶴市まで幅広い。この面積率と表1の居住誘導区域指定方針との関係を見ると、編入要件のない場合は(市街化区域から単純に除外要件地を除くことを意味する)、例外なく面積率が高い点で共通するが(新発田や長野)、それ以外では、面積率の多少と要件項目の多少にあまり相関関係が見られない。例えば、編入要件が公共交通利便性だけの場合(駅やバス停の利用圏

表1 居住誘導区域指定方針一覧

		弘前	八戸	鶴岡	伊勢崎	本庄	新潟	長岡	新発田	上越	富山	金沢	長野	大垣	磐田	藤枝	伊豆の国	豊川	彦根	野洲	東近江	舞鶴	姫路	たつの	三原	東広島	北九州	大牟田	久留米	長崎	熊本	鹿児島
編入要件	拠点及びその周辺（都市機能誘導区域）	○		○	○	○	○	○		○	○	○	○	○	○	○	○	○	○	○	○	○	○	○	○	○	○	○	○	○	○	○
	公共交通利便性（駅・バス停圏域等）	○		○		○	○	○			○		○		○	○	○	○	○	○	○	○	○	○		○	○	○	○	○	○	○
	人口密度（一定以上の人口密度区域）※1				○		○	○		○					○	○	○							○	○			○	○			○
	医療・福祉・商業の都市機能施設の圏域				○																							○	○		○	
	基盤整備有り				○																							○	○		○	
	用途地域（商業系・住居系）									○																						
	住宅系地区計画指定区域									○																						
	歴史文化資源や街並みが残る区域																		○											○		
	人口増加や維持が見込める区域																									○						
	固定資産税収入の優位な区域																													○		
	非植袖地で一定の幅員に接する土地																													○		
	独自定義の居住推奨区域等※2			○								○											○									
除外要件	工専地域	○	○		○		○	○		○	○		○		○	○	○	○	○	○	○	○	○	○		○	○	○	○	○	○	○
	工業地域や工業団地等	○	○		○		○	○		○	○		○		○	○	○	○	○	○	○	○	○	○		○	○	○	○	○	○	○
	住宅規制のある地区計画区域	○	○		○		○	○		○	○		○		○	○	○	○	○	○	○	○	○	○		○	○	○	○	○	○	○
	運動公園等住宅以外の土地利用	○			○		○	○		○	○		○		○	○	○	○		○	○		○	○		○	○	○	○	○	○	○
	災害の危険性の高い区域	○	○		○		○	○		○	○		○		○	○	○	○	○	○	○	○	○	○		○	○	○	○	○	○	○
	臨港地区等住宅に不適切な地域指定地							○		○	○													○		○				○		
	一定規模以上の非可住地	○					○																							○		
	一定規模以上の大規模施設用地																													○		
	歴史環境を保全する区域	○																														
	低未利用地																				○											
	飛び地住宅地																				○											
	傾斜地																				○								○			
	風致地区・生産緑地・森林緑地保全区域等				○		○	○		○	○		○		○	○	○	○		○	○		○	○		○	○	○	○	○	○	○

※1：伊勢崎、新潟、長岡、磐田、藤枝、伊豆の国、大牟田、久留米は40人/ha以上。上越は1980年DIDか60人/ha以上。たつのは20人/ha以上。三原は市街化区域や用途指定区域。鹿児島は市街化区域。※2：鶴岡は独自に定義する新興居住地に、金沢まちなか居住区域と歴史文化居住区域に、姫路は職住近接区域に指定。

域から除外要件地を除くことを意味する）でも、八戸は53.4%なのに対し、豊川では88.2%と市街化区域の大部分が居住誘導区域に温存されている。これは八戸では一般駅から半径500m、バス路線沿線200m幅を圏域とするのに対し、豊川では駅から半径1km、路線バス停留所から半径500m、コミュニティバス停留所からも半径300mと緩く設定するからである。以上のように、要件設定値の硬軟で面積率はいかようにも変わるのであり、指定方針の考え方は視点の観点（表1）だけではなく、実質（表2の居住誘導区域面積率）をも踏まえると明快に理解できる。

3 人口密度維持の観点からみた居住誘導区域指定の特性と課題

(1) 線引き制度と居住誘導区域の人口密度要件

表2では対象都市の立適計画に記載されていた居住誘導区域指定に関わる考え方の中で、人口密度要件の有無を一覧している。これによると、記載のあるものは17市であり、数値設定に先述の40人/haを位置づける都市が、DIDに言及するものを含めると11市ある(6)。他方、人口密度要件の記載が無い15市においても、基準年人口密度が40人/ha以上で、これを目標年でも据え置いている都市が10市あることから（八戸、長野、大垣、津、彦根、野洲、姫路、北九州、長崎、熊本）、

これらの都市では、記載がないから人口密度要件を考慮していないのではなく、むしろ線引き制度によって一定の密度維持が自明であるから、記載されていないものと考えられる。その証拠に、基準年密度が40人/haに足りない本庄や東近江では、目標年人口密度は40人/haに設定されており、この数値の維持が目標設定の根拠になっている。このように、居住誘導区域の人口密度目標の考え方に線引き制度が前提になっているものと受け取れる。

次に、対象都市の中で、線引き都市計画区域以外に非線引き都市計画区域も併設し、この用途指定区域にも居住誘導区域指定している都市は7市ある（表2の都市名へのグレーハッチング）。この内、伊勢崎、長岡、富山、三原、久留米の5市は線引き有無に関わらず、居住誘導区域の目標年人口密度値が一律に設定されているが、東広島と鹿児島では都市計画区域毎に密度設定されている(7)。例えば、東広島市の場合、線引き都市計画区域（区域名は東広島）の旧市では2015年現況値47.3人/haに対し、目標値は60人/ha、同じく旧黒瀬町は現況値42.9人/haに対し、目標は現状維持とされているが、非線引き都市計画区域（区域名は河内）の旧河内町は現況値15.8人/haに対し、目標が19人/ha、同じく旧安芸津町（区域名は安芸津）は現況値22.5人/haに対し、目標

表2　線引き地方都市の密度設定要件からみた居住誘導区域関連指標一覧

番号 ※1	都市名	2015年人口（国勢調査）※1	市街化区域人口密度（人/ha）（工専地域除く）※2	居住誘導区域人口密度（人/ha）※3	居住誘導区域面積率（%）※4	居住誘導区域指定における密度要件の有無	居住誘導区域人口密度目標値の算定 ※3								目標設定の根拠
							基準年域内人口	基準密度	目標年による趨勢人口 ※5	目標年による趨勢人口密度	目標年区域内人口	目標年人口密度（目標値）	目標達成に必要な増分（人）	増分比率（%）※6	
1	弘前	177,411	44.3	46.6	71.2	都市機能や地域コミュニティの持続的確保の為、人口密度維持を図る区域が居住誘導区域	93,000	47.7	75,400	38.6	93,000	47.7	17,600	12.5	現状維持
2	八戸	231,257	40.9	44.3	53.4	無し	114,405	44.3	81,642	31.6	114,405	44.3	32,763	19.0	現状維持
3	鶴岡	129,652	33.7	40.3	40.7	無し	13,200	33	8,400	21	13,200	33	4,800	5.1	現状維持
4	伊勢崎	208,856	40.0	42.5	78.5	概ね40人/haを確保可能な区域を目安	117,997	42	109,842	39.6	116,500	42	6,657	3.4	現状維持
5	本庄	77,881	43.4	39.3	31.1	無し	21,560	34.9	16,380	30	21,880	40	5,500	8.4	40人/haの維持
6	新潟	810,157	54.3	53.1	85.1	準工業地域ではDID地区。	550,000	53.1	不明	不明	未設定				現状維持
7	長岡	275,133	37.2	50.8	46.0	都市拠点やその周辺で将来も人口密度（40人/ha）を維持できる区域	139,102	50.8	128,753	47.0	133,593	48.7	4,840	2.2	居住誘導区域の人口減少分を約半分に抑制
8	新発田	98,611	37.9	37.9	100.0	無し	59,548	38.5	未算定	未算定	59,548	38.5	不明	－	現状維持
9	上越	196,987	31.9	34.9	84.0	拠点性の高い人口集積地域（1980年DID）	113,877	34.9	不明	不明	未設定：誘導重点区域内で80人/haを設定				
10	富山	418,686	40.5	不明	48.6	都市MPに定める都心地区と公共交通沿線居住推進地区に設定。	不明	不明	不明	不明	未設定：便利な公共交通沿線で50人/ha等と設定				
11	金沢	465,699	52.2	60.5	46.2	都市MPに定めるまちなか区域や公共交通重要路線等沿線区域等に設定	234,806	62.9	未算定	未算定	234,806	62.9	不明		現状維持
12	長野	377,474	49.5	52.5	92.3	無し	286,043	50.9	273,067	50.27	286,043	50.9	12,976	3.6	現状維持
13	大垣	159,879	40.8	42.8	81.9	無し	115,546	42.7	97,145	35.9	115,546	42.7	18,401	14.4	現状維持
14	磐田	167,941	36.9	43.9	69.3	DID地区及び人口密度40人/ha以上の箇所	81,366	43.9	70,414	38	74,120	40	3,706	2.6	40人/haの維持
15	藤枝	143,605	52.0	57.4	87.0	生活サービス機能の持続的確保が可能な区域として人口密度40人/haを目安とする	94,779	57	未算定	未算定	94,779	57	不明	不明	現状維持
16	伊豆の国	48,152	48.3	32.7	71.3	生活サービス機能の持続的確保が可能な区域として人口密度40人/haを目安とする	21,170	50	16,089	38	21,170	50	5,081	13.7	現状維持
17	豊川	182,436	49.0	51.8	88.2	公共交通利便性が低い区域で40人/haに満たない区域を除外	134,799	49	119,494	43.4	134,799	49	15,305	9.6	現状維持
18	津	279,163	41.0	44.4	78.4	無し	140,756	44	132,546	41.4	140,756	44	8,210	3.2	現状維持
19	彦根	113,679	37.6	42.7	43.2	無し	43,100	40.5	38,000	35.7	43,100	40.5	5,100	4.7	現状維持
20	野洲	49,889	50.8	57.7	61.9	無し	25,913	58.1	24,860	55.74	25,913	58.1	1,053	2.3	現状維持
21	東近江	114,180	42.0	37.5	58.0	無し	27,331	39.8	未算定	未算定	27,468	40	不明	不明	40人/ha
22	舞鶴	83,990	34.3	49.1	7.4	まちなか賑わいゾーンにあって、特に人口減少が予測され、重点的な居住誘導施策が求められる区域	8,100	56.8	7,000	49.1	8,600	60.7	1,600	2.4	約60人/ha
23	姫路	535,626	48.1	44.2	88.2	無し	418,950	50	368,676	44	418,950	50	50,274	11.1	現状維持
24	たつの	77,419	33.6	28.6	64.1	目標年次に20人/haを維持していると推計される区域	20,088	28.6	18,182	25.9	19,710	28.1	1,528	2.4	概ね現状維持
25	三原	96,194	43.6	52.9	56.9	人口密度の高い市街化区域や用途地域を基本とし、将来人口等を推計の上、人口密度維持の必要のある区域。	43,090	52.9	39,153	47.9	42,254	51.7	3,101	4.0	概ね現状維持
26	東広島	192,907	38.6	44.6	79.5	無し	不明	47.3	不明	不明	合併前区域毎に設定：旧市は60人/ha				
27	北九州	961,286	54.9	74.3	58.2	無し	728,000	130	604,800	108	672,000	120	67,200	8.6	120人/ha
28	大牟田	117,360	72.4	47.1	66.0	DID区域内で人口密度40人/ha以上の区域等	90,000	47.1	66,700	34.9	76,440	40	9,740	11.4	40人/haの維持
29	久留米	304,552	57.8	60.7	67.1	将来的にも人口密度40人/ha以上の維持が可能と考えられる区域	130,653	54	124,604	51.5	130,653	54	6,049	3.2	現状維持
30	長崎	429,508	65.0	69.2	66.7	無し	274,585	69.2	223,682	56.4	239,900	60	16,218	不明	60人/ha
31	熊本	740,822	60.0	60.8	54.7	無し	358,767	60.8	未算定	未算定	358,767	60.8	不明	不明	現状維持
32	鹿児島	599,814	65.5	73.5	87.4	人口密度を維持していく区域として市街化区域	502,800	73.5	446,982	65.4	482,484	70.5	35,502	7.4	70人/haの維持

※1：非線引き都市計画区域が有り、そこに居住誘導区域指定のある場合にグレーハッチング。ただし、久留米と鹿児島の「居住誘導区域人口密度目標値の算定」は市街化区域内の数値。※2：2017年都市計画年報より。※3：独自のアンケート調査に基づく。※4：工専地域を除いた市街化区域面積に対する居住誘導区域面積率。ただし、久留米と鹿児島を除く、非線引き都市区域併設都市においては、市街化区域に加えて非線引き用途指定面積も分母に算入。※5：「未算定」は自治体担当部局へのヒアリングで、算定していないと回答されたもの。※6：増分比率は、目標年次の総人口（国立社会保障・人口問題研究所推計値）に対する「目標達成に必要な増分」の割合を示す。なお、計画期間が20年未満の場合にグレーのハッチング。
「居住誘導区域人口密度目標値の算定」に関わるその他メモ
鶴岡は「中心住宅地」における数値設定。北九州は居住誘導区域面積9678haに対し、道路・公園を除いた5600haを正味の面積として算定されている。

は現状維持となっている。このように、線引き都市計画区域と非線引き都市計画区域では、人口密度レベルが現況から全く異なっており、同市では一律の人口密度目標設定がなされていない。鹿児島においても同様である。以上からも、線引き都市では、居住誘導区域の人口密度の設定レベルが線引き制度自体に大きく依存していることが判る。

(2) 居住誘導区域面積率と目標人口密度の実現性

目標人口密度の根拠や達成の見通しに着目すると、2章で見たような居住誘導区域の指定方針が目標人口密度の設定環境に大きく影響していることが判る。対象都市の目標年人口密度の設定根拠は（表2の「目標設定の根拠」欄）、32市中19市が現状維持を根拠にしている。その他の設定

根拠では、40人/ha等の特定の数値の維持（40人/ha以上の数値を維持することが狙いである）が8市見られ、これらで27市（84.4%）を占める。ここで注目されるのは、基準年密度以上の目標値が設定される事例は3市のみであり、この内、本庄と東近江は40人/haに満たない現状を40人/haに設定するものであるから、線引き制度が求める40人/ha以上の値で、密度の上昇を見込んで目標設定するのは、実質的に舞鶴市の1市しかない。要するに、ほとんどの都市は線引き制度で保たれてきた現況密度の維持を志向しているのであり、ここでも線引き制度への依存の強さが判る。

　では、目標年人口密度の設定のあり方と達成見通しはどう関係しているのか。表2では実現可能性を比較する為に、居住誘導区域内人口の必要増分（目標年次の同区域の趨勢人口と目標人口密度による人口の差分）の負荷量（目標年次の総人口に対する割合）を比較した（表2の「増分比率」）。これを見ると、八戸の19%を筆頭に10%超が5市見られる反面、2%台に押さえられる都市も多数見られる等、格差が著しい。この増分比率の大小に関しては、当該市の居住誘導区域内の人口減少の趨勢が大きく影響するが、それ以外にも計画的な操作が大きく関わっている。つまりこれには、①居住誘導区域面積率の大小（面積率が大きければ、人口密度維持が困難になり増分比率が大きくなる）、②目標年人口密度の大小（人口密度目標値が高ければ増分比率が大きくなる）、③計画期間の長短（計画期間が長いほど人口減少傾向が強くなり増分比率が大きくなる）の3つがあると考えられる。しかし対象都市で増分比率が大きい都市は（ここでは7%超を取り上げる）、八戸、本庄、北九州以外の6市はいずれも居住誘導区域面積率が比較的高いことが判る[8]。つまり、居住誘導区域の設定が緩いことから、都市のコンパクト化への達成度が不透明になっていると見られる（上記①のケースに該当）。このように居住誘導区域の人口密度の維持や上昇を達成するためには、いかに比較的高い人口密度の区域に居住誘導区域を限定するかが重要である。

4　おわりに

　本稿で見たように線引き都市の居住誘導区域の

人口密度見通しは線引き制度を前提にしているのが明白である。言うまでもなく、線引き制度の根幹は市街化調整区域における開発許可制度の運用である。この規制的手法に依存している実情を改めて直視する必要があるだろう。その上で、線引き制度の恩恵ともいえる、比較的高い人口密度を現状維持する構成の立適計画が多い中で、今後は居住誘導区域の引き締めを強化し、人口密度目標の達成を厳密に考える必要がある。

【補　注】
(1) 「都市計画運用指針7版」（2014年8月）の43頁。
(2) 2018年8月1日時点で両誘導区域を指定していた三大都市圏外の線引き地方都市42市、及び同年5月1日に両誘導区域を指定していた非線引き都市42市を対象にした独自のアンケート調査によれば（共に33市から回答が得られた）、立適計画への期待として、「都市機能誘導区域指定による拠点強化によるマグネット効果」（線引き都市が72.7%、非線引き都市が78.8%）や「公共交通網の利便性向上によるマグネット効果」（同54.5%、30.3%）が回答が多いのに対し、「誘導区域外の規制強化による居住地集約化」（同6.1%、12.1%）や「誘導区域指定外における他法等による規制強化による居住地集約化」（同3%、3%）の回答は非常に少なかった。
(3) (2)に示す独自のアンケート調査に回答のあった33市から、表2の策定にあたり立適計画に極度に開示データの少ない札幌市を除いた32市を対象としている。
(4) 「都市計画運用指針第7版」の35～36頁。
(5) 「都市計画運用指針第7版」の22～23頁。
(6) DIDと市街化区域は直接的には関係がないが、DIDの密度要件は調査区の人口密度を1k㎡あたり4000人（40人/ha）とする為、ここでは含めて捉える。
(7) 表2の鹿児島の「居住誘導区域人口密度目標値の算定」欄は線引き都市計画区域（鹿児島都市計画区域）内の値を掲載している。
(8) 八戸は居住誘導区域面積率が53.4%と絞られていながら19%という高い増分比率となった。目標年人口密度は現状維持、計画期間は23年と他市とあまり変わらない為、居住誘導区域の人口減少傾向が急な事例だと見られる。本庄では目標年人口密度値を現況の34.9人/haから40人/haへと引き上げていることから、北九州では計画期間が30年と長いことから増分比率が高くなったと考えられる。

都市機能の集約化に関する計画・制度論
―コンパクト・プラス・ネットワークに関する原論―

Planning and institutional theory on centralization of urban functions
-Originals on Compact plus Networks-

磯 部　真 也　　国土交通省中部地方整備局建政部計画管理課
Shinya ISOBE　　Ministry of Land, Infrastructure, Transport and Tourism
Chubu Regional Development Bureau
Construction Industry, City and Housing Department

1　立地適正化計画制度

(1) 制度創設の背景

　1990(平成2)年の「1.57ショック」[1]から18年後の2008(平成20)年にピークを迎えた日本の総人口は、以後長期の減少局面に入り、2053(令和35)年には1億人を割るもの(9,924万人)と推計されている。これは、高度経済成長期の1966(昭和41)年と同程度の水準(9,904万人)ではあるが、年齢構成は著しく異なり、2053年の老年人口(65歳以上)割合は1966年比約6倍(6.5%→38.0%)と見込まれている[2]。

　既に人口増加ペースが低下し、急速な高齢化が進行しつつあった1997(平成9)年。都市計画中央審議会基本政策部会は、建設大臣からの「今後の都市政策は、いかにあるべきか」との諮問に対する中間とりまとめにおいて、「人口、産業が都市へ集中し、都市が拡大する『都市化社会』から、都市化が落ち着いて産業、文化等の活動が都市を共有の場として展開する成熟した『都市型社会』への移行に伴い、都市の拡張への対応に追われるのでなく都市の中へと目を向け直して『都市の再構築』を推進すべき時期に立ち至ったものということができる。」と、都市行政が歴史的転換期を迎えていると捉えた[3]。

　1998(平成10)年には、中心市街地活性化法、大規模小売店舗立地法及び改正都市計画法からなる「まちづくり三法」が制定され、これにより郊外の大規模小売店舗の立地を抑制するとともに、地方都市における中心市街地の衰退に歯止めをかけることが期待された[4]。

　さらに、2000(平成12)年の都市計画法改正において、郊外部における土地利用規制が強化され、2006(平成18)年のまちづくり三法改正によ

り、大規模集客施設及び公共公益施設の立地規制や、中心市街地活性化基本計画に対する国の認定制度と重点的な支援が行えるようになった。

　当時、「コンパクトシティ」という言葉は、都市計画担当者の間では浸透していたが、そのコンセプトや必要性は理解しつつも、それを実現するための施策の実効性をイメージしづらかった印象がある。人口減少が現実のものとして、そして確実なものとなってきた中で、これを直視して、都市の活力の維持・向上等のため都市構造を再構築するための手立てが求められていた。

(2) 立地適正化計画制度の概要

　このような中、人口の急激な減少と高齢化を背景として、高齢者や子育て世代にとって、安心できる健康で快適な生活環境を実現し、また、財政面及び経済面において持続可能な都市経営を可能とするため、医療・福祉施設、商業施設や住居等がまとまって立地し、高齢者をはじめとする住民が公共交通によりこれらの生活利便施設等にアクセスできるなど、福祉や交通なども含めて都市全体の構造を見直し、「コンパクト・プラス・ネットワーク」(居住や都市の生活を支える機能の誘導によるコンパクトなまちづくりと地域交通の再編との連携)の考えで進めていくことが重要となった。

　そこで、居住や都市機能の誘導により「コンパクト・プラス・ネットワーク」形成に向けた取組を推進するため、2014(平成26)年8月に立地適正化計画制度が創設された。

　立地適正化計画は、都市再生特別措置法に基づき、市町村が作成することのできる計画であり、その記載内容は、立地適正化計画の区域のほか、①立地の適正化に関する基本的な方針、

②居住誘導区域（都市の居住者の居住を誘導すべき区域）と市町村の誘導施策、③都市機能誘導区域（都市機能増進施設の立地を誘導すべき区域）と当該区域ごとに立地を誘導すべき都市機能増進施設、市町村の誘導施策などとなっている。このうち、①の基本的な方針は、都市計画法に基づく市町村の都市計画に関する基本的な方針（市町村マスタープラン）の一部とみなされる。[1]

また、都市計画運用指針等から、特に立地適正化計画のポイントとなる事項を挙げれば、以下のとおりである。
1）居住の誘導は短期間で実現するものではなく、計画的な時間軸の中で進めていくべきである。
2）立地適正化計画の区域は、都市全体を見渡す観点から、都市計画区域全体、1つの市町村内に複数の都市計画区域がある場合には、全ての都市計画区域とすることが基本となる。立地適正化計画には、居住誘導区域と都市機能誘導区域の双方を定めるとともに、原則として居住誘導区域内に都市機能誘導区域を定めることが必要である。
3）立地適正化計画を策定する際は、当該市町村の現状把握・分析・課題の整理、まちづくりの理念や目標・目指すべき都市像の設定が必要であり、あわせてその実現のための主要課題の整理、施策を実現する上での基本的方向性を記載することが考えられる。
4）居住誘導区域は、人口減少の中にあっても一定のエリアにおいて人口密度を維持することにより、生活サービスやコミュニティが持続的に確保されるよう、居住を誘導すべき区域である。人口等の将来の見通しは、国立社会保障・人口問題研究所の将来推計人口の値を採用すべきである。
5）居住誘導区域・都市機能誘導区域については、様々な誘導手法が講じられるが、これと併せて、地域の実情に応じ、居住誘導区域外・都市機能誘導区域外における住宅等の立地を規制する措置（用途地域における特別用途地区の設定、非線引都市計画区域のうち白地地域における特定用途制限地域の設定、居住調整地域の設定、開発許可制度の届出制度の趣旨を反映した運用）を講じることも考えられる。
6）居住誘導区域外・都市機能誘導区域外において講じられる届出制は、市町村がこれらの区域で行われる一定規模以上の住宅開発等や誘導施設の整備の動きを把握するための制度であるが、居住誘導区域等への誘導に何らかの支障が生じると判断した場合には、規模の縮小、居住誘導区域内等への立地、開発行為等自体の中止等を調整し、これが不調な場合には勧告し、居住誘導区域内等の土地の取得の斡旋等に努める。
7）立地適正化計画の区域（市街化調整区域を除く）のうち、都市計画に居住調整地域を定めることができ、この地域内で行われる6）の届出対象となる住宅開発等については、居住調整地域を市街化調整区域とみなして、開発許可制度が適用される。
8）居住誘導区域外の区域のうち、住宅が相当数存在し、跡地の面積が現に増加しつつある区域で、良好な生活環境の確保や美観風致の維持のために跡地・樹木の適正な管理が必要となる区域については、跡地等管理区域と跡地等管理指針を定めることができ、市町村は、跡地等の所有者等に対し指導・助言・勧告等を行い、市町村又は都市再生推進法人等は、所有者等と管理協定を締結して当該跡地等の管理を行うことができる。[1]

なお、立地適正化計画の策定にあたっては、都市をコンパクト化して都市機能を都市の中心拠点や生活拠点に集約する際、高齢者をはじめとする住民がこれらの日常生活に必要なサービスを身近に享受できるようにするためには、拠点へのアクセスや拠点間のアクセスを確保するなど、公共交通の維持・充実について一体的に検討する必要がある。このため、立地適正化計画と併せて地域公共交通網形成計画（「地域公共交通の活性化及び再生に関する法律」第5条による計画。持続可能な地域公共交通網の形成に資する地域公共交通の活性化及び再生の推進に関する基本的な方針を記載。）において、居住誘導区域及び都市機能誘導区域を踏まえた持続可能な地域公共交通ネットワークの形成が必要となっている。

一方、立地適正化計画に係る支援措置として、

国土交通省では以下のような事業（代表的なものを記載）を実施している。[2]

○市町村が実施する立地適正化計画の作成に向けた取組について支援（集約都市形成支援事業）。
○既成市街地において、快適な居住環境の創出、都市機能の更新、街なか居住の推進等を図るため、住宅や公共施設の整備等を総合的に行う事業について支援（交付金、住宅市街地総合整備事業（拠点開発型））。また、快適な居住環境の創出、都市機能の更新等を目的として実施する住宅市街地総合整備事業等の実施に伴って、住宅等（住宅、店舗、事務所等）を失う住宅等困窮者に対する住宅等の整備を行う事業について支援（交付金、住宅市街地総合整備事業（都市再生住宅等整備事業））。
○各都市が持続可能で強靭な都市構造へ再編を図ることを目的に、立地適正化計画に基づき、市町村や民間事業者等が行う一定期間内の都市機能や居住環境の向上に資する公共公益施設の誘導・整備、防災力強化の取組等について支援（都市構造再編集中支援事業）。また、防災上危険な密集市街地及び空洞化が進行する中心市街地等都市基盤が脆弱で整備の必要な既成市街地の再生、街区規模が小さく敷地が細分化されている既成市街地における街区再生・整備による都市機能更新、低未利用地が散在する既成市街地における低未利用地の集約化による誘導施設の整備等を推進するため施行する土地区画整理事業等について支援（交付金、都市再生区画整理事業）。
○徒歩、自転車、自動車、公共交通など多様な交通モードの連携が図られた、駅の自由通路等の公共的空間や公共交通などからなる都市の交通システムを都市・地域総合交通戦略等に基づき、パッケージ施策として総合的に支援。（交付金、都市・地域交通戦略推進事業）。
○地域公共交通網形成計画の作成に向けた取組について支援（地域公共交通確保維持改善事業）。

2　計画作成状況と課題
(1) 立地適正化計画作成状況

全国の都市のうち、542都市が立地適正化計画について具体的な取組を行っている。このうち、339都市が計画を作成・公表している。（2020（令和2）年7月31日時点）

中部地方整備局管内（岐阜県、静岡県、愛知県、三重県）の都市においては、65都市が立地適正化計画について具体的な取組を行っており、このうち、45都市が計画を作成・公表している。（2020（令和2）年7月31日時点）[3]

	岐阜県	静岡県	愛知県	三重県
作成・公表済	5	14	18	8
取　組　中	4	8	7	1

(2) 立地適正化計画制度の課題

2018（平成30）年7月豪雨をはじめ、昨今、自然災害が頻発・激甚化しており、広範囲にわたる土砂災害・浸水等により、多くの人的被害も発生しているところである。このため、まちづくりにおいても、土砂災害特別警戒区域、浸水想定区域など災害のおそれがあるとして指定等がなされている区域（ハザードエリア）における居住や施設立地等の土地利用のあり方をはじめ、安全な都市の形成への取組の強化が求められており、立地適正化計画についても、居住誘導区域とハザードエリアの取組の整合性の確保や、防災対策との連携のあり方が課題となっている。[4]

このような課題に対応するため、「都市再生特別措置法等の一部を改正する法律」が2020（令和2）年6月10日に公布された。

同法は、頻発・激甚化する自然災害に対応するため、災害ハザードエリアにおける新規立地の抑制、移転の促進、防災まちづくりの推進の観点から総合的な対策を講じること等を推進するものとなっている。[5]

3　都市行政の新たな動き
(1) 都市のスポンジ化

都市は、人口減少に伴い、土地需要が全般的に低下することから、新規開発が減少するとともに、市街地の中の使用されなくなった住宅等は空き家・空き地として蓄積され、都市の低密度化、中心市街地における土地の低未利用が発生することになる。[1]

このような中、居住誘導区域や都市機能誘導

区域においても、小さな敷地単位で低未利用地が散発的に発生する「都市のスポンジ化」が進行し、持続可能な都市構造への転換に向けた「コンパクト・プラス・ネットワーク」の取組を進める上で重大な支障となっている。

このような「都市のスポンジ化」を防ぎ、コンパクトで賑わいのあるまちづくりの一層の推進を図るためには、低未利用地の利用促進や発生の抑制等に向けた適切な対策を講じることが必要となる。このため、国土交通省では、都市機能や居住を誘導すべき区域を中心に、低未利用地の集約等による利用の促進、地域コミュニティによる身の回りの公共空間の創出、都市機能の維持等の施策を総合的に推進しているところである。[6]

(2) これからの都市

近年、IoT（Internet of Things）、ロボット、人工知能（AI）、ビッグデータといった社会の在り方に影響を及ぼす新たな技術の開発が進んできており、これらの技術をまちづくりに取り込み、急速な高齢化、多発する都市型災害など多くの都市の抱える課題の解決を図っていくことが求められている。国土交通省では、「都市の抱える諸課題に対して、ICT等の新技術を活用しつつ、マネジメント（計画、整備、管理・運営等）が行われ、全体最適化が図られる持続可能な都市または地区」を『スマートシティ』と定義し、その実現に向けた取組を進めているところである。[7]

また、スマートシティ実現のための取組の一環として、国土交通省ではMaaS推進に関する取組も進めているところである。MaaS（Mobility as a Service）とは、スマホアプリにより、地域住民や旅行者のトリップ単位での移動ニーズに対応して、複数の公共交通やそれ以外の移動サービスを最適に組み合わせて検索・予約・決済等を一括で行うサービスであり、新たな移動手段（シェアサイクル等）や関連サービス（観光チケットの購入等）も組合せられるものとなっている。[8]

さらに、交通事故の削減、渋滞の緩和、高齢者の移動手段の確保などの課題解決に大きな効果が期待され、また、MaaSの移動サービスの一環として、『自動運転』の早期実現が期待されており、様々な取組や実証実験等が進められているところである。

【補　注】

(1) 1989（平成元）年の合計特殊出生率が、"ひのえうま"という特殊要因により過去最低であった1966（昭和41）年の1.58を下回る1.57であったことが1990（平成2）年に判明したときの衝撃のこと。これを契機に、政府は少子化を問題として認識し、その対策の検討を始めた（内閣府「平成30年度少子化の状況及び少子化への対処施策の概況」2019, p.53）。

(2) 実績値は総務省「人口推計」、推計値は国立社会保障・人口問題研究所「日本の将来推計人口」に拠る。

(3) 都市計画中央審議会基本政策部会中間とりまとめ「今後の都市政策のあり方について」1997, p.7。

(4) まちづくり三法のうち、都市計画法を所管する当時の建設省の意図は、大規模小売店舗等の郊外立地の問題に正面から取り組んだというよりも、特別用途地区を市町村が自由に指定できるようにするという"地方分権"にあったようである（山崎篤男「まちづくり3法の見直し」、都市計画法・建築基準法制定100周年記念事業実行委員会『都市計画法制定100周年記念論集』所収，2019、p.274）。

【引用・参考文献】

1) 都市研究センター専任研究員　丹上健「都市のスポンジ化とコンパクトシティの形成について」2017。

2) 国土交通省HP「コンパクトシティの形成に関連する支援施策集（2020（令和2）年度）」。

3) 国土交通省HP「立地適正化計画作成の取組状況　1.立地適正化計画の作成について具体的な取組を行っている都市（2020（令和2）年7月31日現在）」。

4) 都市計画基本問題小委員会中間とりまとめ「安全で豊かな生活を支えるコンパクトなまちづくりの更なる推進を目指して」2019（令和元）年7月。

5) 国土交通省HP『『都市再生特別措置法等の一部を改正する法律案』を閣議決定」2020（令和2）年2月7日。

6) 国土交通省「都市のスポンジ化対策　活用スタディ集」2018（平成30）年8月7日。

7) 国土交通省HP「都市交通調査・都市計画調査　スマートシティに関する取り組み」。

8) 国土交通省「国土交通省のMaaS推進に関する取組について」2019（令和元）年12月6日。

公共交通の役割と集約型都市構造との連携の必要性

Roles of Public Transportation and Necessity of Coordination with Urban Compactization

松本　幸正　　名城大学理工学部社会基盤デザイン工学科
Yukimasa MATSUMOTO　　Faculty of Science and Technology, Meijo University

1　はじめに

　集約型都市構造の必要性がこれまでに述べられてきた。その都市構造実現の正否を握る重要な鍵の1つは、交通体系のあり方であろう。集約された都市は施設密度も人口密度も高まることになるから、その都市域での移動需要は増加し、また、周辺から中心部への移動が集中することも予想される。集約された都市間の往来も旺盛になる。したがって、これらの太い移動需要を鉄道やバスなどの中大量輸送機関で効率的に運ぶことが求められることになる。

　しかしながら現実には、中大量輸送機関である鉄道やバスの利用者数はピーク時に比べて大きく減少し、路線の縮小・廃止が進んだ。今では、集約型都市構造の実現に寄与できるだけのサービスが提供されているとは言えず、特に地方部においては、公共交通ネットワークは十分な機能を果たしていない。

　本節では、はじめに、鉄道やバスの利用者数が減少していったその背景について、競合の交通手段である自家用車の増加を切り口としながら論じる。その上で、改めて鉄道やバスなどの公共交通に期待される役割について整理するとともに、公共交通はこれからの我が国においても不可欠であることを再確認する。

　公共交通による移動の場合、1種類の手段だけで、あるいは、1本の路線だけで目的地に到達できるわけではなく、複数の交通手段を乗り換え、あるいは、別の路線に乗り継いだりする必要がある。したがって、複数交通手段や複数の路線が円滑につながっているネットワークとして機能している必要がある。そのネットワーク機能を発揮するための具備すべき要件についても整理する。

　公共交通ネットワークと都市の形は密接に関係している。鉄道やバスの運行がなければ、その地域での高密度な都市的土地利用は進まない。高密度な都市的土地利用がなされれば、そこには多くの交通需要が発生し、新たに鉄道やバスの運行が始まる。つまり、公共交通のあり方は、都市の形に影響を与える。公共交通ネットワークの整備と都市の集約化を連携させ、相乗効果を生じさせるための方策についても考えていく。

2　自動車普及の功罪

　自動車の普及は、我々の生活を便利にした。便利が故に、自動車の普及も進んだ。軽自動車を含む乗用車台数は、平成に入ってからの30年間で約2倍にまで増えた。自動車があれば、好きなときに行きたいところに出かけられ、天候を気にすることもなく、また、重い荷物を運ぶこともでき、我々の生活を一変させた。公共交通が通っていなくても自家用車さえあれば、郊外の値頃な戸建て住宅に住んで、家から遠い商業施設や病院にも行け、不便を感じることはない。

　経済面への効果も見逃せない。自動車関連業が集積する地域の経済を活性化させ、そこに雇用を生み、生産年齢人口は増加し、さらに消費も伸びるという好循環を生み出した。自動車産業は、我が国の経済を支えるまでに成長したと言っても過言ではない。

　一方で、図1に示すようにモータリゼーションの弊害も指摘される。自動車がもたらす外部不経済として広く知られる交通渋滞、交通事故、交通公害である。最近では、地球温暖化をもたらす二酸化炭素の排出抑制も世界的に求められ

ている。これら以外にも、我々の生活に大きな影を落としていることがある。1つは都市のスプロールで、1つは公共交通の衰退である。

　人口の増加、経済発展による所得向上は都市域を拡大基調へと向かわせ、モータリゼーションはこの基調に拍車を掛けることになった。自動車があれば、道路が整備されることによって未開の地にもアクセス可能となり、安価な土地を求めてスプロールしていった。都市部で増大する人口の受け皿として郊外団地の開発が進んだのも、自動車があったからである。郊外に続く幹線道路沿線はロードサイド店として新しい商業施設や飲食店が建ち並び、週末ともなれば渋滞を引き起こす。市民病院や文化施設などの公共施設でさえも、広い土地を安価に入手できる郊外に建設され、スプロールは進むとともに、渋滞は無くなっていない。

　一方で、昔から栄えていた中心市街地からは人々の足が遠のき、シャッター街と化していった。駅前の商店街などでは、店じまい後には駐車場への転用が進み、ますます商店街としての魅力を失い、さらに都市の郊外化へと向かわせた。中心市街地は人口減少が進むとともに、高齢化に拍車が掛かっていった。

　モータリゼーションは、交通手段の利用割合にも大きな変化をもたらした。自家用車の利用が増えれば、それまで利用されていた鉄道やバスの利用が減ることになる。開発された郊外団地の居住者は、生活をするためには自家用車が手放せない。自動車の増加による道路混雑はバスの定時性を損なわせ、バスは時間信頼性が低い使いにくい乗り物になった。これによってもバス離れは加速し、運賃収入の減少によって減収したバスは、便を間引かれたり、始・終発を切り詰められたりしてサービス水準の低下を免れず、いっそう不便になっていった。

　こうなると、バスの利用者は自家用車へと転換していき、バス利用の減少に拍車が掛かるという負のスパイラルに陥っていった。特に地方部では多くのバス路線や鉄道が廃止され、自動車の運転免許を持たないなどの交通困難者のQOL（生活の質）を著しく低下させている。

　以上見てきたように、モータリゼーションは

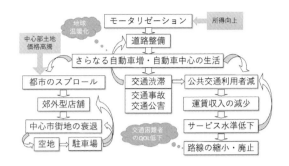

図1　モータリゼーション起因のスパイラル

我々の生活を便利にした一方で、都市の形を大きく変えていき、また、公共交通の衰退を招いてきたことがわかる。

3　公共交通の相反する2つの役割

　鉄道やバスなど一度に多くの人を運ぶことができる交通機関は、中大量輸送機関と呼ばれる。移動需要を集約することにより一度に多くの人を運べることになり、安価な料金での移動を実現する。中大量輸送機関である鉄道やバスは、同時に、公共交通とも位置づけられる。公共交通としてのバスや鉄道の役割には、大きく2つある。「移動の保障」と「移動の効率化」である。公共交通であるからには、第一に、移動の保障が求められるべきである。つまり、誰でも乗れて、いつでも乗れて、どこでも乗れるというのが理想的な姿であろう。誰でも乗れるということは、たとえ身体に障害があっても乗れなければならず、バリアフリーが求められる。いつでもどこでも乗れるようなサービスの提供は現実的ではない。24時間バスや深夜バスもあるが、全国津々浦々での運行は不可能であろう。この場合には、少量の輸送機関であるタクシーなどにその役割を担ってもらうのが適切である。ただし、バスや鉄道に比べて料金が高くなることが、公共交通としての役割を果たす上での弱点になろう。

　移動の効率化も、公共交通として重要な役割である。移動が効率化できると幅広い効果が期待できる。200人が一度に移動することを考えた場合、全員が自家用車を使えば車両200台弱分の道路空間が必要になるが、全員がバスを利用すればバス数台程度で済む。2車線の道路が必要で

あったとしても、1車線で済む。そうすれば、余剰となった1車線を他の用途に転用可能となる。歩道の拡幅、自転車専用道や緑地帯の整備、あるいは、オープンカフェなどとしての利用も可能になり、その用途を幅広く社会に還元できる。

　一人一人が自家用車で移動するよりも、バスでまとめて移動した方が消費エネルギーも削減可能になる。二酸化炭素の排出量も減らせる。個々人が支出する交通費用も節約でき、浮いた分は他の消費に回せ、地域経済の活性化にもつながる[1]。公共交通の移動の効率化は、都市空間から地域経済までと幅広い分野に好影響をもたらす。

　この移動の保障と移動の効率化はトレードオフの関係にある。両立は難しい。移動を保障するためには、まちの隅々まで、年中無休の24時間運行が求められる。こうなれば、利用者がほとんどいない便や路線が増えることになり、運行は不効率になる。一方、移動を効率化すれば、多くの利用者がいる場所と時間帯だけの運行に絞られることになり、移動の保障が行き届かない。

　移動の保障は主に公共サービスの視点で考えることになり、移動の効率化は主に事業経営の視点で考えることになる。両者の落としどころを探ることが、公共交通計画の肝となろう。

4　機能的な公共交通ネットワークの要件

　ある個人の移動に着目した場合、出発地と目的地が直線的に一種類の交通手段で結ばれていれば、その移動は便利であろう。実際には、個々人の移動が街中の至る所で縦横無尽に発生するため、これらの移動は至る所で交錯し、また、多くの移動が集中するところでは混雑が発生し、円滑な移動を妨げることになることは想像に難くない。そこで、多くの移動が重なる部分は集約し、多くの人を運べる交通手段で結ぶことにする。これは移動を効率化することになり、バスや鉄道などの中大量輸送機関が担うことになる。

　需要を集約できないところは、オンデマンド型交通やタクシーなどの少量輸送機関で運ぶ。どこまでの需要を集約するかの基準は、最適化計算[2]によって定めることもできなくは無い。しかし一般的には、民間交通事業者が、採算性

の面から路線の新設や維持を決めることが多い。

　これら中大量輸送機関と少量輸送機関とを混合して機能的な公共交通ネットワークとするためには、以下の要件を具備することが求められる。

① アクセス性（Accessibility）

　住宅地と中心拠点が接続されていることは当然であるが、その他にも、交通の目的地となり得る公共施設、大学、高等学校、商業施設や病院なども路線上にあり、公共交通を利用してアクセス可能でなければならない。移動の保障の面からいえば、生活必需施設となる商業施設や病院には、どの路線からでも行けるようにする必要がある。これらのOD（起終点）は、物理的に接続されているだけでは不十分で、利用したい時間に行けるようなダイヤ設定とし、帰りのダイヤや経路の設定にも配慮が必要である。

② 乗り換え円滑性（Interconnectivity）

　中大量輸送機関から少量輸送機関で構成される公共交通ネットワークでは、乗り換えが必然的に発生することになる。この乗り換えの仕方によって、公共交通の利便性は大きく変わる。乗り換え自体は抵抗になるため、その抵抗を空間的、時間的、費用的に下げる工夫が不可欠である。

　異なる交通機関への乗り換えを近い場所で平面的に行えるようにしたり（空間的）、乗り換えのダイヤを調整したり（時間的）、乗り換えても料金が上がらないようにしたり（費用的）する必要がある。空間的ならびに時間的に円滑な乗り換えが不可能な場合には、乗り換えのために過ごす空間と時間に対する工夫があれば良い。乗り換え空間に、ベンチなどの休憩施設やキオスクなどの売店を併設するなどしたりして、快適に乗り換えまでの時間を過ごせるようにすれば、乗り換え抵抗を下げることは可能である。乗り換えるまでの滞留時間を利用した駅ナカビジネスなどに見られる各種サービスの提供も考えられる。

③ 冗長性（Redundancy）

　公共交通ネットワークは、効率性からはOD間が1経路になる。しかしながら、その経路が工事や事故等で通行できなくなったら、もはや目的地への到達は不可能になる。高くても早い経路

を嗜好する人もいれば、安価な経路を選びたい人もいる。階段での上下移動を避けたい人もいる。多様なニーズに応えるためにも複数の中から選べる冗長性のあるネットワーク構成が望まれる。

　以上の3要件がすべて満たされている公共交通ネットワークは理想的ではあるが、現実的には難しい。多手段で構成される公共交通ネットワークでは、特に、乗り換え円滑性に対する工夫が求められることになる。

5　集約型都市構造との連携による相乗効果

　トレードオフの関係にある移動の保障と移動の効率化を同時に成立させる方策がある。これは、公共交通だけで工夫を凝らしたとしても実現不可能であるが、都市の形を変えれば可能となる。それは、図2のように、都市構造を集約型に変えることである。そうすれば、人口密度や施設集積度が高まり、そこでの人々の移動量は増え、交通需要の集約も容易になる。このことは同時に、多くの人々の移動を保障できることにもなる。つまり、発生する移動需要がまとめられる程度に都市を集約すれば良いことになる。

　移動需要が集約された地域では、サービス水準の高い公共交通機関で移動が可能となり、地域としての魅力も向上する。そうすれば、さらにそこへの人口流入や都市施設の集積が進み、都市の集約化がさらに進む。その集約によって、さらに交通需要が増し、公共交通のサービス水準がいっそう向上し、地域の魅力も増すという正のスパイラルへとつながる。集約された拠点間の移動も相当数起こり得る。これらの移動は主ODとなり、また、移動需要も集約でき、その拠点間をサービス水準の高い公共交通でつなぐことができる。これにより、集約拠点間の移動は便利になり、このことは拠点への施設集約を後押しする。こちらもやはり正のスパイラルとなる。

　このように、都市を集約型に変え、それらを公共交通ネットワークでつなげば、公共交通の役割となる移動の保障と移動の効率化を同時に成り立たせることが可能になる。また、公共交通の魅力が上がれば、都市の集約もさらに進む。

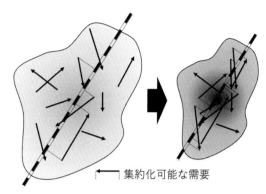

←── 集約化可能な需要

図2　都市の集約化と移動需要の集約

都市の集約化と公共交通のネットワーク化を連携して進めれば相乗効果が生まれる。

6　おわりに

　モータリゼーションの進展は、生活を便利にする一方で、都市をスプロールさせて中心市街地や公共交通を衰退させていった。人口が減少し、高齢者の人口割合が増加していく我が国においては、道路や上下水道などの都市基盤を維持管理していくための費用は減少していく。もはや、スプロールした都市域全体の都市基盤を維持していくことは不可能で、公共交通空白地域に居住する交通困難者らの生活も厳しくなる。そのため、拠点を中心に都市を集約していくことが求められるが、その実現の成否の鍵を握るのが公共交通ネットワークである。公共交通のネットワーク化と都市集約化を連携させれば相乗効果が期待できる。加えて、中心市街地の活性化も欠かせない。そこでは安全・快適に歩けるウォーカブルな空間が広がっていて、自転車でもアクセスできることが求められる。公共交通の利用促進のためには、公共交通のサービス水準向上に加えて、自動車の利用抑制も欠かせない。これらの総合的な取り組みで、魅力あるこれからの都市づくりを進めて行かなければならない。

【引用・参考文献】
1) Jeff Speck, Walkable City, North Point Press, 2012.
2) Carlos F. Daganzo, Yanfeng Ouyang, Public Transportation Systems, World Scientific, 2019.

中部地域における地域公共交通活性化の取り組みの現状と将来展望

The Current Situation and Future Prospects of Local Public Transport Vitalization Measures in the Chubu Region

福本　雅之　名古屋大学大学院環境学研究科
Masayuki FUKUMOTO　Graduate School of Environmental Studies, Nagoya University

1　はじめに

コンパクト・プラス・ネットワークの「コンパクト」の部分を支えるのが立地適正化計画である一方、「ネットワーク」の部分を支えるのが地域公共交通計画と、それに基づいて行われる各種の地域公共交通活性化の取り組みである。

中部地域においても、多くの自治体がコミュニティバスやオンデマンド交通の運行、鉄道・バスの利用促進、経路検索用データの整備などにが取り組んでいる。

本稿では、地域公共交通計画の根拠となる制度について解説した後、中部地域における地域公共交通活性化の取り組みの現況を整理した上で、将来展望について述べることとする。

なお、本稿で中部地域という場合には、富山県、石川県、福井県、岐阜県、静岡県、愛知県、三重県を指すものとする。

2　地域公共交通活性化再生法と地域公共交通計画

1990年代以前の市町村の地域公共交通施策は、赤字路線への欠損補助や、事業者が撤退した場合の廃止代替バス運行といった消極的、受動的なものがほとんどであった。

市町村が積極的、能動的な地域公共交通施策を行う動きが増えたのは2000年前後からであり、そのきっかけは1995(平成7)年に武蔵野市で運行が始まった「ムーバス」が注目されたことである。ムーバスは、従来型の路線バスではカバーできていない移動ニーズが存在しているにも関わらず、採算性が低いためバス事業者の参入が見込めない場合、市町村が関与することによってバスサービスを供給できることを示した。す

なわち、市町村が運営を担い、バス事業者が運行を担うという、「運営と運行の分離」のモデルを提示したのである。これによって、市町村が積極的に地域公共交通施策を行う方途が開かれ、全国各地の市町村においてコミュニティバスの運行が行われるようになった。

当初、コミュニティバスの多くは道路運送法上の例外規定を用いて運行されていたが、運行事例の増加に伴い、制度と実態の乖離が大きくなった。これを解消するために行われたのが2006(平成18)年の道路運送法改正である。これによって、コミュニティバスを運行する際の法的位置づけが明確化されるとともに、地方公共団体が「地域公共交通会議」を主宰できるようになった。

地域公共交通会議は、関係行政機関、交通事業者、市民・利用者代表などを構成員とし、地域住民のニーズに対応した交通のあり方や、地域の実情に即した輸送サービスについて協議を行うものである。地域公共交通会議で協議が整った場合、許可等の手続きに要する期間が短縮されるなど、コミュニティバスを運行する場合に直接的なメリットがあるため、多くの市町村において設置が進んだ。一方で、地域の交通のあり方についての議論に活用される例は少なく、地域公共交通の衰退傾向に歯止めをかけるには至らなかった。

こうした点を解消すべく、2007(平成19)年に地域公共交通活性化・再生法が新たに施行され、「法定協議会」が制度化された。活性化・再生法では、コミュニティバスのみならず、鉄道・路線バス・航路等の全てのモードを対象としており、法定協議会においては、地域公共交通ネ

ットワーク全体の活性化について取り扱うこととなっている。具体的な取り組み内容については、法定協議会で策定する計画に基づくこととなる。

当初、活性化再生法に基づく計画は「地域公共交通総合連携計画（2007〜2014）」という名称であったが、その後「地域公共交通網形成計画（2014〜2020）」へと変更され、現在は「地域公共交通計画（2020〜）」となっている。計画と連動した補助制度も設けられ、当初は時限付きの補助であったが（総合事業）、その後、事業内容に絞り込みはあったものの期間を定めない地域公共交通確保維持改善事業へと変更されている。

3　中部地域における公共交通活性化の現況と特徴的な事例

(1) 中部地域における取り組みの概況

中部地域においては、2020(令和2)年2月末時点で90件の地域公共交通網形成計画が策定されている。県別の策定状況について表1に示す。市町村数に対する割合を算出すると、全国では0.31であるのに対して、中部地域は0.43であり、全国よりも割合が高い。

(2) 特徴的な取り組み

中部地域においては全国的に見ても特徴的な取り組みが多く行われている。以下にいくつかの例を紹介する。

a) 愛知県日進市

愛知県日進市では、コミュニティバス（くるりんバス）のうち、利用が最も多い路線（中央線）について民営へと移管するとともに、他のくるりんバス路線についても路線再編を行っている。

民営へ移管の際に、路線の一部見直しと運行時間帯の拡大、増便を行っており、一時的に市の負担は増加するものの、将来的には利用者数の増加によって黒字転換を目指している。

b) 三重県伊勢市

三重県伊勢市では、伊勢市駅・宇治山田駅を中心とした放射状のバス路線網が形成されているが、市街地縁辺部に立地する総合病院やショッピングセンターへのアクセスにはバス同士、もしくはバスと鉄道の乗り継ぎが必要となっていた。そこで既存のバス・鉄道を補完するものとしてコミュニティバスの環状線（おかげバス

表1　地域公共交通網形成計画の策定状況

県	網形成計画	割合※	再編実施計画	割合※	所管
富山県	8	0.53	0	0.00	北陸信越運輸局
石川県	4	0.21	0	0.00	北陸信越運輸局
福井県	5	0.29	1	0.06	中部運輸局
岐阜県	19	0.45	2	0.05	中部運輸局
静岡県	16	0.46	0	0.00	中部運輸局
愛知県	27	0.50	1	0.02	中部運輸局
三重県	11	0.38	0	0.00	中部運輸局
中部計	90	0.43	4	0.02	
全国	542	0.31	38	0.02	

数値の出典：国土交通省

※：市町村数に対する割合。ただし、複数の市町村で1つの協議会を設置している場合や、複数の協議会に参加している市町村があること、県で協議会を設置している場合があるため、厳密に策定率を表すものではない。

環状線）を新設した。

　ここで特筆すべきことは、環状線への乗り継ぎに関して、既存のコミュニティバスのみならず、民営路線バスや鉄道（JR・近鉄）とも乗り継ぎ割引を設定していることで、鉄道も含めた乗り継ぎ割引の設定は珍しい。

c）愛知県北設楽郡（設楽町・東栄町・豊根村）

　愛知県北設楽郡では、3町村が共同で協議会を設置して地域公共交通活性化の取り組みを行っている。中でも、それぞれの町村営バスを相互乗り入れすることで、通院・通学の利便向上を図っている例は全国的に見ても珍しい。

d）岐阜県輪之内町

　岐阜県輪之内町では、利用の少なかった町内を巡回するコミュニティバスについてオンデマンド交通に置き換えることで、利便性と運行効率の向上を図った。また、オンデマンド交通を既存の路線バスに結節させることで、隣接する大垣市へのアクセスを確保している。

e）岐阜県中津川市

　岐阜県中津川市では、市内を訪れる外国人観光客が急増し、公共交通情報の提供が急務であったことから、市内を運行する路線バスとコミュニティバスについて「標準的なバス情報フォーマット（GTFS-JP）」に基づくデータ整備を行い、インターネットでの経路検索にいち早く対応した。その後、データ整備の取り組みは近隣市町村、事業者にも拡大している。

4　今後の地域公共交通活性化に求められる視点

　コンパクト・プラス・ネットワークの実現にあたっては、鉄道・路線バスを中心とした現在の地域公共交通をベースとし、それ自体の幹線性を高めるとともに、都心部、郊外部においては端末交通との連携が必要となる。したがって、単一モードではなく、タクシーや歩行支援サービスを活用し、複数モードからなる交通ネットワークを形成することが重要であり、これらを案内する経路検索のためのデータ整備が必要となる。

(1) 都市コンパクト化施策とのさらなる連携

　都市コンパクト化施策と地域公共交通活性化施策、あるいは、立地適正化計画と地域公共交通計画は「車の両輪」という説明がなされることが多い。両者の密接な関係性を示したものであるが、地域公共交通施策に比べて都市施策は事業に要する期間が長いことから、両者を同一のタイムスパンで考えることはできない。

　実際、現在策定済みの地域公共交通網形成計画では計画期間が5年程度のものが多いのに対して、立地適正化計画では20年という期間が一般的である。両者の施策は連携して行われることが求められるが、必ずしも一体的に実施することができるとは限らない点に留意する必要がある。

　地域公共交通施策の側に立った場合に、都市施策に期待する部分は大きい。2000年代以降、自治体による地域公共交通施策はコミュニティバスやオンデマンド交通の運行、利用促進策やモビリティ・マネジメントの実施といったソフト施策が中心となっている。このことは、それ以前に公共交通利便性向上策として各地で実施された「都市新バスシステム」や「オムニバスタウン」において、バスレーンやハイグレードバス停の整備、PTPSの導入といったハード対策がそれなりに大きな割合を占めていたことと比べると特徴的である。特にバス交通に関して言うと、ソフト施策は費用が安く、実施が容易であるというメリットがある反面、バスの弱点である定時性・速達性の改善には結びつきにくい。

　都市コンパクト化によって市街地の密度が高まったとしても、現在のような自家用車を中心としたライフスタイルが変化しないとすれば、渋滞の激化が予想されるし、そのような状況ではコンパクト化のメリットは享受できない。バスレーンの整備やPTPSの導入、パークアンドライド用のフリンジパーキングやバスターミナルの整備といったハード施策を行うことで、都市の基幹公共交通軸を強化することが必要である。

(2) 都市内における端末移動手段の充実

　コンパクト化した都市内において基幹公共交通軸へのアクセスを担う移動手段を確保することも重要である。これまで、コンパクトシティ内での移動は徒歩という暗黙の了解があったが、高齢化が進む今後の社会おいて、徒歩だけに頼ることでは不十分で、いわゆる「ラストワンマ

イル」の移動手段が求められる。具体的には、電動自転車やパーソナルモビリティビークル（PMV）のシェアリングサービス、低速電動バスによる街区内移動サービスといった歩行支援サービスを都市内において実装し、各街区と鉄道駅やバス停を結ぶことが考えられる。これらのサービスの利用料金は、鉄道やバスと一体となったパッケージとして提供されるべきである。つまり、鉄道やバスから乗り継いでこうしたサービスを利用する場合には、無償や割引がなされることが望ましい。

(3) タクシーの活用

公共交通ネットワークを考える際、鉄道とバスのみを考えがちであるが、タクシーのように小回りの利く移動サービスも活用しながらネットワークの質を高める取り組みも求められる。タクシーの活用の形態としてはいくつか考えられる。

a) フィーダー交通としての運行

人口の少ない郊外や中山間地までバスを直行させることは非効率であることから、地区拠点までの幹線部分をバスとして運行し、各地区においてはフィーダー交通を運行するという路線再編を行うことがある。こうした場合に、フィーダー交通として、タクシーを活用したサービスを提供することが考えられる。これはネットワークの広がりを担保するとともに、郊外や中山間地域においてタクシー営業所を維持するという点でもメリットがある。

b) 鉄道・バスの補完

都市部であっても、鉄道・バスといった定時定路線型の公共交通サービスの利用が困難な高齢者や障害者は一定の割合で存在する。乗降に介助が必要な人であればスペシャルトランスポート（ST）によるサービス提供となるが、そうでない場合には、タクシーによるドアツゥドアの移動を提供することが有効となる。また、公共交通空白地区へのサービス提供においても、乗合タクシーやタクシー利用助成など、タクシー車両を用いることで、バスによる場合に比べて費用効率的にサービス供給地区を増加させることが可能である。

また、バスでは供給が過剰となる深夜時間帯にタクシー車両を活用した乗合タクシーを運行することで、公共交通がカバーする時間帯を拡大させることも考えられる。

(4) 公共交通データの整備

ここまで述べてきたような施策を実施した場合、幹線交通と端末交通を乗り継いだ移動が必要となることから、経路検索サービスも複数のモードに対応したものとする必要がある。これに、決済機能を持たせることにより、MaaS（Mobility as a Service）が実現される。

こうした際に必須となるのが、それぞれのサービスのダイヤや運賃、乗降地点などのデータ整備である。GTFS-JPのような統一フォーマットによる運行計画データの整備が進められることにより、交通モードや事業者に関係なく経路検索ができるようになることから、交通データをインフラの1つと位置づけて整備を進める必要がある。

5　おわりに

中部地域における地域公共交通活性化の取り組みは全国的に見ても進んでおり、特徴的なものも多い。活性化再生法に基づく地域公共交通活性化の取り組みが本格化してから13年が、立地適正化計画の制度化から6年が経過し、様々な取り組みの成果が現れる時期に入っている。今後は、これらの成果を見極めつつ、取り組みの改善を図っていくことが必要である。

【引用・参考文献】

1) 加藤博和・福本雅之：市町村のバス政策の方向性と地域公共交通会議の役割に関する一考察，土木計画学研究・講演集，Vol. 34, 2006.12

2) 加藤博和・福本雅之：日本に地域公共交通計画は根づいたか？－地域公共交通活性化・再生総合事業の成果と課題を踏まえて－，土木計画学研究・講演集，Vol. 47, 2013.6

3) 国土交通省：作成された地域公共交通網形成計画・地域公共交通再編実施計画の一覧，https://www.mlit.go.jp/common/001336188.pdf，（閲覧日：2020年4月13日）

時空間ミクロ公共交通ネットワークを用いた立地適正化計画区域のアクセシビリティ評価

Evaluation of the Accessibility of the Location Normalization Plan Area Using Spatio-temporal Micro Public Transportation Network

松尾幸二郎
Kojiro MATSUO

豊橋技術科学大学建築・都市システム学系
Department of Architecture and Civil Engineering, Toyohashi University of Technology

1　はじめに

　2014(平成26)年に立地適正化計画および地域公共交通網形成計画が制度化されてから5年が経ち、両計画を策定している自治体の数も増えてきている。その数は2017(平成29)年4月末時点では48自治体であったのに対し、2020(令和2)年3月末までには209自治体となっている[1]。地域公共交通網形成計画の策定・実施においては、立地適正化計画との連携を図ることも求められている[2]。しかし、連携について記載している計画はあるものの、連携に関連した定量的な分析や関連指標による目標設定といった踏み込んだ計画はあまり見られないのが現状である。

　本稿では，今後，地域公共交通網形成計画（法改正により「地域公共交通計画」）を策定あるいは改定していく際に立地適正化計画との連携を検討するための参考資料となるべく、「コンパクト機能としての立地適正化計画で定める居住誘導区域や都市機能誘導区域を、ネットワーク機能としての地域公共交通網が時空間的にどの程度カバーできているか」という視点から、愛知県豊橋市を対象として、定量的なケーススタディを試みる。

2　豊橋市の立地適正化計画と都市交通計画

(1) 豊橋市立地適正化計画の概要

　本稿の対象地域である豊橋市（人口約37万5,000人、2020(令和2)年3月時点）では、2018(平成30)年9月に「豊橋市立地適正化計画[3]」を公表している。同計画におけるまちづくりの方針として、「高度な都市機能が集積しにぎわいと活気に満ちた都市拠点」、「日常生活に必要な生活機能が集積した地域拠点」、「市街化調整区域の

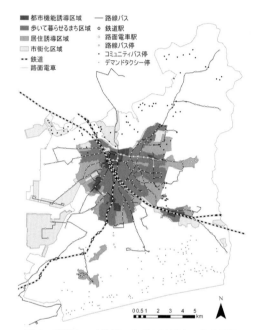

図1　豊橋市の立地適正化計画区域と公共交通網

集落維持のための拠点」を形成し、それら「拠点や主要な都市施設を結ぶ高度なサービス水準が確保された公共交通幹線軸」の形成により、「一定規模以上の人口密度の確保や居住人口の適正な配置・誘導」することが掲げられている。そして、その方針に基づき、図1に示すように、都市機能誘導区域と居住誘導区域が設定されている。都市機能誘導区域は都市拠点と地域拠点に設定されている。一方、居住誘導区域については、住居系、商業系用途地域を中心に「法第81条第2項第2号に定められた居住誘導区域」を設定していることに加え、「都市機能誘導区域」および「各拠点へのアクセス性に優れる公共交通幹線軸の沿線」に「歩いて暮らせるまち区域」を独自で設定し、積極的な居住誘導を図ること

としている。

(2) 豊橋都市交通計画の概要

　豊橋市は、多様な公共交通モードが共存する都市であり、図1に示すように、豊橋駅を中心に地域間幹線鉄道（ＪＲ東海道新幹線・東海道本線、名鉄名古屋本線）、ローカル鉄道（豊橋鉄道渥美線）、路面電車（豊橋鉄道市内線）、路線バス（豊鉄バス）がほぼ放射状に走っており、定時定路線型のコミュニティバス（ジャンボタクシー車両）が4地区、および定路線デマンド型の乗合タクシーが1地区で運行されている（2020（令和2）年3月時点）。また、豊橋市内で営業しているタクシー事業者は主に4社であり、車両数は2015（平成27）年3月末時点で312台となっている。豊橋市は2016（平成28）年3月に、「都市交通マスタープラン」とその実施計画としての「交通戦略」をまとめた「豊橋市都市交通計画2016-2022 [4)]」を公表しており、これを地域公共交通網形成計画として位置付けている。同計画においては、上述した多様なモードを連携させることで、「都市拠点と地域拠点とを結ぶ公共交通幹線軸や拠点周辺地域から各拠点への支線公共交通・アクセス交通の形成、及び交通結節機能を高めること」を目指している。目標の1つとして、「まちづくり施策と連携した公共交通ネットワークを形成する」ことを定めているものの、その数値目標は「公共交通の1日当たり利用者数」であり、立地適正化計画との連携を評価するような指標は用いられていない。

3　時空間ミクロ公共交通ネットワークによるアクセシビリティ指標の算出

　地域公共交通網の形成においては、複数の事業者や交通モードが連携、役割分担をして効率的なネットワークを形成することが求められている[2)]。また、近年、各交通モードの時刻表といった運行情報等のオープン化が進んでいる傾向にある。これを踏まえ、本稿では、当研究室で構築している、時空間ミクロ公共交通ネットワークを活用して、居住誘導区域と都市機能誘導区域との間におけるアクセシビリティ指標の算出を行う。

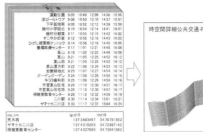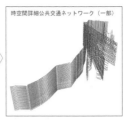

図2　時空間ミクロ公共交通ネットワーク作成イメージ

(1) 時空間ミクロ公共交通ネットワーク

　当研究室では、時刻表データおよび各駅・バス停の位置データに基づき、時空間ミクロネットワークを生成するシステムを構築している（図2参照）。具体的には、時刻表データ上の各時刻の各駅・バス停をノードとし、各駅・バス停間の路線リンク、一定距離以内にある駅・バス停間の乗り換えリンク、設定した出発地から各駅・バス停までのアクセスリンク、各駅・バス停から設定した目的地までのイグレスリンク、出発地から到着地までの直接リンクから成るネットワークが生成される。従って、出発時刻、目的地、到着地位置を設定することで、経路検索サービスのように、公共交通、乗換、アクセス、イグレスを考慮した最短経路や所要時間などの計算が可能である。

　本稿で用いる公共交通ネットワークの対象は、JR東海道本線、豊橋鉄道渥美線、路面電車豊橋鉄道市内線、豊鉄バス、コミュニティバス（東部東山線やまびこ号、柿の里バス、しおかぜバス、かわきたバス、表浜乗合タクシー愛のりくん）である。東海道新幹線および名鉄名古屋線は市内に豊橋駅以外の駅はないため除いている。対象路線の2019（令和1）年12月時点での時刻表データに基づき、時空間ミクロ公共交通ネットワークを構築した。

(2) 時間帯別の所要時間の算出

　居住誘導区域と都市機能誘導区域との間のアクセシビリティ指標を算出するにあたり、上述した時空間ミクロ公共交通ネットワークを用いて両区域間の時間帯別所要時間を算出した。空間単位として約250m四方の1/4分割地域メッシュ（以下、250mメッシュ）を用いた。具体的には、上り方向として、出発地（O）を居住誘導区域に

含まれる250mメッシュ中心、到着地（D）を都市機能誘導区域に含まれるメッシュ中心とし、各出発地を10分刻みで出発した場合の各到着地までの最短所要時間をダイクストラ法により算出した。また、下り方向として、目的地と出発地を入れ替えた場合も算出を行った。

図3は、方向別、時間帯別に、所要時間60分以内に到達できるODの割合を示したものである。4時台までは公共交通が運行していないため、徒歩で移動できるODのみとなっているが、5時以降は公共交通利用による60分以内OD割合が増えている。5～6時台は上り方向が下り方向に比べ割合が高いのに対し、20時台以降は下り方向の割合が高いことが分かる。

(3) アクセシビリティ指標の算出と可視化

公共交通ネットワークの評価においては、人が移動したいと思う（魅力的な目的地までの）区間ほど公共交通サービスが提供されていることがより重みをもって評価されるべきであると考えられる。そこで、以下の式により人の移動状況を考慮したアクセシビリティ指標の算出を行った。

$$A_i = \sum_{j \in J, h} w_{ij,h} \cdot I[t_{ij,h} \leq 60] \qquad (1)$$

$$E_i = \sum_{j \in J, h} w_{ji,h} \cdot I[t_{ji,h} \leq 60] \qquad (2)$$

ここで、A_i は居住誘導区域メッシュ i から都市機能誘導区域全域への上り方向アクセシビリティ、E_i は都市機能誘導区域全域から居住誘導区域メッシュ i への下り方向アクセシビリティ（イグレシビリティ）、$w_{ij,h}$ は時間帯 h において居住誘導区域メッシュ i から都市機能誘導区域メッシュ j へ移動することの重み（魅力度）、$I[t_{ij,h} \leq 60]$ は、時間帯 h において居住誘導区域メッシュ i から都市機能誘導区域メッシュ j への所要時間が60分以下であれば1、そうでなければ0となる指示関数である。なお、0～4時は対象外とした。

重み $w_{ij,h}$ は、第5回中京都市圏PT調査データを用いて以下のように算出した。まず豊橋市内小ゾーン（35ゾーン）の全目的トリップを対象に、各ゾーンの夜間人口、従業者数を説明変数とした出発時間別の発生・集中交通量の重回

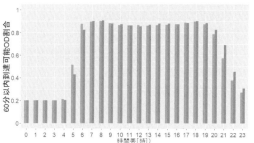

図3　方向別・時間帯別の 60 分以内到達可能 OD の割合

帰モデルを推定し（紙面の制約のためモデルの詳細は割愛）、そのモデルに基づき各250mメッシュの発生・集中交通量を推計した。次に、以下の式により、ゾーン間分布交通量を250mメッシュ間分布交通量にブレークダウンした。

$$\widehat{t_{ij,h}} = t_{mn,h} \cdot \frac{\widehat{g_{i,h}}}{\sum_{i \in I_m} \widehat{g_{i,h}}} \cdot \frac{\widehat{a_{j,h}}}{\sum_{j \in J_n} \widehat{a_{j,h}}} \qquad (3)$$

ここで、$\widehat{t_{ij,h}}$ は出発時間帯 h におけるメッシュ ij 間の推計分布交通量、$t_{mn,h}$ は居住誘導区域メッシュ i が属するゾーン m と都市機能誘導区域メッシュ j が属するゾーン n との間の分布交通量、$\widehat{g_{i,h}}$ は居住誘導区域メッシュ i の推計発生交通量、$\widehat{a_{j,h}}$ は都市機能誘導区域メッシュ j の推計集中交通量である。そして、以下の式により重みを算出した。

$$w_{ij,h} = \frac{\widehat{t_{ij,h}}}{\sum_{j,h} \widehat{t_{ij,h}}} \qquad (4)$$

$$w_{ji,h} = \frac{\widehat{t_{ji,h}}}{\sum_{i,h} \widehat{t_{ji,h}}} \qquad (5)$$

以上より、A_i は、上り方向において、居住誘導区域メッシュ i から魅力的な（多くの人が移動したい）時間帯・都市機能誘導区域メッシュへ公共交通により60分以内に到達できる割合を、E_i は、下り方向において、魅力的な時間帯・都市機能誘導区域メッシュから居住誘導区域メッシュ i へ公共交通により60分以内に到達できる割合を表していると解釈できる。

図4および図5は、各居住誘導区域メッシュについて、方向別のアクセシビリティ A_i, E_i を表したものである。「歩いて暮らせるまち区域」については、ほぼすべてのメッシュで A_i および E_i

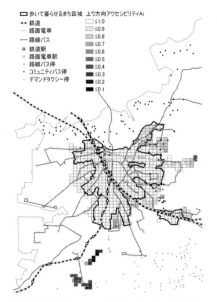

図4　居住誘導区域メッシュ上り方向アクセシビリティ

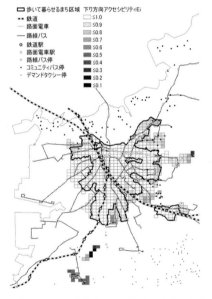

図5　居住誘導区域メッシュ下り方向アクセシビリティ

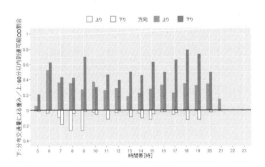

図6　方向別・時間帯別の60分以内到達可能OD割合および分布交通量による重み(南西居住誘導区域メッシュ)

が9割以上となっており、都市機能誘導区域への公共交通によるアクセスが充実していることが分かる。一方で、特に南西部の居住誘導区域においては、上り方向が0〜0.4程度、下り方向が0〜0.6程度となっており、下り方向よりも上り方向の方が都市機能誘導区域へのアクセス性が低いことが見て取れる。さらに図6は、南西部のバス路線が通っている居住誘導区域メッシュ群に着目し、方向別・出発時間帯別の60分以内到達可能OD割合および分布交通量構成割合（重み）を示したものである。8〜9時台は特に上り方向のトリップが多いのに対し、60分以内到達可能OD割合は下り方向の方が多くなっており、このアンバランスにより、上り方向アクセシビリティが低くなったことが窺える。この地区には環状バス路線が運行しており、鉄道駅までのフィーダーとなっているが、環状の方向による影響が出たものと思われる。

4　おわりに

　以上のように、時空間ミクロ公共交通ネットワークを活用することで、居住誘導区域と都市機能誘導区域との間を繋ぐ役割を公共交通網がどの程度果たしているのかを、時間帯や方向を考慮して、可視化することができる。上述したように、今後は時刻表データなど公共交通データのオープン化がさらに進むことが予想される。実際の公共交通施策は数値だけでなく、地域の実情を踏まえた上で検討する必要があるが、施策検討のきっかけや、公共交通網形成計画の作成・更新における分析や目標数値指標として用いても良いのではないだろうか。

【引用・参考文献】

1）国土交通省(2020)，作成された地域公共交通網形成計画・地域公共交通再編実施計画の一覧
2）国土交通省(2016)，地域公共交通網形成計画及び地域公共交通再編実施計画作成のための手引き第3版
3）豊橋市(2018)，豊橋市立地適正化計画
4）豊橋市(2016)，豊橋市都市交通計画2016-2025

交通施設と都市空間のリ・デザイン

Redesign of Transportation facilities and Urban Space

川本　義海　　福井大学学術研究院工学系部門建築建設工学講座
Yoshimi KAWAMOTO　　Faculty of Engineering, University of Fukui

1　はじめに

　公共交通の維持活性化が言われて久しい。マイカー利用の増加と鉄道・バス等、公共交通の利用者の減少は多くの都市で今も続いている。急激な人口減少による過疎、高齢化の進展と運転免許返納の拡がり、また少子化による学区再編や各種施設の統廃合を視野に入れた通学や生活必需活動にともなう移動の広域化が検討される中で、人々の移動に対する関心はこれまで以上に高まっている。

　都市空間においては、人口増加と高度経済成長に支えられ急速に形成された建物や道路などの社会インフラは大規模な更新時期を迎えており、とりわけ都市部においてその更新の動きが活発化している。最近では「コンパクト・プラス・ネットワーク」を推進するための立地適正化計画が多くの自治体で策定され、暮らしの基本となる居住機能や医療・福祉・商業、公共交通等のさまざまな都市機能の誘導を図り、都市の持続的発展に向けた取り組みが加速している。

　以上のように、都市計画におけるハードとソフト両面のパラダイムシフトの中、これまでのように単一的で機能性が重視された交通施設の整備や都市の空間整備だけに頼っていては、変化の速度が速くまた多様化する社会ニーズに的確にかつ柔軟に応えていくことは難しい。計画の時間スパンや規模、対象者、またそれらの管理運営方法まで、大胆に見直す時期に来ている。

　正確な表現とは言えないが、いわば「重厚長大」のプランニングから言葉の意味や響きはネガティブだが「軽薄短小」の要素を上手に取り込み使いこなす、しなやかな計画とその運用が鍵となる。

2　「交通施設」から「交通・交流空間」へのリ・デザイン

　鉄道駅やバスターミナルをはじめ道路などは都市計画法上で交通施設として扱われており、果たすべき機能も交通結節や移動のための空間として明快である。よってその管理運営は交通事業者や行政が供給する側としておもに担う一方で、鉄道やバスの利用者は享受する側の立場でおよそ生活利便施設の1つとしてのみ接しているのがほぼ実情と言える。

　ただこれらの施設は、最近では単なる移動の手段や空間を提供する役割に留まらず、地域のコミュニティ空間（憩いや集いの場）としての役割をも大いに期待されている。

　とりわけ都市の空洞化と郊外化が進む地方都市においては、都心部の再生のみならず、すでに都市化した郊外エリアの中における地域拠点としての持続性をも同時に確保することが重要である。

　つまり都市部であろうがなかろうが関係なく、どこに住まおうが人々が安心して暮らしていく上で必要な生活サービスを受け続けることができる環境をしっかり維持していくための創意工夫が求められている。

　そこで地域住民が自治体や事業者、各種団体と協力・役割分担をしながら、各種生活支援機能を集約・確保し、地域の資源を活用しながら仕事や収入を確保する取り組みにつなげていくことが肝要となる。

3 郊外部における商業・医療施設での交通・交流空間整備

バス運行の効率化、地域の実情に合わせて運行されるようになった地域コミュニティバスやデマンド型乗り合いタクシーを接続する場として、商業施設や病院などを活用する事例が見られるようになった。以下では、福井における事例をいくつか紹介する[1]。

(1) 商業施設

福井市中心部から南西に約7kmに位置する郊外型商業施設（PLANT-3清水店）エリアを、地域拠点とする乗り換え接続ポイントとする。

公共交通幹線は福井駅とPLANT-3清水店を結ぶ路線バス「清水グリーンライン」（昼間は30分おきに1便）であり、そこから先の集落へは地域内フィーダー系統の地域コミュニティバス「殿下かじかポッポー」[2]及びデマンドタクシー「ほやほや号」[3] 3ルートが接続している。

乗り換えのための待合室は店舗に付設され冷暖房完備で、バスロケーションシステムも整備されており、待合室のドア越しにバスやタクシーが容易に確認できる作りとなっている（写真1、2）。

また福井市中心部から南に約3kmに位置し、福井鉄道福武線「ベル前」駅から約150mにある商業施設「ショッピングシティベル（以下、ベル）」では、福鉄バス「清明循環線」及び京福バス「運動公園線」など複数の路線が接続しており、ベル食品館前バス停では、京福バス「赤十字みのり線」及び福鉄バス「清明循環線」（ここを起点とするフィーダー路線（3ルート））が接続している。さらに清水山乗り合いタクシー停留所にもなっている。

なおバス停前はベル食品館の出入口となっており、独立した待合スペースは確保されていないものの、店内からバス停がガラス越しに見える場所にベンチが置かれている（写真3、4）。

(2) 病院

バスの利用目的のうち、通院は主要なものである。とくに施設の特性上、バリアフリーが求められる。

まず福井市中心部から南東に約3kmに位置する福井県済生会病院は、公共交通幹線の1つである

京福バス大野線、また約30km先が起点の「マイバス」池田町線の経由地点であり、さらに地域コミュニティバス「酒生いきいきバス」及び「OKABO」の主要な経由地点でもある。

写真1 「PLANT-3清水店」待合所
（バスは福井駅を結ぶ「清水グリーンライン」）

写真2 「PLANT-3清水店」バス待合所横に待機するデマンドタクシー「ほやほや号」

写真3 ベル食品館横のバス停

ここでは病院の正面玄関横にベンチや公衆電話、またバス案内情報を備えた待合スペースが設置されており、先のPLANT-3清水店と同様、バスやタクシーの到着をガラス越しに容易に確認することができる（写真5、6）。

写真4　ベル食品館の玄関直近のバス待ち用ベンチ

写真5　バス待合室にあるバス接近情報システム

写真6　待合室のガラス越しに見えるバス

また福井市中心部から南に約2kmに位置し、南北に走る福井鉄道福武線の赤十字前駅から約300mに位置する福井赤十字病院においても、正面玄関横にバスロケーションシステムが設置されており、先述の済生会病院と同様である（写真7）。

写真7　福井赤十字病院正面玄関横の
バスロケーションシステム

(3) 芝生広場と一体化した新バスターミナル

坂井市にある「丸岡バスターミナル」が2020（令和2）年4月にリニューアルし供用開始した[4]、[5]。バス乗降場の目前には芝生の広場が広がり、屋根付きの回廊が張り巡らされていることで、バスやタクシーの待合室から雨や雪に濡れずに路線バスやコミュニティバス、タクシーが利用できるようになっている。この場所は再整備前もバスターミナルであったが、元々タクシー会社の車庫と駐車場があった場所をリ・デザインし、芝生広場を中心に据え、待合所のみであった既存施設に交流（ギャラリー）・販売（パスタとクレープ）やギャラリー、キッズスペース、多目的室の各機能を追加し、木造2階建ての「にぎわい交流館」として仕上げられている。

なお旧バスターミナルはかつて京福電鉄永平寺線と、同丸岡線が交わる京福「本丸岡」駅で、両線が廃線となり京福バスの運行に切り替えられた後、駅舎はバスの待合所として活用されてきた歴史を持つ。モータリゼーションの進展により鉄道からバスに転換し、さらに人口減少下における「小さな地域拠点」として、交通結節機能に留まらない新たな市民の交流の場へ生まれ変わったことにより今後の展開が期待されている。

写真8　丸岡バスターミナル

写真9　バス乗降場（中央）と芝生広場（右）

写真10　芝生広場とバス乗降場につながる
オープンテラスでくつろぐ人々

4　おわりに

　高齢社会の進展、地球温暖化防止、健康増進やコンパクトなまちづくりを進める上で、公共交通を軸とした地域拠点をネットワークする空間構成とモビリティの多様化、シームレス化は不可欠といえる。公共交通のバリアともいえる乗り換え抵抗をできるだけ小さくするとともに、乗り換え拠点を地域拠点としても同時に機能させることにより、単なる乗り換え場ではなく、地域の人々が語らい集う目的地にもなるような場にできれば望ましい。

　これまでバスやタクシーは人の輸送をおもに担ってきた。しかしながら、とくに地方部においては、場所によっては人と物の輸送量もそれほど多くなく、ドライバー不足も危惧される中で、バスで貨物を運ぶ貨客混載輸送が期待されている面もある。さらに最近よく見聞きするようになった「MaaS（Mobility as a Service）：サービスとしての移動」時代を見据えた空間づくりと空間づかいを想定した人と物の流れと溜りを程良くマネジメントする空間として、交通事業者、行政はもとより、商業施設や病院などと地域住民が協働した交通施設と公共空地を融合化した都市空間のリ・デザインはこれからますます注目されることになるであろう。

　本稿は、都市計画学会中部支部公共交通研究小委員会(2018年度)に報告した内容をもとに、加筆・修正したものである。

【引用・参考文献】
1）福井市ホームページ(公共交通)
　https://www.city.fukui.lg.jp/kurasi/koutu/public/index.html
2）地域コミュニティバス「殿下かじかポッポー」
　https://www.city.fukui.lg.jp/kurasi/koutu/public/localcommunitybus_d/fil/dennga.pdf
3）デマンドタクシー「ほやほや号」
　http://www.fukui-kotsu.jp/data/hoyahoya.pdf
4）丸岡バスターミナル周辺整備事業
　https://www.city.fukui-sakai.lg.jp/kurashi/toshi-keikaku/kotsu/busta-minaru/index.html
5）丸岡バスターミナル関連記事、福井新聞2019年7月3日、2020年1月27日、2020年4月

地域公共交通の育み方
―えちぜん鉄道再生による住民意識の醸成―

Develop Public Transportation in Local Communities
Fostering Awareness of Local Residents through Regeneration of "Echizen Railway"

三寺　潤　　福井工業大学環境情報学部デザイン学科
Jun MITERA　　Faculty of Environmental and Information Sciences,
Fukui University of Technology

1　はじめに

　確実な人口減少・超高齢社会の到来、環境や財政面の制約等の中で、「集約型都市構造」への転換が急務とされている。これを実現するためには、既存ストックとしての「公共交通、特に土地利用誘導ポテンシャルが最も高い鉄道」の価値を見直し、そのポテンシャルを引き出すことによって、人々の交通行動の変更だけでなく、諸活動の立地行動の変更を通して都市構造の集約へと結び付けていくことが必要である。

　本稿では、地域公共交通に対する地域住民の価値認識に大きく影響を与えたえちぜん鉄道（福井県）を事例として、再生後の住民の意識変容と鉄道の社会的価値に対する意識の醸成を概観する。

2　えちぜん鉄道の再生

　21世紀の始まりは、地域鉄道を取り巻く社会環境が大きく変化した転換期であった。鉄道事業法改正（2000（平成12）年）により、それまでの運輸の根幹をなしていた需給調整規制が撤廃され、新規事業者の参入・撤退が自由になり、手続きも容易になった。厳しい経営状況下にある地域鉄道事業者の多くが撤退の意思を表明し、全国各地域に鉄道存廃の議論を投げかけるようになった。

　そうした社会環境の変化の中、えちぜん鉄道の前身である京福電気鉄道株式会社（以降、「京福電鉄」と記載）は2度の衝突事故を起こし、廃線の危機に陥った。しかし、沿線住民は約2年間の運行休止という耐え難い経験を経て、電車存続へ向けて立ち上がり、住民運動を通して一致団結していく。そんな住民の熱い要望を受けて、福井方式（上下分離）による第3セクターとして

平成15年に設立され開業したのがえちぜん鉄道である。それまで街の中を走っていた電車が予告なしに突然走らなくなるという特殊な経験を持つえちぜん鉄道ではあるが、運航休止期間が負の社会実験とまで呼ばれ、住民が経験し、地域が学び得たものは大きい。えちぜん鉄道の再生をきっかけとして、全国的に地域鉄道の価値が見直されつつあり、採算性の観点から一度は廃線になりかけた地域鉄道が、沿線自治体や地域住民の働きで存続するというケースが出てきている。

　ここで、改めて、えちぜん鉄道の実績（乗車人員の推移）を紹介する。京福電鉄時代の乗車人員は、運行停止するまで減少し続けており、当時の予測では、乗車人員は年間2%ずつ減少していくとされていた。しかし、京福電鉄からえちぜん鉄道に譲渡された2003（平成15）年以降、順調に増加を続けており、2006（平成18）年（291万8,000人）には京福電鉄時代（2000（平成12）年288万3,000人）の乗車人員を超える結果となった。2018（平成30）年度の実績は369万9,000人となり、2019（令和1）年度上期については、過去最多の191万人を示している。このような実績は、全国

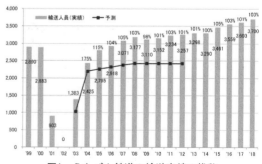

図1　えちぜん鉄道の輸送実績の推移

有数の車保有台数を誇る車依存型の地方都市で
も鉄道が再生し、活性化させることが十分可能
だということを実証している。

　実績を生み出した大きな背景にあるのは、柔
軟な発想による経営とえちぜん鉄道の自助努力
である。加えて、沿線市町と連携した積極的な
利用促進策の展開、さらに運行休止を経験した
沿線住民の中に醸成された鉄道に対する価値認
識（マイレール意識）の存在が大きく関係して
いる。本稿では、これまでの研究成果を振り返
りながら、人々の生活行動（交通）を支える鉄
道に存在する多面的価値について言及していく。

3　地域住民の交通行動の変化

　始めに、えちぜん鉄道として運行が再開され
た直後に実施した調査結果[1]より、運行休止前
後の地域住民の交通行動の変化を総括する。

　回答者全体の約4割が、運行休止前の京福電鉄
を利用しており、代替バス後には約2割にまで利
用が落ち込んだことが明らかとなった。理由と
しては、自家用車など他手段への変更や、活動
そのものを取りやめたことがあげられている。し
かし、えちぜん鉄道再開後は、京福電車時代の
利用と同程度にまで回復している。

　また、京福電車は利用していなかったが、え
ちぜん鉄道再開後に利用を開始した層が回答者
の約6％、逆に京福電車を利用していたが、再開
後利用しなくなった層が約5％存在し、電車の運
行休止により地域住民になんらかの意識変化が
あったことが考察できる。電車の休止及び再開
により沿線地域居住者の5人に1人が交通手段を
変更したと考えられ、これらの経験は、沿線地
域居住者の実態面において極めて大きな影響を
与えたといえる。

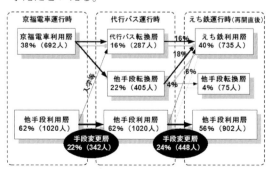

図2　交通条件変化による交通行動変化（再開直後）

　京福電鉄の運行休止・再開は、生活活動全般
に影響を与えただけでなく、その影響が家族等
の間接的非影響主体である電車非利用者にまで
及び、電車をまったく利用したことのない層に
まで影響を与えた。電車が突然休止され、そし
て運行が再開されたことが、利用者のみならず、
非利用者にも鉄道の価値を実感として認識させ、
このことが地域における鉄道に対する関心の高
まりと認知に結びついた。さらに注目すべきな
のは、新規利用可能性を持つ非利用者の意識で
ある。利用意向も高く、電車の必要性も高く評
価している人が非利用者の半数を占めていた。
間接的な影響があり電車の必要性を実感してい
る層と読み解くことができる。一方で、利用意
向も低く、電車の必要性も感じていない『無関
心層』が全体の2割程度存在していた。

4　開業後3年目の事後評価

　続いて再開後3年目に行った事後評価より地域
住民に及ぼした影響を概観する。調査は、鉄道
利用者を対象に、主に①現在の鉄道利用特性と
えちぜん鉄道が地域で果たしている役割とその
存続意義、②再生後の新規利用層・利用頻度増
加層の特性を把握することを目的に実施された。

　開業後3年目時点の利用者の利用頻度と、えち
ぜん鉄道開業当初の利用頻度の変化を示したも
のが表1である。利用頻度が増えた層（利用増加層）
は回答者の約6割存在した。利用増加理由を確認
すると、『新規利用層』は「通学・通勤先の変
更」が約6割、「電車を利用する活動が増えた」
が2割となっており、新たに目的地が沿線にでき
た等による拘束的利用層が多いことがわかった。

　次に、えちぜん鉄道の特徴でもある様々な鉄
道サービスに対する評価を層別に示したのが図3
である。開業後3年目の時点の『新規利用層』は
『利用頻度増加層』と比較すると満足度が全体
的に低い。『新規利用層』は拘束的利用者が多い
ことから、不満を感じながらも利用せざるを得
ない状況にある利用者が多数存在している。さ

表1　開業時と比較した利用頻度の変化（開業後）

利用頻度	増えた	変化なし	減った
構成比	62%（243 人）	35%（136 人）	3%（12 人）

らに若年層が多いこともあり、利用目的や目的地が変更したときに、そのまま非利用者となる可能性が高い。本来的サービスの改善とともに、鉄道の社会的価値の啓発等で鉄道応援意識が芽生えるような仕掛けが必要であるとここでは指摘している。一方で、「職員の接客態度」はどの層からも6割以上の満足度を得ており非常に高い。「総合満足度」はそれぞれのサービス項目の評価が低いにもかかわらず5割を超えている。これは「接客態度」の良さが「総合満足度」の評価を押し上げていると考えられる。

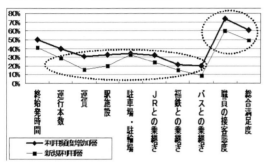

図3　利用者の鉄道サービスに対する評価（開業後3年目）

5　地域住民の鉄道に対する意識の醸成

　ここからは、えちぜん鉄道に対する非利用者も含めた沿線住民の意識、そしてえちぜん鉄道に対する評価はどのように根付いているのか、開業後8年目以降に行った研究成果[2]より、地域鉄道がもつ多様な価値の存在と地域住民の意識醸成について考察する。

(1) 沿線住民の価値認識

　まず、今後の利用意向をみると（図4）、利用意向が全くないのは全体の1割程度で、約5割の沿線住民が条件次第で頻度増加及び新規利用の意向を示している。「条件次第では今以上に利用する」と回答した利用者（頻度増加層）が全体の15%以上も存在し、また、鉄道を使わない非利用者の方々でも、「条件次第では利用してみようかなと思う」層（新規利用層）が全体の4割近く存在していた。

　ここで改めて鉄道等公共交通サービスの重要な特質のひとつに「利用可能性の効用あるいは便益（価値）」がある。通常はそのサービスは利用していないが、何かの時に利用できるという安心感、あるいは家族が利用していることによ

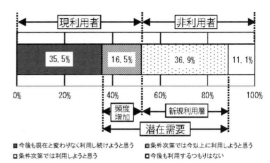

図4　今後の利用意向（開業後8年目）

って送迎をしなくてすんでいるといった行動回避等がこれに該当する。特に、地方部の公共交通の場合、上記のような効用や便益を多分にもたらしているといえるが、正当に評価されているとはいえないのが現状である。そのような背景に着目し、既往文献等も参考にして、えちぜん鉄道の総合価値体系を、図5のように仮説し、えちぜん鉄道が地域にもたらしていると想定される種々の価値に対する住民の認識を把握した。

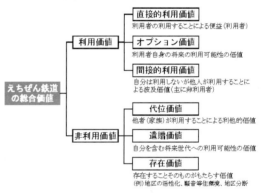

図5　えちぜん鉄道の総合価値

　その結果、えちぜん鉄道に対する価値に関して、沿線住民のうち利用者の約80%強、非利用者においても60%以上が、移動手段としてだけでなく、生活全般あるいは地区にとって価値ある存在と認識していることが明らかとなった。非利用者についてみてみると、「間接的利用価値」の項目である「身近な交通手段がなくなる不安」について価値認識度が高い。つまり、普段車を利用していながら、その代替手段としてえちぜん鉄道をみなしている傾向が捉えられ、先に見た今後の利用意向の高さを裏付けている。併せて、自分を含む「将来世代への不安」に関する価値認識度も高く「遺贈価値」の認識度も

高いことがわかった。

また「存在価値」に対しては「地区の活気」の項目において、利用者・非利用者双方の価値認識が高く、喪失に対する懸念意識、つまり地区の活気に対するえちぜん鉄道の寄与が多くの住民の中で認識されていることがわかった。分析の結果、その利用有無に関わらず、直接的利用価値以外に、利用可能性がもたらす様々な価値や、えちぜん鉄道が存在すること自体がもたらす価値を、多くの沿線住民が認識している。

(2) 鉄道駅周辺地区に住むことの価値

公共交通としての鉄道を活かした「集約型都市構造」へ誘導することを目指すためには、人々の中に公共交通の利便性の高い場所（鉄道駅周辺）に住むことの価値を啓発・醸成させること（一種の心理的方略として）が必要となる。これが可能となれば、公共交通の持続的再生とともに、公共交通を軸とした集約型都市構造への再編も効果的に推進されると思われる。そこで「駅周辺に住んでいる」という価値を実際にそこに住んでいる住民自身がどの程度認識しているのかを明確にする調査を実施した[3]。

駅周辺地区への愛着感、帰属意識と定住意向の関係を表2に示す。これをみると、えちぜん鉄道の駅周辺地区への帰属意識、愛着さらに定住意識も醸成されていることが明らかとなり、帰属意識と愛着感の両方を持っている層は全体の7割を占めており、その8割以上が「ぜひ住み続けたい」「できれば住み続けたい」という強い定住意向を持っている。このことから、駅周辺地区への帰属感と愛着は定住意向と強く関係していることがわかる。えちぜん鉄道が目指している"地域共生型サービス"は様々な角度から沿線住民に深く浸透していることがわかる。

6 おわりに

本稿で紹介したえちぜん鉄道は、地方都市の一事例に過ぎないが、次世代も走り続けるために行ってきた自助努力や「地域と協働する鉄道」を支える仕組みやあり方は、改めて振り返ると都市政策としても大きな役割を担ってきたことがわかる。えちぜん鉄道の再生をきっかけとして、地域鉄道に多様な価値が存在すること、また、地域住民はその価値を認識していることが明らかとなった。地域公共交通に対する地域住民の意識は醸成され、目に見える形で実績にも繋がっている。

2020(令和2)年、予期せぬウィルスの蔓延により、地域公共交通は新たな危機を迎えている。20年前に地域が経験し乗り越えた危機を振り返りながら、改めて地域公共交通の在り方を考える必要がでてきている。地域公共交通は未だに採算事業が基本としてあり、公共サービスとしての明確な位置づけはない。地域公共交通の育み方を次のフェーズに進めるチャンスなのではないか。

【引用・参考文献】

1) 堀井茂毅, 川口充康, 川本義海, 川上洋司：鉄道の運行休止・再開による沿線住民の交通行動および意識の変化に関する研究－福井地域における地方鉄道を対象として－, 土木計画学研究・論文集), vol.22, No.3, pp. 677-684, 公益社団法人土木学会, 2005.

2) 大山英朗, 三寺潤, 川上洋司：沿線住民の認識を通した地方鉄道の価値に関する研究－えちぜん鉄道を事例として－, 都市計画論文集, No.47, No.3, pp. 319-324, 公益社団法人日本都市計画学会, 2012.

3) 田中美里, 三寺 潤, 川上洋司：地方都市における鉄道駅周辺地区に住むことの価値認識に関する研究－えちぜん鉄道駅周辺地区を事例として－, 都市計画報告集, No.13, pp. 78-83, 公益社団法人日本都市計画学会, 2014.

表2 帰属感・愛着と定住意向

	定住意向あり		定住意向なし		合計
	是非住み続けたい	できれば住み続けたい	住み続けざるを得ない	できれば転出したい	
帰属意識あり +愛着あり	388 38%	243 24%	101 10%	5 0%	737 72%
帰属意識なし +愛着あり	32 3%	42 4%	33 3%	2 0%	109 11%
帰属意識あり +愛着なし	10 1%	22 2%	19 2%	4 0%	55 5%
帰属意識なし +愛着なし	21 2%	27 3%	61 6%	18 2%	127 12%
合計	451 44%	334 32%	214 21%	29 3%	1028 100%

コンパクトシティを形成する自転車ネットワーク整備と自転車の活用

Network Improvement and Utilization of Bicycle Traffic for the Compact City

嶋田　喜昭　大同大学工学部建築学科土木・環境専攻
Yoshiaki SHIMADA　Civil Engineering and Environmental Course, Daido University

1　はじめに

　コンパクト・プラス・ネットワークによる集約型都市構造（以下、コンパクトシティ）は、自家用車に過度に頼ることなく生活できる都市を目指すものである。特に、鉄道駅や基幹バス停等の公共交通機関を中心に、商店・スーパーや医療機関などの生活利便施設、また集合住宅などを集約させる集約拠点では、基本的に歩いて暮らせることを目指す。

　そのため、徒歩により集約拠点内を安全・安心かつ快適にアクセス（移動）できるように歩道の整備を行うことは勿論であるが、それに加え、徒歩や近距離内の公共交通を補完する「自転車」での移動も重要となってくる。

　自転車は、近年の健康増進や環境保全への意識の高まり、また災害時やWith/Afterコロナのニューノーマル社会等における移動手段として、改めて注目されている。さらに、自動運転社会が到来した後も、短距離移動のツールとして最後まで残る交通手段と言われている。したがって、自転車でも集約拠点内や集約拠点間を安全・安心かつ快適に移動できるように、自転車通行空間を備えた自転車ネットワーク、すなわち道路基盤を構築することが重要といえる。

　コンパクトシティを推進するための計画制度として、立地適正化計画、地域公共交通網形成計画などがある。立地適正化計画における交通施策の一つとして「歩行空間や自転車利用環境の整備」という目標像が示されているが、立地適正化計画の策定に加え、「自転車ネットワーク計画」も策定されている自治体は約3割と少ない（表1）。なかでも、都市計画区域人口が10〜20万人以下の都市における策定割合が低くなって

表 1　立地適正化計画策定都市（市のみ）における自転車ネットワーク計画策定割合

都市計画区域人口（人）	都市数(A)	立地適正化計画策定都市(B)	割合(B/A)	うち自転車NW計画も策定済(C)	割合(C/B)
100万以上	12	3	25%	3	100%
50万〜100万	17	11	65%	10	91%
30万〜50万	43	28	65%	17	61%
20万〜30万	37	20	54%	11	55%
10万〜20万	149	50	34%	14	28%
5万〜10万	228	63	28%	6	10%
3万〜5万	145	22	15%	2	9%
3万未満	154	22	14%	1	5%
計	785	219	28%	64	29%

注：豊田都市交通研究所研究員・坪井志朗氏よりデータ提供。
（2019年3月31日現在）

いる。コンパクシティを実現する上で、道路網の段階構成を具備するとともに、最も短距離移動に適した手段である自転車通行空間の整備は重要である。

　本稿では、自転車利用や自転車通行空間整備の現況について述べるとともに、整備事例を踏まえた留意事項、コンパクシティづくりにおける自転車活用のあり方について提言する。

2　自転車利用と通行空間整備について

(1) 自転車の役割と利用状況

　自転車は、5km程度までの短距離移動において最も所要時間が短く、有利な交通手段である（図1）。実際、5km未満の移動の約2割は自転車が利用されており、この距離帯で重要な交通手段となっている（図2）。地域や年齢によっても交通手段分担率は変わるが、2016(平成27)年の全国都市交通特性調査結果（図3）によると、三大都市圏の自転車分担率は全年齢で14.1%、うち75歳以上の高齢者は13.0%、また地方都市圏で

は全年齢で13.4％、うち75歳以上の高齢者は10.9％となっている。高齢者も意外に自転車を利用していることがわかる。実は、わが国の自転車分担率は他の先進国と比しても高い方であり、自転車大国と言われるオランダやデンマーク等に次ぐ高さとなっている。その分、交通事故全体に占める自転車関連事故の割合も高く、自転車の安全性確保や安全教育等が課題である。

　ちなみに、2019（令和元）年11月に実施された愛知県の県政世論調査によると、月に数回程度以上自転車を利用している人は約4割であり、利用目的は買い物など近所への用事（46.3％）、通勤・通学（29.0％）の順に多くなっている。なお、自転車保険（自転車損害賠償責任保険）に加入している割合は36.7％であり、実質的な自転車利用者の割合よりやや低いが、愛知県内の各市町村では、条例制定により保険加入の義務化が進みつつある。

(2) 自転車通行空間整備の経緯

　1960年代の急激なモータリゼーションの進展に伴い、当時「交通事故戦争」と言われる程に交通事故が急増した。それにより、自転車と自動車についても交通分離を図るべく、1970（昭和45）年に道路構造令が改正され、「自転車道」および「自転車歩行者道」の規定が盛り込まれたが、一方で、同年に道路交通法も改正され、事故対策の緊急措置として、自転車の歩道通行を可能とする交通規制が導入された。以降、自転車の車両としての位置付けや通行空間が曖昧なままに道路基盤が整備されてきた経緯がある。都市計画道路にしても歩行者と自転車を混合させる自転車歩行者道を主体に整備がなされ、自転車道を設ける概念があまりなかったといえる。つまり、道路整備面でも利用面でも自転車の歩道通行が定着・習慣化していった。

　ところが、近年、歩道上での自転車と歩行者の事故の増加や歩道通行の自転車と自動車の事故が問題視されるようになり、2007（平成19）年の道路交通法改正により歩道通行が認められる場合について詳細な指定がなされた他、この法改正に合わせて定められた「自転車安全利用五則」などで「自転車は、車道が原則、歩道は例外」であることが確認された。

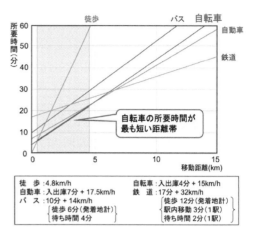

出典：国土交通省資料
図1 移動距離と所要時間の交通手段比較

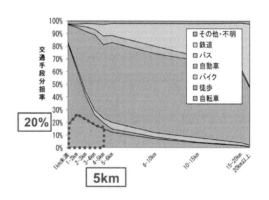

出典：平成22年全国都市交通特性調査結果
図2 移動距離別の交通手段利用割合

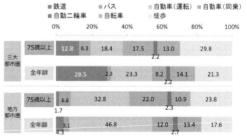

出典：平成27年全国都市交通特性調査結果
図3 地域別年齢別交通手段別構成比

　2012（平成24）年には、国土交通省および警察庁により「安全で快適な自転車利用環境創出ガイドライン（以下、ガイドライン）」が作成（2016（平成28）年に改定）され、「自転車は『車両』であり車道通行が大原則」という観点に基づき、自転車ネットワーク計画の策定における

ネットワーク対象路線やその整備形態の選定方法、基本的な自転車通行空間の設計の考え方などが提示されている。整備形態は3種類（図4）であり、従来の自転車歩行者道は、自転車ネットワークの通行空間として暫定的にも整備形態に含めない方針となっている。なお、整備形態の「自転車専用通行帯」（以下、自転車レーン）は道路交通法の規制に基づくものである。2019（平成31）年4月には、道路構造令が改正され、自転車専用通行帯の規制を想定して整備する「自転車通行帯」が新たに規定されるに至った。

しかしながら、ガイドラインの公表を受け、自転車ネットワーク計画を策定した市区町村は、まだ一部にとどまっている状況（2019（平成31）年3月31日現在で168市区町村）である。また、ガイドラインに則り自転車通行空間を整備しても、利用されずに、これまでの慣習により歩道通行を維持する自転車利用者も少なくないなど、利用と空間の乖離も生じている。通行ルールの認知不足も一因として挙げられるが、自転車通行空間における安全・安心感を担保することが重要と考えている。

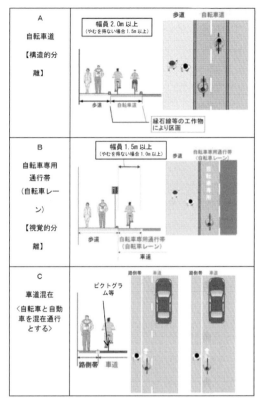

注：「安全で快適な自転車利用環境創出ガイドライン」を一部編集

図4 基本的な整備形態（イメージ）

3　自転車専用通行帯の整備事例

当研究室にて、愛知県内で「自転車レーン」が整備された3路線を対象として、その利用状況等を調査した結果について示す。対象路線は、名古屋市千種区の市道弦月若水線（千種）、刈谷市の県道282号（刈谷）、および名古屋市守山区の県道名古屋瀬戸線：瀬戸街道（守山）であり、一般的な補助幹線道路（あるいは幹線道路）である。いずれも共通して車道部の幅員が9mであり、片側3mの車線と1.5m（路肩を含む）の自転車レーンが設けられた事例である。歩道（いずれも自転車通行可の規制が残された）の有効幅員は、1.8〜3.0mと異なる。（図5）

自転車レーンは、車道部の中に自転車専用の車線として設けられるものであり、勿論自動車と同様に左側通行（順走）しなければならない。各対象路線の単路部で昼間12時間（7〜19時）において自転車の順走利用率を観測した結果、41〜53%（1%有意）と、利用率が高い所でも半数程度であることが把握された。また、自転車

千種　　　守山　　　刈谷

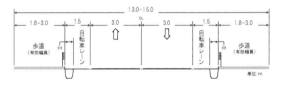

図5　対象路線と標準横断面（単路部）

レーンの利用に影響を及ぼす要因分析を行った結果、属性ではスポーツタイプの自転車利用者ほど、交通状況では自転車交通量が多く、自動車の速度が低いほど、道路構造では歩道有効幅員が狭いほど自転車専用通行帯を利用する傾向にあることなどがわかった[1]。

さらに、同対象路線の信号交差点部において自転車行動特性も調査・分析したところ、交差

点隅角部での自転車と他の交通との錯綜が多いことが把握された。交差点流入部の自転車レーンにおける自転車停止位置を明確にすることや、交差点でも単路部での自動車との隔離距離を維持することなどが重要といえる[2]。

4　自転車の活用に向けて[3]

　近年における自転車活用の機運の高まりも背景として、2017（平成29）年5月には「自転車活用推進法」が施行された。自転車のメリットや役割の拡大を目指し、自転車専用道路等の整備をはじめとして14の施策を重点的に検討・実施することを基本方針としたものである（表2）。これに基づき、国は自転車活用推進計画を策定するなど自転車の活用を総合的・計画的に推進し、地方公共団体は、国と適切に役割分担し、実情に応じた施策（地方版自転車活用推進計画の策定が努力義務）を実施することになっている。さらに、公共交通事業者は自転車と公共交通機関との連携等に努めるなどとされている。国が自転車の位置付けや政策を定めた初の法律であり、画期的と言ってよいが、欧米諸国では自転車分担率の向上を目指した目標値を掲げるなど自転車政策が既に実施されており、わが国はどちらかと言えば後発である。

　国の自転車活用推進計画は2018（平成30）年6月に策定され、法律に示されている基本方針に則して4つの目標が掲げられた。うち目標1は「自転車交通の役割拡大による良好な都市環境の形成」であり、計画的な自転車通行空間の整備、シェアサイクルの普及、まちづくりとの連携等を施策としている。

　以上のように、わが国でも自転車通行空間の整備をはじめ自転車の活用を推進する土台は整ってきたといえる。自転車交通の安全性の向上といった課題を克服しつつ、コンパクトシティを目指す上で、過度な自動車依存から自転車への転換を図り、短距離交通手段としての自転車の有用性を活かしたい。そのためには、走るだけでなく、駐める空間、すなわち駐輪施設の確保も重視し、短距離移動や公共交通との連携など自転車の利用場面を連続的に捉え、様々な施策を柔軟に組み合わせて利便性の高い利用環境を構築することが重要といえる。

表2　「自転車活用推進法」における基本方針

①自転車専用道路等の整備
②路外駐車場の整備等
③シェアサイクル施設の整備
④自転車競技施設の整備
⑤高い安全性を備えた自転車の供給体制整備
⑥自転車安全に寄与する人材の育成等
⑦情報通信技術等の活用による管理の適正化
⑧交通安全に係る教育及び啓発
⑨国民の健康の保持増進
⑩青少年の体力の向上
⑪公共交通機関との連携の促進
⑫災害時の有効活用体制の整備
⑬自転車を活用した国際交流の促進
⑭観光来訪の促進、地域活性化の支援

　例えば、従来のC&R（サイクル&ライド）を発展させ、C&R&SC（サイクル&ライド&シェアサイクル）や公共交通への自転車積載などを行うことにより利用範囲が広がる。海外ではバスレーンと自転車レーンを共存させる事例もある。加えて、将来的には自動運転車両や電動キックボード等のパーソナルモビリティの台頭が考えられるが、それらとの共存を考慮した道路空間・公共空間の見直し、再配分が重要となろう。

【引用・参考文献】
1) 嶋田・小塚：自転車専用通行帯の利用に及ぼす要因分析，第36回交通工学研究発表会論文集，pp. 189-192, 2016.
2) 嶋田・井上：自転車専用通行帯交差点部における自転車行動特性分析，土木学会論文集D3（土木計画学），Vol. 74, No. 5, pp. I_981-I_989, 2018.
3) 高砂子・小美野・松本・蛯子・杉田：自転車政策の今後について-自転車活用推進計画による新たな自転車社会構築に向けて-, IBS Annual Report研究活動報告2018, pp. 43-50, 2018.

交通ネットワークを支える歩行空間の現状と今後のあり方

The Current Situation and Future Considerations of Pedestrian Spaces on Transportation Network

山岡　俊一　豊田工業高等専門学校環境都市工学科
Shunichi YAMAOKA　Department of Civil Engineering,
National Institute of Technology, Toyota College

1 歩行空間整備の必要性

「コンパクト」な都市の実現を目指す立地適正化計画では、計画の達成状況を評価することが求められているが、その評価手法として国土交通省が推奨している「都市構造の評価に関するハンドブック[1]」がある。このハンドブックにおける具体的な評価指標に、基幹的公共交通路線の徒歩圏人口カバー率、保育所の徒歩圏0〜5歳人口カバー率、高齢者徒歩圏に公園がない住宅の割合、生活サービス施設の徒歩圏人口カバー率（医療）等、様々な評価軸において"徒歩圏"というキーワードが多く見られる。これは、「コンパクト」な都市の実現には歩いて行ける範囲に各種生活サービス施設を充実させることが重要であることを示している。

一方、「ネットワーク」は通勤、通学、買物、通院等の生活に欠かせない人の移動を支える鉄道や路線バス、コミュニティバス等から成る地域公共交通ネットワークの再構築のことである。地域公共交通の充実においては、最寄りの駅やバス停までの徒歩や自転車等によるアクセス環境も同時に整備しなければ、利用しやすい「ネットワーク」の実現は困難といえる。

以上のように、コンパクト・プラス・ネットワークの推進には、歩行空間の整備が必要不可欠といえる。

2 歩行空間整備の視点

ここでは、地域公共交通と連携したコンパクトな都市の構築における歩行空間は、どのような視点から検討されるべきかについて述べる。

立地適正化計画における居住誘導区域は、人々が日常生活を送る場所であることから、生活道路や幹線道路の歩道整備等の歩行空間整備が重要となる。その際には、交通安全性や快適性を考慮した歩行空間ネットワークの構築を目指すこととなる。

また、立地適正化計画における都市機能誘導区域は、必要な生活サービス施設の誘導・集約が促進されるとともに、まちの拠点として賑わいを創出することも求められる。

以上のように、誰もが安全で快適に利用でき、賑わいのある歩行空間を、地域の特性を考慮して検討する必要がある。

本稿では、コンパクト・プラス・ネットワークの都市づくりを支える歩行空間整備の現状と今後のあり方について、徒歩による移動空間となる生活道路における交通安全対策と幹線道路の歩道整備における賑わい創出について述べる。

3 生活道路整備

我が国ではモータリゼーションの進展により、住居系地区における生活道路が自動車交通の各種弊害を被ることになり、これまでに様々な交通安全対策を実施してきた。代表的なものとしては、コミュニティ道路整備事業、面的交通静穏化対策であるコミュニティ・ゾーン形成事業、そしてゾーン30等が挙げられる。本章では、これら3つの対策を紹介するとともに、今後の生活道路整備における課題を述べる。

(1) コミュニティ道路

コミュニティ道路は歩行者の安全を確保しながら、人と車の調和を図ることを目的とし、自動車の速度を抑える何らかの物理的工夫が施された道路である。1980(昭和55)年に大阪市が阿倍野区長池町で整備したのが最初の事例であり、

1981(昭和56)年から「特定交通安全施設等整備事業」の歩行者・自転車道整備の一環として全国で整備が進んだ。コミュニティ道路では、車道にシケインや狭さく、ハンプ等を設置して自動車走行速度を低下させ、さらに通過交通量を減少させるとともに、植栽やカラー舗装等によって快適性や景観の向上を目指している（写真1）。

写真2　歩車共存道路とゾーン標識
（名古屋市緑区長根台地区）

写真1　コミュニティ道路（名古屋市瑞穂区）

(2) コミュニティ・ゾーン

1996（平成8）年に創設されたコミュニティ・ゾーンは、歩行者の通行を優先すべき住居系地区等において、地区内の安全性・快適性・利便性の向上を図ることを目的として、面的かつ総合的な交通安全対策を展開する対策である。コミュニティ・ゾーンでは、公安委員会が事業者に加わり、道路管理者（行政）が担当するハード的手法（コミュニティ道路、ハンプ、狭さく、イメージハンプ等の物理的デバイス）にソフト的手法（一方通行規制、駐車禁止規制、速度規制等の交通規制）を融合することで自動車走行速度の低減、通過交通の進入抑制、路上駐車の減少、そして交通事故件数の減少を実現させることを目指している。

また、路線ごとに自動車の走行速度を規制するのではなく、走行速度を30km/hに低減させる規制を面（ゾーン）を対象に適用した。

名古屋市緑区長根台地区のコミュニティ・ゾーン（事業年度1996（平成8）年〜1998（平成10）年）では、最高速度30km/hの区域標識（写真2）の設置、コミュニティ道路や歩車共存道路（写真2）、ハンプ等のハード的対策、一方通行規制や駐車禁止規制等の交通規制等が実施された。

(3) ゾーン30

コミュニティ・ゾーンは、面積が概ね25ha〜50haの範囲において、ハード的整備と交通規制を組み合わせた対策を実施することが前提条件であった。そのため、ゾーン設定や予算措置の難しさから全国的な普及につながりにくかった。そのような中、歩行者等の通行が優先され、通過交通が限りなく抑制されるべき地区を面積にかかわりなく、柔軟に設定できるゾーン30が2011（平成23）年に創設された。ゾーン30は最高速度30km/hの区域規制（写真3）を前提として、狭さく（写真4）やハンプ（写真5）等のハード的整備や路側帯の整備・拡幅、車道中央線の抹消等の対策を検討する。また、住民の意見や財政的制約を踏まえ、これらの対策のうち実現可能なものから実施していくことをコンセプトとしている。

写真3　ゾーン30の標識と路面標示
（名古屋市瑞穂区御劔地区）

写真4 狭さく（名古屋市天白区植田東地区）

写真5 ハンプ（名古屋市天白区植田東地区）

このコンセプトによって全国的に普及し、2018（平成30）年度末までに3,649箇所で整備されている。整備効果としては、警察庁は交通事故抑止効果や自動車走行速度の低減効果があったと報告している[2]。参考文献[2]によると、警察庁は、2016（平成28）年度末までに埼玉県警・京都府警で整備したゾーン30のうち202箇所において、整備前後における平均通過速度を比較したところ、2.9km/h低下したと報告している。しかし、整備後の平均通過速度は32.0km/hであり、ゾーン30の最高速度30km/hを上回っている。物理的デバイスの設置箇所（13箇所）における整備後の平均通過速度でも31.8km/hと最高速度30km/hを上回っている。このことは、ゾーン30の整備効果をさらに向上させるためには、対策内容の改善の余地が残されていることを示しているといえる。また、何らかの物理的デバイスを設置している地区は4.2%（2016（平成28）年度末時点）と非常に少ない状況である（表1）。

表1 ゾーン30のおける選択的対策の実施状況
（2016年（平成28年）度末時点）

ゾーン30」3,105か所）での選択的対策	実施箇所数	実施率
○ ゾーン入口の明確化対策	2,679	86.3%
シンボルマーク入り看板	583	18.8%
路面表示（「ゾーン30」）	2,606	83.9%
路面表示（「ゾーン30」以外）	214	6.9%
入口カラー化	401	12.9%
○ 物理的デバイスの設置	129	4.2%
ハンプ	37	1.2%
狭さく	69	2.2%
スラローム・クランク	32	1.0%
○ 交通規制の実施	320	10.3%
大型通行禁止等	77	2.5%
一時停止	174	5.6%
横断歩道	157	5.1%
○ 路側帯の設置 拡幅及び中央線の抹消	650	20.9%

※参考文献2)を基に作成

（4）生活道路整備における課題

1. 無信号交差点対策

わが国の2019（平成31・令和1）年における人対車両の道路形状別交通事故件数は、交差点等で24,717件であり、単路の14,648件より約1万件多くなっている[3]。コミュニティ・ゾーンやゾーン30整備地区内の交通事件数においても単路よりも無信号交差点の方が多い。また、2019（平成31・令和1）年における原付以上運転者（第1当事者）の法令違反別交通事故件数では、「交差点安全進行（22,589件）」と「一時不停止（14,925件）」が他の違反に比べて多くなっている[3]。このことから、住居系地区における生活道路においては一時停止や安全進行を促す交差点対策が重要といえる。交差点ハンプ（写真6）や交差点手前での狭さく等の対策が有効と考えられる。

写真6 交差点ハンプ（静岡市）

2. 物理的対策に対する周辺住民の受容性

　(3)で述べたように、ゾーン30整備における物理的デバイスの設置実施率は低い状況にある。物理的デバイスは住民の同意が得られないケースも多く、導入が進まない要因の一つとなっている。様々な理由によってどうしても同意することができないケースも多いと思われるが、住民がハンプ設置に伴う振動や騒音への不安（近年の研究の蓄積により、実際には大きく改善している）を感じていることや、各種物理的対策の設置効果を十分に把握できていない、あるいは信用していないケースも考えられる。そのため、物理的デバイスの整備効果について、説得力のある形で定量的に住民へ示す必要があるといえる。例えば、物理的デバイスの仮設による社会実験等により、自動車走行速度の低減等の整備効果を示すことや、ハンプの設置による振動や騒音に対する心配を払拭することが効果的だと考えられる。

3. 超高齢社会における生活道路整備

　近年、高齢ドライバーによる様々な事故の増加が問題となっている。運転免許返納が推進されている一方で、どうしても返納できない高齢者が存在する。生活道路における物理的デバイスは、高齢ドライバーにとって運転を難しくする要因になってしまう可能性も否めない。そのため、自動車走行速度の抑制とともに高齢ドライバーへの配慮についての議論も必要といえる。

　また、歩行者の視点に立ったバリアフリー対策についても検討を強化する必要がある。

4　幹線道路における歩行空間整備

　都市機能誘導区域は、必要な生活サービス施設の誘導・集約が促進されるとともに、まちの拠点として賑わいが創出される区域である。そのため、都市機能誘導区域における歩行空間は、目的施設までのアクセス機能としてだけではなく、賑わい空間としての機能も有することが望ましい。ここでは、都市機能の誘導が想定される都心部の幹線道路における歩行空間整備について述べる。

　全国的な流れとして、自動車中心の道路整備から人々が集い、ふれ合える交流空間としての道路整備へと転換を見せている。名古屋市では、「なごや交通まちづくりプラン[4]」において、都心部における歩行者空間拡充等に向け道路空間を見直し、「賑わい交流軸」の形成を目指している。車線減等による歩行者空間の拡大や都市再生特別措置法による道路占用の特例制度等を活用した沿道店舗等の歩行者空間等の利活用等を提案している。

　また、2020(令和2)年2月に「道路法等の一部を改正する法律案」が閣議決定された。その中で、賑わいのある道路空間を構築するための道路を"歩行者利便増進道路"として指定し、当該道路では、歩行者が安心・快適に通行・滞留できる空間の構築を可能とすること、無電柱化に対する国と地方公共団体による無利子貸付けを可能とすること等を規定している[5]。歩行者利便増進道路では、車線減等による歩行者の滞留や賑わい空間の整備やカフェ・ベンチの設置等の占有制度の緩和等が検討されている[6]。歩行者利便増進道路指定制度を活用することで、歩行者中心の賑わいのある歩行空間整備の促進が期待される。

【引用・参考文献】
1) 国土交通省都市局都市計画課(2014)、「都市構造の評価に関するハンドブック」
2) 警察庁交通局(2017)、「「ゾーン30」の推進状況について」
3) 警察庁交通局(2020)、「令和元年中の交通死亡事故の発生状況及び道路交通法違反取締り状況等について」
4) 名古屋市(2014)、「なごや交通まちづくりプラン　～みちまちづくりの推進のために～」
5) 国土交通省(2020)、「「道路法等の一部を改正する法律案」を閣議決定」
https://www.mlit.go.jp/report/press/road01_hh_001283.html　2020年4月28日（最終閲覧日）
6) 国土交通省道路局(2020)、「「賑わいのある道路空間」のさらなる普及に向けて　～歩行者利便増進道路制度の創設～」

立地適正化計画における都市機能の誘導方針と実現手法の課題と展望

Issues and Prospects of the Inducement Policy and Realization Method of Urban Function Location Plan

眞 島　俊 光　　　**株式会社 日本海コンサルタント**
Toshimitsu MASHIMA　　　Nihonkai Consultant Co.,Ltd.

1　はじめに

　コンパクトシティが標榜されて久しいが、その言葉やイメージは大半の自治体で共有されているが、果たしてどこまで実現しているのだろうか。立地適正化計画（以下、本計画）は、このコンパクトシティとネットワークによる都市像を描き、その具現化に向けて誘導する区域と施設（住宅及び都市機能増進施設（以下、誘導施設））を示し、従来の規制手法ではなく、誘導手法を用いて緩やかに立地の適正化を図るものである。本稿では、その中でも都市機能の誘導に焦点をあてる。

　都市機能は本来、住宅や商業、工業などの多様な機能を意味するが、本計画で位置づける誘導施設は、「医療施設、福祉施設、商業施設その他、都市の居住者の共同の福祉又は利便のため必要な施設であって、都市機能の増進に著しく寄与するもの」とされ、居住者の生活に必要な機能の誘導が基本となっている。また、本計画は市町村マスタープラン（以下、都市MP）の高度化版として、民間施設の誘導や公的不動産の活用などによるスポンジ化への対応のほか、アクションプランとしての役割を担うとされている。制度創設後6年が経過し、全国326自治体が策定し、500を超える自治体が検討を進める中、これらの役割が果たしてどの程度機能しているのか確認したい。

　そこで、中部7県において立地適正化計画を策定した60自治体[1] を対象として、都市機能誘導区域や誘導施設の設定内容などを整理し、誘導方針を明らかにするとともに、誘導手法である誘導施策の実態と課題及び今後の展望を論じたい。

2　都市機能誘導区域及び誘導施設の設定状況
(1) 都市機能誘導区域の設定状況

　都市機能誘導区域は、医療・福祉・商業等の都市機能を都市の中心拠点や生活拠点に誘導し集約することにより、これらの各種サービスの効率的な提供を図る区域とされている。

　区域の設定状況（表1）をみると、拠点の特性に応じて複数の区域を設定している自治体が約半数（29/60自治体）みられ、最も多い自治体では4つに区分している。内容をみると、各自治体の中心市街地や都市全体の拠点となる区域を定めた「都市核」や各地域の拠点や支所・旧役場などを中心とした「地域核」を位置づけるほか、文化交流拠点や公共交通等の沿道拠点などの「機能特化」した区域を設定している事例もみられた。

表1　都市機能誘導区域の設定状況[2]

区域設定方法		設定数	割合※	主な名称
単独(31自治体)		31	100%	都市機能誘導区域
複数(29自治体)		73	252%	
	都市核	32	110%	中心拠点、都市拠点
	地域核	32	110%	地域拠点、副次型拠点
	機能特化	8	28%	文化交流拠点、沿道拠点
	その他	1	3%	(明確な区分なし)
合計(60自治体)		104	173%	

※単独は31自治体、複数は29自治体数に対する割合

　次に、拠点の設定方法をみると、都市計画運用指針（以下、運用指針）では、区域設定が考えられる区域として、「鉄道駅に近い業務、商業などが集積する地域」「都市機能が一定程度充実している区域」「周辺からの公共交通によるアクセスの利便性が高い区域」「都市の拠点となるべき区域」などが例示されている。中部7県の自治体における設定基準をみると、運用指針に示さ

れている鉄道駅やバス停からの徒歩圏（駅は300
〜1km、バス停は300、500m）とする自治体が半
数以上（55/104区域）を占めている。また、商
業系用途地域や中心市街地活性化基本計画に基
づく中心市街地などの法定区域のほか、拠点と
なる施設（役所、支所など）からの徒歩圏、土
地区画整理や都市再生整備計画等の事業との整
合を図る区域指定がみられた。

(2) 誘導施設の設定状況

　誘導施設は、都市機能誘導区域に設定しなけ
ればならない施設であり、これが指定されない
場合は区域設定ができない。つまり、都市MPの
ように概念的な拠点設定ではなく、拠点が目指
す将来像を具現化するために、何を誘導すべき
か明確にする、いわば拠点の性格を決める役割
を担っている。そのため、誘導施設の設定に当
たっては、法や運用指針、国の方針[1]を踏まえ、
各自治体は各種施設の立地状況を調査・分析す
るとともに、住民アンケート調査（日常生活に
必要な施設など）等を基に判断している。

　設定状況（表2）をみると、法の中で例示され
ている医療施設、福祉施設、商業施設以外にも、
教育や歴史・文化・スポーツ、交流などの多岐
にわたる機能・施設が設定されている。個別施
設をみると、図書館や大規模小売店舗、病院は7
割以上の自治体で設定されているほか、市役
所・支所や保育所・幼稚園・認定こども園、子
育て支援施設も半数以上を占めており、各自治
体ともに拠点に必要な施設として判断している。
また、都市機能誘導区域を複数設定する自治体
においては、誘導施設の内容が全ての区域で同
じ自治体もみられたが、大半は「都市核」だけ
広域的な都市機能（大規模集客施設、総合病院、
博物館、市役所など）を設定する傾向がみられ
た。

　さらに、誘導施設の設定に際し、既に立地し
ている施設を維持するために誘導施設に設定す
る場合や、施設が無いために設定する場合など、
どのように誘導施設を誘導したいか明確な意思
を示している自治体もみられた。

　一方、誘導施設は「都市の居住者の共同の福
祉や利便のため必要な施設」に限定されている
ことから、単独のホテルやオフィス等は含まな

表2　誘導施設の設定状況

機能	施設	自治体別指定状況		区域別指定状況	
		指定数	割合	指定数	割合
医療	病院	43	72%	58	56%
	診療所	21	35%	29	28%
	調剤薬局	5	8%	8	8%
	その他（複合型医療施設等）	3	5%	7	7%
健康・福祉	健康福祉拠点施設（福祉・健康センター等）	22	37%	26	25%
	地域包括支援センター	11	18%	16	15%
	高齢者福祉施設（入所・通所等）	28	47%	41	39%
	高齢者向け住宅（サ高住、老人ホーム等）	6	10%	7	7%
	障害者福祉施設（入所・通所等）	7	12%	12	12%
	その他（温泉共同浴場等）	4	7%	6	6%
子育て	保育所、幼稚園、認定こども園	31	52%	51	49%
	子育て支援施設	30	50%	47	45%
	児童館、児童クラブ	11	18%	15	14%
商業	大規模集客施設（10,000㎡以上）	19	32%	23	22%
	大規模小売店舗（1,000㎡以上）	45	75%	67	64%
	店舗、コンビニ等（面積規定なし）	10	17%	16	15%
	その他（地域振興施設等）	7	12%	10	10%
金融	銀行、信用金庫、郵便局等	24	40%	34	33%
教育	小学校、中学校	8	13%	15	14%
	高校	3	5%	3	3%
	大学、専門学校等	17	28%	21	20%
歴史・文化・スポーツ	図書館	47	78%	58	56%
	美術館、博物館	26	43%	31	30%
	生涯学習センター等	12	20%	16	15%
	運動場・体育館	9	15%	11	11%
	その他（映画、劇場等）	7	12%	11	11%
公共	市役所、支所	38	63%	50	48%
	その他の行政機関	4	7%	4	4%
交流	大規模ホール・コンベンション施設等	23	38%	28	27%
	公民館・地域交流センター等	14	23%	16	15%
	その他（交流施設等）	7	12%	9	9%
	その他（複合施設、公園、駐車場等）	11	18%	16	15%
自治体数／都市機能誘導区域数		60	100%	104	100%

い[1]とされている（名古屋市は誘導施設として
設定）。本計画は都市全体を見渡したマスタープ
ランとしての性質を持つものであり、本来は多
様な都市機能の配置検討が必要と考えられる。
特に、産業は都市機能として重要な役割を担っ
ているため、誘導施設として設定できないとし
ても、目指すべき都市構造と合わせて配置検討
を行うべきと考えられる。都市MPで対応してい
るという考え方もあるが、用途地域と対応した
ゾーニングを示すだけではなく、どのように誘
導するか、具体的手法を含めた検討が必要と考
えられる。

3　誘導施設の誘導手法
(1) 誘導施策の内容と課題

　前項では、どこに（誘導区域）、なにを（誘導
施設）誘導するかを定めたが、本計画の特徴で
あるアクションプランとしての意味を考えると、
より重要になるのが、"いつ・だれが・どのよう

に"実現するかである。都市MPの課題としては、計画の実現性が不明確で、総合計画などの他の計画で便宜的に代替措置ができるといった指摘がある。本計画においても、誘導区域や誘導施設の設定にいくら熱意と労力を注いでも、実際に絵に描いた餅になっては、新たに計画制度を生み出した意味がない。

各自治体の誘導施策については、野澤[2]の研究によれば、立地適正化計画策定自治体のうち、具体的な誘導施策の取り組みは、「都市機能誘導区域内での整備」が約7割と最も多いが、これらの取り組みは計画策定前から行っているものが7割以上を占めるとの結果が示されている。さらに、具体的な取り組みがない自治体もみられ、区域や施設を入念に検討しても実現手法が乏しい実態が述べられている。中部7県の自治体においても、中心市街地の魅力向上や賑わいの創出などの表現にとどまり、どこで、何を具体的に行うのか明確に示されていない計画もみられた。

一方、コンパクト・プラス・ネットワークの考え方は、立地適正化計画とともに生まれたわけではなく、既にこの考え方で施策を展開している自治体もあることから、誘導施設の整備について具体例をみることとする。

(2) 公的不動産を活用した誘導施設の誘導

コンパクトシティ政策のトップランナーである富山市は、徒歩圏（お団子）と公共交通（串）から成るクラスター型の都市構造の実現にむけ、公共交通政策だけでなく、拠点の整備にも力を入れている。特に、市域全体の拠点である「都心地区（約436ha）」では、近年多くの市街地再開発事業による都市機能の整備・更新が進められている（図1）。一方、これらの都市機能の整備は、富山市のような中核市であれば財源確保や民間需要を見込むことができるが、中小規模の都市ではなかなか事業化に至らない場合が多い。そこで、中小規模の都市の実現性を考慮し、民間のノウハウや活力を活かした公民連携（PPP）事業についてみてみたい。

富山市も他の地方都市と同様に中心市街地の人口は減少（ただし、社会動態はプラスに転換）しており、小学校4校の統合に伴う跡地利用について、地域ごとに必要な都市機能を検討し、整

図1　富山市の都心地区における市街地再開発事業[3]

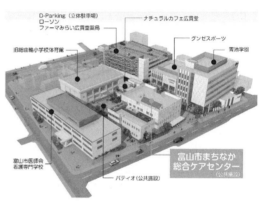

図2　PPP事業による拠点整備（総曲輪レガートスクエア）[3]

備に着手している[(3)]。総曲輪レガートスクエア（図2）もその内の1つであり、まちなかの暮らしの質の向上や賑わいの創出に向け、市の施設である総合ケアセンターの整備を前提として、「健康」をテーマとした跡地活用を民間事業者から公募し、拠点整備を行った。具体的には、公共部分（総合ケアセンターや道路等）をPPP事業（DB方式）により整備し、市が買い取り運営するとともに、民間部分は30年間の事業用定期借地権の設定による貸付を行い、民間事業者が要求水準書に基づく自由な提案を基に専門学校

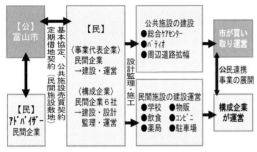

図3 公民連携（PPP）事業の実施体制図[3]

や商業施設、飲食店などの施設を整備し、ノウハウを活かした運営を行っている。このように、民間の力を活用した整備・運営を行うことで、設定額の中でより良い施設整備や、事業採算性を意識した効果的・効率的な運営が行われ、住民にとっても利便性が高く魅力的な拠点が形成されることになる。

4 都市機能の集約化に向けた課題と展望

これまでの結果をまとめると、誘導区域や誘導施設の設定は自治体ごとに特徴がみられたが、実現に至る誘導施策を具体化している自治体はあまりみられなかった。これは都市MPと同じ課題であり、計画を実現に移す過程に問題があると考えられる。

立地適正化計画で目指す都市像の実現には、居住と都市機能の誘導が基本となるため、民間の力を借りるほかない。もちろん、民間事業として成立するものは、民間が整備をすべきである。しかし、多くの地方都市では、中心市街地をはじめとする都市機能誘導区域ではそれが成り立たないため、都市機能が郊外に移転し、都市のスポンジ化が進んでいる。では、公共ができることは何か。お金（補助金）や場所（公共空間）、権限（規制）を使うか、民間が活躍しやすい環境（協働）をつくることではないか。

お金の観点では財政事情の厳しい自治体が多く、補助金のみでの解決は現実的ではない。場所については、都市機能誘導区域内には一般的に公共空間が多く存在しており、その活用を考えることが重要である。富山市の事例のように、その場所に必要な公共・民間の機能を整理し、民間の力も活用しながら効果的・効率的に機能

更新を図る必要がある。

また、従来からある権限（規制）については、個人の権利等が重視され活用が進んでいない。立地できる場所を限定することで、公共サービスの効率化とともに、その場所の価値が上がり、必要な機能が誘導されることも考えるべきである。

協働の視点では、例えば中心部の密集市街地等では、公共が空き家・空き地などを含めて先買いし、整備しやすい環境を整えて民間に売買・賃貸することが考えられる。短期的にコストはかかるが、中長期的な財源を確保しつつ、地域課題の改善や賑わい創出に期待できる。また、近隣市町との協働も必要である。1つの自治体で全ての都市機能を揃えることは過大かつ非効率なため、生活圏として確保するよう、広域的な視点で都市機能の配置を検討する必要がある。

計画から具現化につなぐ効果的なツールとして立地適正化計画を活用できるよう、行政の視点だけで計画を作るのではなく、民間の視点も含めて検討することが、その一歩につながると考える。

【補 注】

(1) 愛知県、岐阜県、三重県、静岡県、福井県、石川県、富山県の7県（令和元年12月末時点）を対象。なお、一宮市は都市機能誘導区域のみ設定している。

(2) 自治体の都市機能誘導区域の指定数ではなく、拠点や区域の特徴に応じて都市機能誘導区域を区分して設定しているかを計画書より筆者が整理した。

(3) 立地適正化計画では、誘導施設は「図書館、美術館、専門学校、博物館、地域医療支援センター」、該当する誘導施策として「公有地等を活用した都市機能の整備」等と記載されている。

【引用・参考文献】

1) 国土交通省「立地適正化計画作成の手引き（平成30年4月25日版）」「立地適正化計画の作成に係るQ&A（H30年7月17日改訂版）」など

2) 野澤千絵・饗庭伸・讃岐亮・中西正彦・望月春花、「立地適正化計画の策定を機にした自治体による立地誘導施策の取り組み実態と課題 −立地適正化計画制度創設後の初動期の取り組みに関するアンケート調査の分析−」、都市計画学会論文集、No54-3、2019、pp.840-847

3) 富山市ＨＰ及び「総曲輪レガートスクエア」のパンフレットを基に一部加筆修正

立地適正化計画からみた拠点の実態と課題

Actual Conditions and Problems of Urban Function Core from the Viewpoint of the Urban Facility Location Plan

佐 藤　雄 哉　　豊田工業高等専門学校環境都市工学科
Yuya SATO　　Department of Civil Engineering,
National Institute of Technology, Toyota College

1 拠点に誘導される都市機能

国土交通省の資料によれば、中部地域の自治体では、91自治体で立地適正化計画が計画策定済みもしくは計画策定検討中などとなっており、60自治体では既に計画が公表されている（2019（令和元）年12月31日時点）。なお、愛知県一宮市では、都市機能誘導区域のみが設定されており、その他の59自治体では都市機能誘導区域、居住誘導区域ともに設定されている。

立地適正化計画では、都市機能誘導区域を設定し、その区域内に誘導すべき都市機能を担う誘導施設を定めることで、商業・医療・福祉等の都市機能の集積を図ることを目論んでいる。中部地域の立地適正化計画を策定・公表済みの自治体では、前述した通り、すべての自治体が都市機能誘導区域を設定している。多くの自治体の立地適正化計画では、都市機能誘導区域を設定すると同時に、誘導施設として商業・医療・福祉機能等を担う施設を設定している。

愛知県一宮市の立地適正化計画をみると、連区（おおよそ昭和期の合併前の自治体単位）ごとに都市拠点・副次的都市拠点・地域生活拠点を設定している（図1）。それぞれの拠点のうち、市街化区域内に位置する拠点の周辺が都市機能誘導区域に設定され、都市機能誘導区域ごとに誘導施設が定められている（表1）。一宮市の場合、介護福祉機能や子育て機能、商業機能、医療機能が拠点の位置づけに応じて誘導施設となっている。ただし、市街化調整区域に位置する地域生活拠点は、都市機能誘導区域が設定できないため、誘導施設なども定められていない。

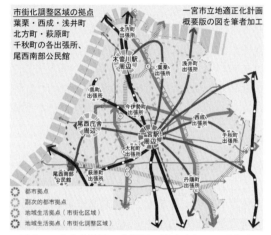

図1　一宮市立地適正化計画で設定されている拠点

表1　一宮市立地適正化計画の都市機能誘導施設

都市機能誘導区域ごとの誘導施設							
	一宮駅周辺地区	尾西庁舎周辺地区	木曽川駅周辺地区	丹陽町出張所周辺地区	大和町出張所周辺地区	今伊勢町出張所周辺地区	奥町出張所周辺地区
①	◎	○	◎	○	○	○	○
②	◎	○	◎	－	○	○	○
③	◎	－	◎	－	－	－	－
④	◎	◎	◎	○	○	○	○
⑤	◎	－	○	－	－	－	－
⑥	○	◎	◎	○	○	◎	◎

都市機能誘導施設の種類	
介護福祉機能	① 健康増進施設
子育て機能	② 認定こども園（公立を除く）
商業機能	③ 店舗面積1万㎡以上の生鮮食料品を取り扱う商業施設
	④ 店舗面積3千㎡以上1万㎡未満の生鮮食料品を取り扱う商業施設
医療機能	⑤ 地域医療支援病院（病床200床以上）
	⑥ 病院（病床20床以上）

◎：既存施設の維持を含む
一宮市立地適正化計画概要版を基に筆者作成

2 誘導区域が定められない拠点の扱い

中部地域各自治体HPを参照し、公表されている市町村都市計画マスタープラン（以下、都市マス）と立地適正化計画の将来都市構造図などを比較し、各計画での拠点の扱いを整理した（表2）。その結果、27/60（45%）の立地適正化

表2　中部地域の自治体の都市計画マスタープランと立地適正化計画で提示された拠点

都道府県	自治体名	区域名	区域区分	※1	都市計画MP 策定年	MP 目標年	MP 計画対象区域	MP 調整区域拠点	MP 都計外拠点	立地 策定年	立地 目標年	立地 調整区域拠点	立地 都計外拠点
富山県	富山市	富山高岡広域 富山南	線引き 非線引き	一部 一部	2019	2025	行政区域全域	なし	地	2019	2025		←
	高岡市	富山高岡広域 福岡	線引き 非線引き	一部 一部	2019	2035	行政区域全域	産	なし	2018	2035	なし	
	氷見市	氷見	非線引き	全域	2019	2038				2019	2038		
	黒部市	黒部	非線引き	全域	2010	2029	行政区域全域		なし	2018	2035		なし
	小矢部市	小矢部	非線引き	全域	2015	2033	行政区域全域		なし	2017	2033		
	入善町	入善	非線引き	一部	2012	2030	行政区域全域		なし	2017	記載なし		なし
石川県	金沢市	金沢	線引き	一部	2019	2035	行政区域全域	緑	なし	2017	2040	なし	なし
	小松市	小松	線引き	一部	2019	2040	都市計画区域	地・産	なし	2019	2030	なし	なし
	輪島市	輪島	非線引き	一部	2012	2032	行政区域全域		地・他	2017	2035		なし
	加賀市	加賀	非線引き	一部	2012	2035	行政区域全域		なし	2018	2035		
	野々市市	金沢	線引き	全域	2012	2025	行政区域全域	産・他		2019	2040	なし	
福井県	福井市	福井 嶺北北部	線引き 非線引き	一部 一部	2010	2030	行政区域全域	地・産	地・他	2019	2030	←地	←地
	敦賀市	敦賀	非線引き	一部	2009	2020	都市計画区域		なし	2019	2035		なし
	小浜市	小浜上中	非線引き	一部	2012	2030	行政区域全域		緑	2018	2040		なし
	大野市	大野	非線引き	一部	2011	2030	都市計画区域		緑	2019	2035		地
	勝山市	勝山	非線引き	一部	2011	2020	行政区域全域		地・他	2019	2040		地・他
	鯖江市	丹南	非線引き	一部	2011	2020	行政区域全域		緑・他	2017	2040		←緑
	あわら市	嶺北北部	非線引き	一部	2017	2025	行政区域全域		緑	2017	2040		なし
	越前市	丹南	非線引き	一部	2017	2026	行政区域全域		緑	2017	2040		地
	越前町	丹南 織田	非線引き 非線引き	一部 一部	2017	2035	行政区域全域		地	2017	2035		←
	美浜町	美浜	非線引き	一部	2011	2030	行政区域全域		緑・産・他	2019	2040		なし
	高浜町	高浜	非線引き	一部	2012	2030	行政区域全域		地・緑	2019	2040		←＋地
岐阜県	岐阜市	岐阜	線引き	全域	2008	2030	行政区域全域	地・産		2017	2035	←地	
	大垣市	大垣	線引き	一部	2017	2040	都市計画区域	なし	なし	2018	2040	なし	なし
	多治見市	多治見	線引き	全域	2016	2020	行政区域全域	なし		2019	2040	なし	
	関市	関	線引き	一部	2013	2020	行政区域全域		なし	2019	2035		なし
静岡県	静岡市	静岡	線引き	一部	2016	2035	都市計画区域	産・他	他	2019	2035	←	←
	浜松市	浜松	線引き	全域	2010	2030	行政区域全域	なし	地	2019	2045	なし	←
	沼津市	東駿河湾広域	線引き	一部	2017	2020	行政区域全域	他	他	2019	2036	←	←
	三島市	東駿河湾広域	線引き	全域	2017	2020	行政区域全域	地・他		2019	2035	←	
	富士市	岳南広域	線引き	一部	2014	2034	行政区域全域	なし	なし	2019	2035	なし	なし
	磐田市	磐田	線引き	全域	2018	2037	行政区域全域	なし	なし	2018	2037	地	なし
	掛川市	東遠広域	非線引き	全域	2018	2028	行政区域全域		なし	2018	2028		なし
	藤枝市	志太広域	線引き	一部	2012	2020	行政区域全域	地・緑	地・他	2018	2030	地・産	地
	袋井市	中遠広域	線引き	全域	2018	2035	行政区域全域						
	裾野市	裾野	線引き	一部	2016	2035	行政区域全域	地	なし	2019	2035	←＋地	なし
	伊豆の国市	田方広域	線引き	全域	2016	2029	行政区域全域	地・他		2018	2040	なし	
	函南町	田方広域	線引き	全域	2019	2038	行政区域全域	地・緑		2018	2038	←	
	長泉町	東駿河湾広域	線引き	一部	2019	2035	行政区域全域	緑		2018	2035	←	なし
愛知県	名古屋市	名古屋	線引き	全域	2011	2020	行政区域全域	なし		2018	2035	なし	
	豊橋市	東三河	線引き	全域	2017	2020	行政区域全域	地・他		2018	2038	←地	
	岡崎市	西三河	線引き	一部	2010	2020	行政区域全域	なし	地	2019	2040	なし	
	一宮市	尾張	線引き	全域	2017	2020	行政区域全域	地・緑・産・他		2019	2040	←	
	春日井市	尾張	線引き	全域	2020	2040	行政区域全域	緑		2018	2036	←	
	豊川市	東三河	線引き	全域	2016	2020	行政区域全域	緑		2017	2040	なし	
	刈谷市	西三河	線引き	全域	2011	2020	行政区域全域	緑・他		2018	2040	←	
	豊田市	豊田	線引き	一部	2018	2027	都市計画区域	なし		2019	記載なし	なし	
	安城市	西三河	線引き	全域	2019	2028	行政区域全域	なし		2019	2028	なし	
	蒲郡市	東三河	線引き	全域	2019	2022	行政区域全域	産・他		2019	2040	なし	
	小牧市	尾張	線引き	全域	2020	2030	行政区域全域	なし		2017	2040	なし	
	東海市	知多	線引き	全域	2019	2023	行政区域全域	地・緑・産・他		2020	2041	なし	
	知立市	西三河	線引き	全域	2007	2021	行政区域全域	なし		2018	2037	地	
	東郷町	名古屋	線引き	全域	2010	2020	行政区域全域	緑		2019	2042	なし	
三重県	津市	津 亀山 安濃	線引き 非線引き 非線引き	一部 一部 一部	2018	2027	行政区域全域	地・産	地	2018	2027		←
	伊勢市	伊勢	非線引き	一部	2020	2033	行政区域全域		緑	2018	2033		なし
	松阪市	松阪	線引き	一部	2019	2025	行政区域全域	産	地	2019	2035	←	←
	桑名市	桑名	線引き	一部	2008	2025	行政区域全域	なし	なし	2019	2035	なし	なし
	亀山市	亀山	非線引き	一部	2011	2027	行政区域全域		なし	2017	2035		他
	伊賀市	伊賀	非線引き	一部	2010	2020	行政区域全域		地	2018	2040		なし
	朝日町	四日市	線引き	一部	2009	2025	行政区域全域	緑・他		2018	2025	←	

※1：行政区域からみた都市計画区域の指定状況　　策定年：各計画を策定・改訂した最新年
調整区域拠点：市街化調整区域に提示された拠点　　都計外拠点：都市計画区域外に提示されている拠点
地：地域生活に関わる拠点　　産：産業に関わる拠点　　緑：公園緑地に関わる拠点　　他：その他の拠点
←：都市マスと同様の拠点　　←地：都市マスで提示された拠点のうち、地域生活に関わる拠点のみが提示されている
←＋地：都市マスと同様に拠点が提示されており、かつ、新たな地域生活に関わる拠点が追加提示されている
←＋緑：都市マスと同様に拠点が提示されており、かつ、新たな公園緑地に関わる拠点が追加提示されている
なお、立地適正化計画欄に←がついていない拠点は、都市マスとは別の新たな拠点が提示されていたことを表している

計画では、市街化調整区域や都市計画区域外にも何らかの拠点を位置づけていた（表2中の調整区域拠点欄と都計外拠点欄のいずれかに「なし」や斜線以外が記載されている自治体）。そのうち、20計画（立地適正化計画の調整区域拠点・都計外拠点に「←」や「←＋地」、「←＋緑」、「←地」、

「←緑」が記載：全体の3割強）では市町村都市計画マスタープランでも位置づけられていた拠点が反映されていた。また、9計画（立地適正化計画の調整区域拠点・都計外拠点に「地・産・緑・他」のいずれか、もしくは「←＋地」か「←＋緑」が記載）は市街化調整区域や都市計画区域外に、都市マスで位置づけられていた拠点とは異なる新たな拠点を立地適正化計画の将来都市構造図で提示していた。さらに、立地適正化計画で市街化調整区域や都市計画区域外に何らかの拠点が提示されている27計画のうち、19計画には線引き都市計画区域が含まれており、区域区分している自治体では誘導区域に含むことのできない拠点を抱えている場合が多いと言える。

　一方で、12計画では都市マスで地域生活に関わる調整区域拠点や都計外拠点が位置づけられ、それを立地適正化計画でも同様の拠点（少なくとも都市マスの調整区域拠点・都計外拠点欄に「地」が含まれ、立地適正化計画の調整区域拠点・都計外拠点欄に「←」が含まれている）として提示していた。加えて、8計画では都市マスでは位置づけられていなかった地域生活に関わる調整区域拠点や都計外拠点を位置づけていた（立地適正化計画の調整区域拠点・都計外拠点欄に「地」か「←＋地」が記載）。つまり、これら全体の3割を超える立地適正化計画が、誘導区域を位置づけられるわけではないにもかかわらず、将来都市構造図に地域生活に関わる調整区域拠点や都計外拠点を位置づけていた。

　中部圏開発整備法により、区域区分が義務付けられている愛知県や三重県内の小規模自治体などは、それら以外の自治体とは事情が異なる場合もあると考えられるが、福井県・静岡県・三重県の中山間地域を抱える地方都市の立地適正化計画で、調整区域拠点や都計外拠点が多いことが読み取れる。また、愛知県内の線引き自治体では、市街化調整区域でも農村集落などを抱えている自治体が多いためか、地域生活に関わる調整区域拠点を立地適正化計画に位置づけている場合が多い。他方、富山県や石川県では、立地適正化計画で市街化調整区域や都市計画区域外に何らかの拠点を提示しているのは富山市

のみにとどまっており、少数である。

3　立地適正化計画策定から見えてきた課題

　立地適正化計画の制度上、都市機能誘導区域や居住誘導区域は市街化調整区域や都市計画区域外に設定することはできない。また、区域区分していない（非線引き）都市計画区域の場合、居住誘導区域は用途地域外でも設定することができるものの、実際に設定する自治体は少ないと考えられる。一方で、市街化区域内や非線引き都市計画区域の用途地域外（いわゆる白地地域）に居住調整地域を設定することもできるが、これを設定する自治体も少ないと考えられる。

　したがって、実際には自治体は立地適正化計画策定にあたり、
・都市機能誘導区域を設定すべき拠点はどこか
・居住誘導区域から除外すべき（あるいは、政策的に追加すべき）領域の設定
について検討を進めることになるといえる。

　先述した一宮市では、都市機能誘導区域を先行して設定し、その後、居住誘導区域の設定の検討を進めている。国土交通省は、両誘導区域を同時に設定することを基本としながら、必要な場合には都市機能誘導区域の設定を先行させることも例外的に認めている[1]。このような方針に基づき、一宮市では市街化区域内の拠点周辺を都市機能誘導区域として設定している（図2）。

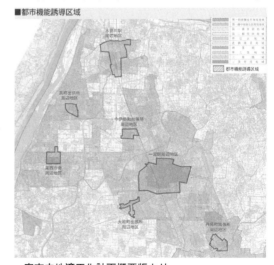

一宮市立地適正化計画概要版より

図2　一宮市の都市機能誘導区域

市街化区域内の拠点は鉄道駅周辺（一宮駅・木曽川駅）や連区ごとの出張所（尾西庁舎・丹陽町出張所・大和町出張所・今伊勢町出張所・奥町出張所）など、各地域の中心的施設周辺となっている（図1）。一方で、市街化調整区域に該当する連区でも各地域の出張所を地域生活拠点と位置づけ、都市マスなど立地適正化計画以外の計画・施策で地域生活拠点の維持・充実を図っていくとしている。

一宮市は従来から、市街化調整区域にも人口集積度の高い農村集落が点在しており、名古屋都市圏のベッドタウンという性格も重なり、市街化調整区域にもDIDが広がっている（図3）。

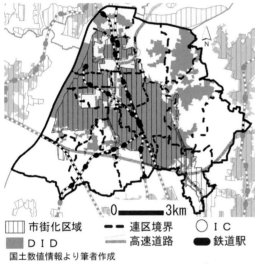

図3　一宮市の市街化区域とＤＩＤの関係

凡例：
市街化区域　／　連区境界　／　ＩＣ
ＤＩＤ　／　高速道路　／　鉄道駅
国土数値情報より筆者作成

市街化調整区域には、4割弱（151.3千人／380.9千人：2017（平成29）年都市計画現況調査より）の市民が居住している。昭和期に10町村（旧葉栗村・旧西成村・旧浅井町・旧丹陽村・旧千秋村・旧北方村・旧奥町・旧萩原町・旧大和村・旧今伊勢町）を編入し、2005（平成17）年にも旧尾西市・旧木曽川町を編入したことで広大な農村地域を抱える都市となり、現在では市街化調整区域にも地域生活拠点を7箇所位置づける都市構造となっている。これは、平成の大合併で行政域が広大になり、行政機関として支所などを旧自治体の中心部に設置している多くの自治体でも共通する都市構造の形態といえる。

一宮市では、都市マスも立地適正化計画の策定と合わせて改訂が進められているが、その素案でも立地適正化計画で示されている将来都市構造図と同じ構造図が提示されている。ただ、市街化調整区域の地域生活拠点の維持・充実を図る手法が豊富にあるわけではなく、今後具体的な施策展開を検討していくことが課題である。

4　都市全体がコンパクトになるために

本稿では、中部地域の自治体が策定している立地適正化計画を参照し、どのような拠点設定に基づき誘導区域を設定しているかみてきた。各自治体は、都市機能誘導区域・居住誘導区域を市街化区域や用途地域内の拠点に設定し、商業・医療・福祉機能を集積することで、集約型都市構造を実現していくために立地適正化計画を策定していた。しかしながら、それらの誘導区域を制度上設定することができない市街化調整区域や都市計画区域外にも地域生活に関わる拠点を位置づけている自治体が相当数ある現状も同時に明らかになった。

立地適正化計画によって誘導区域に設定された拠点では、誘導施設に対する税制上の優遇等の国などからの支援措置を受けることができ、拠点の維持や更なる機能集積が期待される。他方、一宮市の事例でみたような一定の人口を抱えている市街化調整区域にある生活拠点や地方都市で散見される低密度な既存集落などでは、立地適正化計画に基づく誘導区域などは設定できないため、それ以外の手法によってそれら生活拠点の維持にも取り組む必要がある。

立地適正化計画による市街地のコンパクト化を進めながら、市街化調整区域や中山間地域の生活拠点も維持していく両者を包含した施策展開が基礎自治体には望まれている。これを実現していくための体制構築が、立地適正化計画を運用する自治体側に求められており、その利益を享受する市民側の協力も不可欠となっている。

【引用・参考文献】
1）国土交通省（2018），立地適正化計画の作成に係るQ&A

居住機能の集約化と実現像

Induction and realization of residential functions

菊 地 吉 信　　福井大学大学院工学研究科
Yoshinobu KIKUCHI　　Graduate School of Engineering, University of Fukui

1 居住機能の集約化に関する論点

本稿は、日本都市計画学会中部支部25周年記念誌に寄せた拙稿[1]（以下、前稿と記す）をもとに、その後の都市計画学会論文から補足しつつ、居住機能の集約化と実現像という観点から主な論点を整理してみたい[(1)]。

2014（平成26）年の立地適正化計画制度導入から6年が経ち、計画作成の具体的な取り組みを行う全国の都市は499（2019（令和元）年12月31日時点、国交省調べ）に達している。

そのうち、本稿のように居住誘導区域に着目する場合は人口減少の進む中小都市を主な対象と想定することになる。市域のほとんどが市街化区域となっている大都市地域の場合は都市機能誘導区域の整備が主な取り組み対象になると考えられるためである。

居住誘導区域の実効化には、大まかに言って区域内への居住人口誘導と、区域外における住宅宅地供給の制限を、いかに実施するかが問題となる。

前稿で筆者が整理した学会論文の主な論点は、①まだらな居住地域の実態と整序、②郊外団地の計画的縮小、③逆線引きによる開発抑制、④街なかの空き家・空き地と環境改善、⑤郊外居住エリアの縮小シミュレーション、⑥低未利用地の農業・緑化利用と集落再編、であった。

このうち①については、郊外にスプロール型の開発が行われた地区では撤退（空地化）もまた同様に蚕食型で無秩序に進んでおり[2]、その一方で、線引きを手堅く運用してきた都市であってもDID人口密度の低下が指摘される[3]。

そして居住区域の面積・密度と人口フレームの乖離は大きくなり、リバース・スプロールは

その無秩序さゆえに予測が難しい。仮に撤退した場合でも跡地（空地）の有効活用や計画的整序が必要となる。

居住エリアの郊外化に係る制度では開発許可制度が注目される。地域によっては区域指定が開発容量の見込みや影響予測の正確さを欠いている[4]。立地適正化計画策定に合わせて開発許可条例の見直しを行った都市では開発縮小が認められた都市がある一方で[5]、自己用住宅に限定した場合でも分譲住宅地開発が多数許容され市街化区域からの居住者の転出を招いた例もある[6]。さらに市街化調整区域における建築許可[(2)]（かつての既存宅地と同様）が行われると、立地適正化計画策定後でも市街化調整区域における住宅建設が続く実態がある。立地適正化計画の効果的な運用のためには、関係部局の連携により、市街化区域及び調整区域の土地利用方針を決定することが求められる。

また、人口動態をみると人口密度の増加と公共交通の整備状況とは必ずしもリンクしておらず[7]、これまでの市街化区域拡大とともに人口密度も拡散してきた[8]。そして市街化区域に対する居住誘導区域の面積比は自治体によって大きく異なり、様々な居住誘導の考え方や区域設定条件が用いられている[9]。一指標としては公共交通の利便性が高い都市では市街化区域に対して狭い居住誘導区域を、公共交通の利便性が低い都市では市街化区域に対して広い居住誘導区域をそれぞれ設定しているという違いが認められる[10]。つまり、現状では立地適正化計画の策定が進みつつも、都市特性によりコンパクトシティ・プラス・ネットワークの理念に馴染みにくい場合がある。

次に、居住誘導区域外の開発抑制につながる論点として逆線引きが注目される。逆線引きが行われる理由は、初期には農地保全のためであったが最近は開発の見込がないためであり、場所的特性として都市計画道路やDIDとの関係が薄い地域で行われている[11]。地権者合意が可能で人口フレームに余裕のあった時期に実現したケースが多く、近年の運用は少ない[12]。

逆線引きを促すには、地権者へのインセンティブとともに区域区分の要件や人口フレームの見直しが必要である[13]。その一方で、開発許可の緩和区域を縮小した都市の調査からは、一旦緩和した市街化調整区域の規制を再び強化することの難しさや、指定区域に災害リスクの高い地域を含むことの矛盾が指摘される[14][3]。

2000（平成12）年以降に逆線引き制度の運用のある都市の調査からは、逆線引き後の宅地化率は比較的低いものの逆線引き後に開発許可条例の適用地にする等の事例があり、土地利用管理上の不整合が生じる[16]。暫定的な逆線引き「埼玉方式」[4] の調査からは、暫定状態の長期化を防ぐための時間的な定義と、土地区画整理事業に代わる手法の必要性が指摘される[17]。

立地適正化計画策定済み自治体を対象としたアンケートによれば、土地利用規制の変更については、居住誘導区域内外の用途地域や特定用途制限地域の見直しまたは新規導入の動きが見られ、3411条例（開発許可）を導入している市町村の52%で何らかの見直しの動きが見られた[18]。ただし、その影響を評価するには時間経過を待つ必要があろう。

開発ポテンシャルの低い郊外の居住エリアの縮小は難しい課題であるが、その手立てについていくつかのシミュレーションが行われている。開発権移転と跡地活用を組み合わせるアイデアでは[19]、開発権を集約先の拠点地区に割増床面積の形で移転し、跡地を太陽光発電事業とすることで実現可能としている。また、土地証券化とダウンゾーニングを組み合わせるアイデアでは[20]、すべての土地を証券化した上で資産額と同等価値の土地利用権を行使できることとし、証券化参加者には容積率を緩和することをインセンティブとする。

こうしたシミュレーションは、郊外の居住エリアの縮退を開発ポテンシャルの期待できるエリアとの関係により解こうとするものであり興味深い。しかしその一方で、とくに地方都市郊外においてそれほどの開発ポテンシャルが期待できるかという疑問も拭いきれない。

現時点では立地適正化計画策定後の経過期間が短い都市が多いため、居住誘導区域における居住動態の変化や誘導効果について、人口密度や各種便益など定量的指標による継続的な検証が求められる。その際、都市特性に応じた適正値の判断は重要な課題の1つとなるだろう。また、居住誘導区域外の土地利用制御については、各自治体が開発の制限と緩和のバランスをどのようにとるのか、また近隣自治体との広域的な調整をいかに図るか等を注視する必要がある。

2 居住誘導区域の実現像に関する論点

居住誘導区域に居住人口を引き寄せるためのインセンティブをどうするか。策定済みの立地適正化計画の中には、居住誘導区域内での住宅取得や転入に対する補助制度を設けているケースがある。ただし、その効果について現時点で評価することは難しい。住宅取得補助により純便益は正となる試算結果[21]がある一方で、補助金給付のみでは人口誘導の効果は期待できないとする指摘もある[22]。生活サービス機能や歩行環境、安全性の確保など住環境の充実が求められることは言を俟たない。

それでは、居住誘導区域内に引き寄せるターゲット層としてどのような人や世帯が期待されるか。居住者の転居傾向や交通行動、転居意向からみて、短期的には若年単身世帯が、長期的には若年夫婦世帯がターゲットになりえる[23]。そうであれば、住宅取得の補助以外にも、子育てや教育に係る手当や環境整備を組み合わせて実施することが効果的であろう。

また、居住誘導区域への居住人口誘導を進めるには、人口を収容し居住環境を向上するため、区域内にある住宅・宅地ストックの有効活用を進める必要がある。そこで「スポンジ」の穴である空き家・空き地の活用が課題となる。

論点④の、街なかの空き家・空き地を居住環

境改善につなげる取り組みが注目される。鶴岡市のランド・バンク事業[24]は街なかの空き家・空き地、狭あい道路を一体的に整備するための事業であり、空き家を更地化し両隣や第三者に売却、その代金で解体費と道路整備を賄う。環境改善事業を地区レベルで回す仕組みである。

こうした環境整備では土地所有者の意向が鍵を握る。福井市中心部の調査によれば、土地所有者は自らが所有する土地の売却については否定的な意見が多いものの、交換や借地による集約については同意する意見が多数であった[25]。制度面では低未利用土地権利設定等促進計画、立地誘導促進施設協定といった都市のスポンジ化対策が導入されており、コミュニティレベルでの担い手づくりと同時に、多主体による協定をベースとした空き家・空き地活用の実績を重ねることが求められる[26]。

アメリカ・フィラデルフィアにおける低未利用地のマネジメント事業では[27]、NPO団体が中核となり市や地元組織等との協働により地域内の未利用地を改修と維持管理するプログラムを実践している。民間の専門家組織が継続的に地域に関わるための公的位置づけと財源確保が課題とされる。ドイツ・ライプツィヒでは[28]、インナーエリアの空き家を芸術家や起業家に無料で貸しだすことで新たな活気が生まれ、スペイン・バルセロナでは老朽化した建物を撤去して小広場や路地といった公共空間の整備につなげ、同様にサラゴサでは歴史地区の空き地管理に長期失業者を雇用している。

こうした取り組みからは、徒歩を前提とした日常生活圏の構築を前提として、住環境と生活サービスに対する地域の（潜在的）ニーズを、既存の住宅・宅地ストックや人材の活用により実現するための発想と体制の必要性が示唆される。

ここで筆者が関わっている小さな取り組みを紹介したい[29]。福井市内のある小学校区を対象に、介護事業者や市との共同事業で、徒歩生活圏内の空き家を高齢者向け住宅として活用する社会実験を行っている。不動産管理と生活支援・介護サービス事業者をつなぐ仕組み、入居希望者と空き家所有者をつなぐ仕組み、入居後のサポートを含むプログラムが必要と考え、社会実験を通してその具体策を確かめていきたいと考えている。

3　おわりに

立地適正化計画の策定から間もない都市が多いため、現時点でその影響を図ることは容易ではない。居住機能の再編・集約化は長期的な課題であり、誘導と制限の両面について、都市レベルでの土地利用や人口動態といったマクロな観点から実態の分析と評価が続けられる必要がある。それと同時に、よりミクロな地区レベルにおいて、利便性や生活サービスを享受できる魅力的な生活圏を築くことが求められる。そのための方法論もまた必要である。

【補　注】

(1) 本稿は、拙稿（文献1）に加筆し再構成したものである。そのため重複する記述があるが、ご了承いただきたい。

(2) 都市計画法第43条第1項に基づく「建築物の新築、改築若しくは用途の変更又は第一種特定工作物の新設許可」を指す。

(3) 居住誘導区域からハザードエリアを除外することについて国土交通省において検討が始まっている（文献15）。

(4) 埼玉方式とは、「当分の間計画的な市街地整備が行われる見込みのない地区を、地権者の意向をただした上で、土地区画整理事業等の実施が確実になった時点で市街化区域に再編入することを条件として、用途地域の指定を残したまま一旦市街化調整区域に編入する方式」で、1983年度に導入、2003年度に廃止された（文献17）。

【引用・参考文献】

1) 菊地吉信(2015) 居住機能の集約化と実現手法に関する研究論文のレビュー、日本都市計画学会中部支部創設25周年記念誌「集約型都市構造への転換とそのプロセス・プランニングの構築」、pp. 115-116

2) 氏原岳人、谷口守、松中亮治(2006) 市街地特性に着目した都市撤退(リバース・スプロール)の実態分析、都市計画論文集、41(3)、pp. 977-982

3) 浅野純一郎、原なつみ(2014)　地方都市におけるDID縮小区域の発生状況とその特性に関する研究、都市計画論文集、49(3)、pp. 651-656

4) 浅野純一郎(2010) 都市計画法34条11号条例導入による効果と課題に関する研究 -群馬県高崎市を対象として-、日本建築学会技術報告集、16(32)、

pp. 297-301

5) 齋藤勇貴、松川寿也、丸岡 陽、中出文平、樋口秀
(2018) 立地適正化計画策定都市での開発許可制度
の方針と運用に関する研究、都市計画論文集、53
(3)、pp. 1123-1129

6) 松川寿也、丸岡 陽、中出文平、樋口 秀 (2018) 自
己用限定型3411条例としながらも著しい市街化を
許容した宇都宮市での住宅開発の特徴と集約型都
市政策への影響に関する一考察、都市計画論文集
53(3)、pp. 1130-1137

7) 橋本晋輔、中道久美子、谷口 守、松中亮治 (2007)
地方圏の都市における住宅地タイプに着目した都
市拡散の実態に関する研究、都市計画論文集、42
(3)、pp. 721-726

8) 野本明里、丸岡 陽、松川寿也、中出文平、樋口秀
(2017) 地方線引き都市の市街化区域内の人口密度
構造に関する研究、都市計画論文集、53(3)、
pp. 1007-1013

9) 西井成志、真鍋陸太郎、村山顕人 (2019) 立地適正
化計画における居住誘導区域設定の考え方とその
背景:市街化区域に対する居住誘導区域の面積比
率が対象的な自治体の比較を通じて、都市計画論
文集 54(3)、pp. 532-538

10) 寺島 駿、松川寿也、丸岡 陽、中出文平、樋口秀
(2018) 線引き地方都市における3指標を基にした
居住誘導区域の指定に関する即地的研究、都市計
画論文集、53(1)、pp. 76-84

11) 山口 歓、浅野純一郎 (2014) 地方都市における逆
線引き制度の運用実態に関する研究、日本建築学
会学術講演梗概集、pp. 975-976

12) 大平啓太、浅野純一郎 (2013) 地方都市における暫
定逆線引き制度の運用状況と課題に関する研究、
都市計画論文集、48(3)、pp. 549-554

13) 西山達也、松川寿也、中出文平、樋口秀 (2010) 区
域区分制度における開発未着手地区に関する研究、
都市計画論文集、45(3)、pp. 265-270

14) 松川寿也、白戸将吾、佐藤雄哉、中出文平、樋口
秀 (2012) 開発許可制度を緩和する区域の縮小に関
する一考察 -都市計画法第34条11号の条例で指定
する区域を縮小した埼玉県下での取り組みを対象
として-、都市計画論文集、47(3)、pp. 175-180

15) 国土交通省「水災害対策とまちづくりの連携のあり
方」検討会 (2020) 会議資料、
http://www.mlit.go.jp/toshi/city_plan/
toshi_city_plan_tk_000059.html、最終閲覧日
2020年4月27日

16) 山口 歓、浅野純一郎 (2016) 地方都市における近
年の逆線引き制度の運用状況と課題に関する研究
:2000年以降の適用事例に着目して、都市計画論文
集、51(1)、pp. 118-124

17) 今西一男 (2019)「埼玉方式」における暫定逆線引き

のフォローアップと今後の適用に関する研究:暫定
状況が継続した所沢市を中心事例として、都市計
画論文集 54(3)、pp. 893-900

18) 野澤千絵、饗庭 伸、讃岐 亮、中西正彦、望月春
花 (2019) 立地適正化計画の策定を機にした自治体
による立地誘導施策の取り組み実態と課題:立地適
正化計画制度創設後の初動期の取り組みに関する
アンケート調査の分析、都市計画論文集、54(3)、
pp. 840-847

19) 武田祥平、村木美貴 (2012) 開発権移転を伴う郊外
住宅地の計画的撤退手法に関する研究:横浜市を
対象として、都市計画論文集、47(3)、pp. 487-492

20) 栗原 徹、和田夏子、松宮綾子 (2013) 都市を縮小
するための都市再編手法の検討 -まちづくり会社
による土地の証券化等の手法の提案とケーススタ
ディ-、都市計画、62(3)、303、pp. 30-35

21) 松縄 暢、藤田 朗 (2017) 居住誘導施策の費用便益
分析:大都市圏郊外部におけるケーススタディ、都
市計画論文集、52(3)、pp. 467-474

22) 竹間美夏、佐藤徹治 (2017) 立地適正化計画に基づ
く居住誘導施策検討のための都市内人口分布推計
手法の開発:愛知県豊橋市を対象として、都市計画
論文集、52(3)、pp. 1124-1129

23) 中道久美子、桐山弘有助、花岡伸也 (2019) ライフ
ステージを考慮した集約型都市構造実現のための
居住誘導ターゲット世帯の分析、都市計画論文集、
54(3)、pp. 680-687

24) 早坂 進 (2013) 空き家所有者の民意を資源とした
空き家、空き地の集約化によるまちなか居住の再
編 -ランド・バンク事業(小規模連鎖型区画再編事
業)手法の開発-、都市計画、62(3)、303、
pp. 26-29

25) 福岡敏成、野嶋慎二 (2014) 地方都市における大規
模土地所有者の所有実態と土地活用意識に関する
研究 -福井市まちなか地区を対象として-、都市計
画論文集、49(3)、pp. 453-458

26) 吉武俊一郎、高見沢 実、渕井達也 (2017) 大都市
圏郊外都市における地域コミュニティ関与による
空き地マネジメントの可能性に関する研究:横須賀
市縮減市街地におけるケーススタディを通して、
都市計画論文集、52(3)、pp. 1036-1043

27) 遠藤新 (2011) 米国フィラデルフィアにおける未利
用地マネジメント事業に関する考察 都市縮小に対
する緑化と暫定空地の戦略的な近隣展開、日本建築
学会計画系論文集、76(668)、pp. 1875-1883

28) 岡部明子 (2013) 空き地・空き家を、ホンモノの
「空き」にする、都市計画、62(3)、303、pp. 52-55

29) 菊地吉信 (2019) 地方都市における住環境のゆくえ
:福井を例に、2019年度日本建築学会大会研究協
議会資料「2030年の都市・建築・くらし:縮小社会
のゆくえと対応策」、pp. 11-14

安全で住みやすいコンパクトな居住地の実現に向けた課題と方策

Issues and measures for shifting residential area to be more compact, safe and livable

鈴 木　温　　名城大学理工学部社会基盤デザイン工学科
Atsushi SUZUKI　　Faculty of Science and Technology, Meiji University

1　はじめに

　現在、人口減少、高齢化が進む我が国では、安全・安心で快適な生活を実現し、財政及び経済面において持続可能な都市経営を可能とすることを目的として、都市施設や住居がまとまって立地する拠点を形成し、これらの拠点を公共交通等でつなぐ『コンパクト・プラス・ネットワーク』という都市構造政策が進められている。コンパクトなまちづくりへの転換を促進するため、2014（平成26）年には、都市再生特別措置法が改正され、立地適正化計画制度が創設された。国土交通省のホームページによると、2019（令和元）年12月31日時点で、全国の499都市が立地適正化計画に関する具体的な取組を行っており、このうち、278都市が計画を作成・公表している。

　本稿では、居住機能集約化の実現像と今後の課題について概説することを目的としている。そこで、まず、近年、人口分布がどのように変化してきているか確認するため、名古屋都市圏を対象として概観し、都市構造変化の実態を明らかにする。次に、立地適正化計画における現状の課題を挙げ、立地適正化計画と防災との連携強化に関する制度改正等について解説する。最後に、今後のコンパクトシティ政策とその実現に向けて、住みやすい居住地の形成において重要な視点と、計画立案における評価手法等を紹介する。

2　名古屋都市圏の人口分布の変化

　図1、図2に1995（平成7）年、2015（平成27）年の名古屋都市圏の人口分布と鉄道ネットワークを表す。

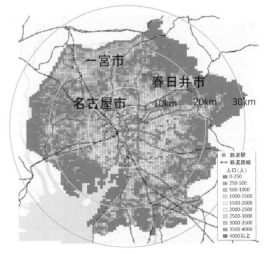

図1　1995（平成7）年の名古屋都市圏の人口分布と鉄道ネットワーク

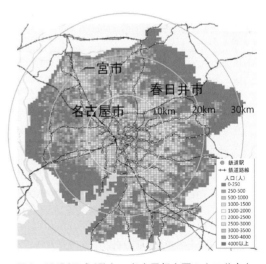

図2　2015（平成27）年の名古屋都市圏の人口分布と鉄道ネットワーク

　なお、ここで示す名古屋都市圏の範囲は、名古屋市および、その外延部に位置する愛知県内

32自治体としている。また、人口分布のデータは、いずれも国勢調査の500m単位の人口データを用いている。両図を比較すると、1995年に比べ、2015年の人口分布は中心部の人口密度が低下し、名古屋都市圏の中心（ここでは名古屋市役所の位置）から10kmから20km距離帯の人口が増加しているように見える。すなわち、人口が郊外部に分散しているように見える。

次に、図3に1995年から2015年の5年ごとの、中心からの距離別人口増加率を示す。図3の結果から、1995年から2000年の人口増加率は、10km～20km距離帯が最も高く、次に20km～30km距離帯と続き、0km～10kmの中心部は、40km～50km距離帯と同程度の最も低い値となっている。すなわち、郊外化が進行していることがわかる。しかし、その後、郊外部での人口増加率は鈍化し、逆に、中心部の人口増加率は、相対的に高まっている。最新の2010年～2015年では、0km～10km距離帯の人口増加率が、他の距離帯に比べ、最も高い値になっている。すなわち、コンパクト化が進んでいると解釈することができる。

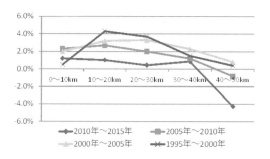

図3　名古屋都市圏の距離帯別人口増加率

これを踏まえ、図1と図2を改めて比較すると、外延部から徐々に人口が減少している様子や鉄道の沿線地域の人口が増加している傾向が見られる。

3　立地適正化計画の課題と制度改正

前項で実現象として、すでに集約型都市構造への転換が始まっている可能性があることを示したが、制度面でも2014（平成26）年に立地適正化計画が創設されて以降、すでに約500都市で具体的な取組が行われている。その間、立地適正化計画に関するいくつかの課題も見えてきた。

その1つが頻発、激甚化する自然災害への対応である。記憶に新しい2019（令和元）年の台風19号による大水害をはじめ、近年、甚大な被害をもたらす風水害等が頻発しており、気候変動の影響等により、今後も同様な自然災害が発生する可能性があり、堤防整備等の対策に加えて、土地利用や、避難体制の構築など、防災の視点を取り込んだまちづくりの推進が必要になってきている。しかし、表1、表2に示すように、国土交通省の調べ[1]によれば、2019（令和元）年12月時点で立地適正化計画を公表している275都市のうち、約9割の都市で居住誘導区域内に浸水想定区域を含む等、災害イエローゾーンを含み、一部の都市では、原則として含むべきではないとされる災害レッドゾーンを含んでいることが分かった。

表1　居住誘導区域に災害レッドゾーンを含む都市の数と割合（国土交通省資料1)を元に作成）

災害レッドゾーン区域	居住誘導区域に含む都市数と割合　※R2年度末までに除外予定の都市は除く	
災害危険区域	3都市	1%
土砂災害特別警戒区域	6都市	2%
地すべり防止区域	0都市	0%
急傾斜地崩壊危険区域	10都市	4%
総数	13都市	

表2　居住誘導区域に災害イエローゾーンを含む都市の数と割合（国土交通省資料1)を元に作成）

災害レッドゾーン区域	居住誘導区域に含む都市数と割合　※R2年度末までに除外予定の都市は除く	
浸水想定区域	242都市	88%
土砂災害警戒区域	93都市	34%
都市洪水・都市浸水想定区域	19都市	7%
津波浸水想定区域	74都市	27%
津波災害警戒区域	26都市	9%
総数	254都市	

そこで、国は頻発・激甚化する自然災害に対応するため、2020（令和2）年2月7日に、「都市再

生特別措置法等の一部を改正する法律案」を閣議決定[2]した。自然災害対応に関する改正内容は、以下の①～③の内容を含む。

①災害ハザードエリアにおける新規立地の抑制
・災害レッドゾーンにおける自己業務用施設の開発を原則禁止
・市街化調整区域の浸水ハザードエリア等における住宅等の開発許可の厳格化
・居住誘導区域外における災害レッドゾーン内での住宅等の開発に対する勧告・公表

②災害ハザードエリアからの移転の促進
・市町村による災害ハザードエリアからの円滑な移転を支援するための計画作成

③居住エリアの安全確保
・居住誘導区域から災害レッドゾーンを原則除外
・市町村による居住誘導区域内の防災対策を盛り込んだ「防災指針」の作成

日本の国土は、約70%の山地の間を多くの河川が流れ、その周辺に多くの集落や街が形成されてきた。そのため、大雨や津波による浸水などの危険性があるエリアに多くの人々が生活しており、立地適正化計画を作成している多くの自治体では、浸水等の危険があるエリアを居住誘導区域に設定せざるを得ないというジレンマを抱えてきた。今回の制度改正によって、災害ハザードエリアを含む居住誘導区域においても、移転促進や安全確保のための対策が取られることになり、居住地の集約化と安全性の確保の両立という課題に対して、前進につながると評価できる。

なお、今回の制度改正には、自然災害への対応とともに、まちなかにおけるにぎわい創出を目的とした以下のような内容も含まれた。

④「居心地が良く歩きたくなる」まちなかの創出
都市再生整備計画に「居心地が良く歩きたくなる」まちなかづくりに取り組む区域を設定し、以下の取り組みを推進
・官民一体で取り組む「居心地が良く歩きたくなる」空間の創出
・まちなかエリアにおける駐車場出入口規制等の導入
・イベント実施時などにまちづくり会社等の都市再生推進法人が道路・公園の占用手続等を

一括して対応等

⑤居住エリアの環境向上
・居住誘導区域内における病院・店舗など日常生活に必要な施設について用途・容積率制限緩和
・居住誘導区域内における都市計画施設の改修促進

④は良質な歩行空間を整備することによって、歩行者中心のまちなかを実現し、にぎわいを創出するねらいがある。⑤は、欧米ではMixed Use（混合用途または複合用途）と呼ばれ、日常的に利用する施設等への近接性を高め、生活利便性の高い居住地を創出するねらいがある。これらの施策は、コンパクトかつ住みやすい都市空間を形成する上で、以前から多くの事例や文献でその有効性が指摘されてきた方策である。

4 住みやすい居住地実現に向けた視点と評価

立地適正化計画が創設されてから6年が経過し、前述のように一部制度改正も行われ、我が国のコンパクトシティ政策は、セカンドステージに入ったと言える。これまでは、都市構造や誘導区域の設定等、どちらかと言えば、形状的かつマクロ的視点が主であったように思われるが、セカンドステージでは、そこに生活する人にとっての生活利便性や安全性等、生活者の視点が重要となる。

2020（令和2）年1月に、トヨタ自動車株式会社は、あらゆるモノやサービスがつながる実証都市「コネクティッド・シティ」建設の計画を発表[3]した。「Woven City」と名付けられたこの街には、以下のような3種類の道が網の目のように織り込まれるという。

①完全自動運転のモビリティ等、スピードが速い車両専用の道
②歩行者とスピードが遅いパーソナルモビリティが共存する道
③歩行者専用の公園内歩道のような道

Woven Cityは、最新のICT技術や自動運転技術を駆使した実験都市であるが、一方、歩行者中心の道路構造やモノやサービスへのアクセスを重視した生活者の視点が重視されている。このように、住みやすく魅力的な居住地の形成は、

生活者の視点が不可欠であり、計画立案においても単にエリアを指定するだけでなく、生活利便性や安全性を生活者の視点から評価していくことが必要になると考えられる。

　国でもアクセシビリティ評価等のマニュアル[4]が作られているが、以下では、筆者が行った研究[5]から、立地適正化計画策定支援を意図した居住地の生活利便性評価の一例を紹介する。図4は、愛知県瀬戸市を対象に行ったアクセシビリティ評価の一例である。100mメッシュ単位の居住地の中心点を起点として、徒歩10分圏内で購入可能な生活必需品（家計調査中分類のうち、22品目）の割合を図示したものである。株式会社ゼンリンの建物ポイントデータと筆者らが作成した施設と財・サービスの対応表を用いて、財・サービスの分布を推計している。多くの場所で、8割以上の生活必需品を徒歩圏内で購入できるが、人口密度の高い地区の中でも徒歩圏内で、ほとんど生活必需品が得られない場所も存在することが分かった。また、論文[5]では、このような不便な地区に商業施設が新たに立地することにより、人口誘導よりも効率的に地域全体のアクセシビリティが高まることを示している。これらの結果は、前章で述べた土地利用のMixed Useの有効性を示していると解釈することもできる。

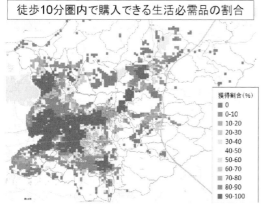

図 4　財・サービスに着目したアクセシビリティ評価の例（対象地域：愛知県瀬戸市）

5　おわりに

　2014（平成26）年に立地適正化計画がスタートし、集約型都市構造への転換が全国の都市で進められている。本稿では、実現象としても都市のコンパクト化が進んでいることを、名古屋都市圏を対象に示した。また、これまで課題であった頻発・激甚化する自然災害への対応等を含んだ都市再生特別措置法の改正について紹介した。制度改正後を立地適正化計画のセカンドステージと位置づけ、今後の集約型都市構造における居住地のあり方として、生活者の視点を重視すること、そして、そのための評価手法の一例を紹介した。今回は紹介できなかったが、将来の人口分布や世帯構造変化に関する予測手法の高度化やそれらを活かした計画作り、また、商業立地と住宅立地および交通ネットワークとの相互の連携を高めること等も、今後の立地適正化計画等の計画立案において、重要な課題である。

【引用・参考文献】
1) 国土交通省：防災・減災等のための都市計画法・都市再生特別措置法等の改正内容（案）について、第16回都市計画基本問題小委員会資料、2020
2) 国土交通省：「都市再生特別措置法等の一部を改正する法律案」を閣議決定、令和2年2月7日付国土交通省記者発表資料、2020
3) 豊田自動車株式会社：トヨタ、「コネクティッド・シティ」プロジェクトをCESで発表、トヨタ記者発表資料、2020
4) 国土交通省国土技術政策総合研究所都市研究部：アクセシビリティ指標活用の手引き（案）、2014
5) 鈴木宏幸・鈴木温：立地誘導政策評価のための生活必需品に関するアクセシビリティ評価－愛知県瀬戸市を対象として－、都市計画学会論文集、Vol. 51, No. 3, pp. 709-714, 2016

富山市中心市街地における市民参加型・主導型景観まちづくりのいま

New trends in citizen-led town planning in the central area of Toyama city

阿久井康平　　大阪府立大学大学院人間社会システム科学研究科
Kohei AKUI　　現代システム科学専攻環境システム学分野
Graduate School of Humanities and Sustainable System Sciences,
Osaka Prefecture University

1　はじめに

　富山市では、路面電車などの公共交通を軸としたコンパクトなまちづくりが展開されてきた。公共交通の充実化に伴い、利便性の向上はさることながら、質の高い都市空間が整備されてきた。こうした都市空間の整備に相まって、中心市街地では賑わいや景観づくりに資する市民参加型・主導型まちづくりも数多く展開されてきた。

　中心市街地に位置する大手モールは、富山市景観計画の景観まちづくり推進地区[1] に位置づけられる（図 1）。都心部の顔となる景観形成、賑わいある空間形成が求められている地区であるとともに、とりわけ市民参画型・主導型景観まちづくりも活発に行われている。本稿では、この大手モールを対象とした市民参加型・主導型景観まちづくりの取り組みについて概観したい。

　まず、市民参画型景観まちづくりの事例として、地域組織、地元建築家、行政そして大学が協働でプロジェクトを推進してきたストリートファニチャー「まちなかテント」の開発について、そのデザイン・制作に関する取り組み内容を報告する。また、市民参加ワークショップを通じてデザイン・制作したバナーフラッグの事例を報告する。

　さらに、市民主導型景観まちづくりの事例として、昨今大手モール沿道店主による発展的な取り組みについて紹介したい。

2　市民参加型景観まちづくり

(1) ストリートファニチャー「まちなかテント」のデザイン・制作

1. 背景と実施体制

図 1　大手モール地区景観まちづくり推進区域[1]（筆者加筆）

　ストリートファニチャー「まちなかテント」のプロジェクト発足のきっかけは「都市景観を彩り、まちの賑わいの象徴となるテントをつくりたい」という近隣商店主の言葉から始まった。大手モールでは、これまでもマルシェなど街路空間を利活用したイベントなどが実施されてきたが、より魅力的な都市空間を創出するためには、大手モールという場所性に見合ったものをつくりたいという問題意識の表れでもあった。これに共感した地域組織（マルシェ実行委員会）、近隣商店主、地元の建築家、行政職員、大学がプラットフォームを形成、ストリートファニチャー「まちなかテント」のデザイン・制作を協働で実施し、富山大学が全体計画及びコーディネートを行うこととなった[1]（図 2）。

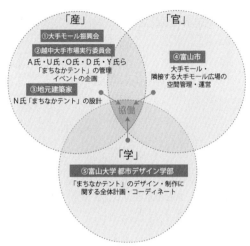

図2　まちなかテント開発の実施体制

2. デザインコンセプトの策定

「まちなかテント」のデザイン・制作にあたり最初にデザインコンセプトの議論が行われた。景観面では歩行者空間及び LRT 軌道からみえることを条件に表裏のないレイアウトが可能なデザインに注力すること、「まちなかテント」を複数連動させる面的展開によってモールの景観形成を担うことが重要視された（図3）。機能面では歩道部で自由な位置、角度で配置・利用可能、出店者が容易に設営・管理可能、物販等の陳列は見え方を考慮して立体的に可能なデザインとすること、多様な業態が利活用可能とすることとされた。管理面では収納時にコンパクトであり、管理者や出店者が少人数でも運搬可能、維持管理に配慮したデザインに注力することとされた[2]。

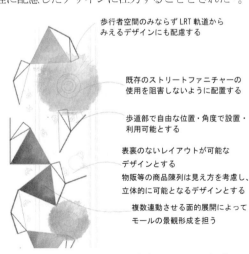

歩行者空間のみならず LRT 軌道から
みえるデザインにも配慮する

既存のストリートファニチャーの
使用を阻害しないように配置する

歩道部で自由な位置・角度で設置・
利用可能とする

表裏のないレイアウトが可能な
デザインとする

物販等の商品陳列は見え方を考慮し、
立体的に可能となるデザインとする

複数連動させる面的展開によって
モールの景観形成を担う

図3　まちなかテントのデザインコンセプト[2]

3. プロトタイプ型のデザイン・制作

デザインコンセプトをもとに、設計段階に向けた形のスタディを経て、平面形状は三角形を基本形状とし、収納時に極力コンパクトにするコントロール条件をもとに計画が成された。そして、実出店者と物販等の商品陳列のボリューム、配置等をヒアリングしながら合意形成を図り、詳細設計が実施された。使用材料として、フレーム部にはアルミ、什器部にはスギ材の地場産材が使用され、有孔ボードや陳列棚を可動式にするなど出店者の利用形態に応じて設計が行われ、2基のプロトタイプが制作された（写真1〜2）。

写真1　まちなかテント（プロトタイプ型）の全景

写真2　まちなかテント（プロトタイプ型）の展開

4. プロトタイプ型の展開と検証

プロトタイプ型の制作を踏まえて、イベントでの試行的展開を行った。「まちなかテント」の利活用を行った出店者 2 店舗に対して、課題抽出のヒアリング調査を行い、その結果を【見えのデザイン】【機能のデザイン】【空間】【景観】の枠組みで体系化し、分類した（表1）。

【機能のデザイン】では「バックヤードの確

保」「平台の拡充」「商品陳列における風への対応」「管理・収納時のコンパクト化」などが主な課題として示された。【空間】では、人とテントの関係として「店舗に表裏がないこと」「テントを介してアクティビティの仕掛けづくりに寄与していること」が利点として挙げられた一方、「日陰をつくり、滞留を促すためのタープ等を用いたまちなかテントの可変的連動」が課題として示された。【景観】では「店舗や商品のレイアウトが立体的になりキャッチーとなる」「まちなかテント自体が単体でキャッチーとなる」などの意見が挙げられた。【管理】では、設営や収納に関する「出店者へのレクチャー」「利用時のデザインの簡素化」など活発な議論が交わされた。

表1 まちなかテントの評価（出店者へのヒアリング調査）

代表的なコメント	評価の枠組み
商品がきれいに見えるレイアウトと売れるレイアウトは必ずしも同じではない。ごちゃごちゃしてて売れるパターンもある（出店者A）。	【見えのデザイン】
お店の屋号を示す場所がほしい（出店者A）。	【見えのデザイン】
背板がなく、強風の商品が落下する恐れがある（出店者A）。	【機能のデザイン】
色々なカスタマイズに対応できることは利点である一方で、初めて利用する人にとっては使用方法に混乱を招いてしまう（出店者A）。	【機能のデザイン】
横の広がりが欲しいのでテント幅が必要となる（出店者A）。	【機能のデザイン】
物を隠すことができる場所が欲しい。キャッシャーの置き場やバックヤードがない（出店者A）。	【機能のデザイン】
風に耐えうる砂か水などのウェイトが必要（出店者B）。	【機能のデザイン】
日差しに対処する必要がある。単体でのテント部は撤去してもいいのではないか（出店者B）。	【機能のデザイン】
物板横の場合、有孔ボードの孔ピッチにバリエーションが欲しい（出店者B）。	【機能のデザイン】
横スリットのルーバーが使用しづらい（出店者B）。	【機能のデザイン】
もう少しコンパクトなまちなかテントのパターンもあってもよい（出店者A）。	【機能のデザイン】
求められる機能は多岐に渡るが、シンプルなデザインがベスト（出店者A）。	【機能のデザイン】
物販・食物販・飲食等の業態全てに対応する機能を与えることは難しいのではないか（地域組織）。	【機能のデザイン】
日陰をつくり、滞留を促すためにも「まちなかテント」を連動させるアタッチメントやタープテントのデザインを詰めることが必要ではないか（地域組織）。	【機能のデザイン】【空間】人とテントの関係
テントのアタッチメントを考える際、中央部や端部での設置など可変的に対応できるデザインが望ましい。中央部設置の場合、3つのテントをつなぐ三角タープ、端部設置の場合は2つのテントをつなぐ長方形タープなど（出店者A）。	【機能のデザイン】【空間】人とテントの関係
表裏がなく定位置がない。そのため、行き違いで店主は気を抜けなくて良い（出店者B）。	【空間】人とテントの関係
来訪者にテントでぐらせるという行為自体が、来訪者にとっても面白いと思う。こういった仕掛けづくりを戦略的に行うことも重要となりそう（出店者B）。	【空間】人とテントの関係
立体的な商品のレイアウトが可能となるので店舗自体がアイキャッチとなる（出店者A）。	【景観】人とテントとの関係
「まちなかテント」は単体でもキャッチーなので、それ自体を見に来てくれる人もいる。写真映えもする（出店者B）。	【景観】人とテントとの関係
慣れないと設営・片付けに倍近く時間がかかる（出店者A）。	【管理】設営・片付け
設営時間に時間を要するため、陳列術のレクチャーも必要となるのではないか（出店者B）。	【管理】設営・片付け
組み立て時間は短時間に行えることが最重要（出店者A）。	【管理】設営・片付け

5. 改良型のデザイン・制作

プロトタイプ型「まちなかテント」の試行的展開及び出店者へのヒアリングを踏まえ、地域組織、近隣商店主、建築家、大学間でその共有を行うほか、更なる改良に向けた議論も継続的に行われ、デザインの改良に向けたフィードバックが実施されている（写真3）。

小さな実践ではあるが、こうした協働による市民活動が生き生きとした景観づくりにつながり大手モールの個性を育んでいる。また、取り

写真3 まちなかテント（改良型）の全景

組みを通じて、地域・プレイヤーが自らのまちや暮らしの良さを再認識し、愛着や誇りにつながっていることからも、景観まちづくりのプロセスデザインの重要性に改めて気づかされる。

(2) 参加型ワークショップを通じたバナーフラッグのデザイン・制作

「1,000人のちからを合わせてオンリーワンのアートをつくろう！」をコンセプトとしたプロジェクトは「とやまの自然」をテーマに、ワークショップ参加者に切り絵を実施してもらい、高校生とデザイナーがそれらをコーディネートし、50人分の切り絵で1枚、計20枚のバナーフラッグに仕上げる取り組みであった。

イベント実施日に合わせてバナーフラッグをお披露目し、賑わいの場を楽しみ、自ら手掛けたバナーフラッグを探す光景も多く見られた。市民参加による景観づくりのプロセスデザインが自然体で織り込まれ、豊かな景観を一層引き立てた（写真4〜5、図4）。

写真4 切り絵ワークショップ

写真5　完成したバナーフラッグが掲げられる大手モール

図4　切り絵を統合して制作したバナーフラッグの一例

3　市民主導型景観まちづくり

(1) 呉服店店主が仕掛ける取り組み

大手モール広場で2週間に1回開催される「大手モールbar」は沿道で呉服店を営む店主による取り組みである（写真6）。今ではリピーターに加え、仕事帰りの人や観光客も足を止めるなど、非日常的なイベントとは異なり、緩やかに時間を過ごし、交流が育まれる日常の場が展開されており、大手モールでの新たな日常の豊かな景観を生み出す役割を担っている。

写真6　大手モールbar

(2) 美容師が仕掛ける取り組み

大手モール広場で開催される「シザーハンズムーンライト」は、大手モール沿道で美容室を営む店主による取り組みである（写真7）。ヘア

カットやメイクアップショーのパフォーマンス、アートイベントに加え、その場でお酒を飲み、食事をとり、交流を図りながらゆったりとした時間を過ごすことができる場づくりを行った。地元美容業界のPR、就職活動のきっかけに繋げたいという目的から始まり、新規雇用にも繋がっていると話す。まちの美容師が仕掛ける取り組みが、大手モールの景観に個性を添えた。

写真7　シザーハンズムーンライト

4　おわりに

本稿では、富山市中心市街地の大手モールを対象に、市民参画型・主導型景観まちづくりの取り組みについて概観した。

大手モールという空間は、市民の想いを包容するとともに、空間の可能性の気づきの連鎖が景観まちづくりの多様性や個性に帰結していると言える。また、景観まちづくりを涵養していくためには、そのプロセスデザインをいかに構築していくかということも重要な鍵となる。

【補　注】

(1)「まちなかテント」のデザイン・制作は、平成29年度富山大学学長裁量経費（地域活性化推進費）及び平成30年度富山大学学長裁量経費（地域活性化推進費）にて実施した。当時筆者は富山大学に在籍。

【引用・参考文献】

1) 富山市活力都市創造部都市計画課：富山市景観計画, p.7, 2015.
2) 阿久井康平・久保田善明・沼俊之・秋吉克彦・大澤寛：街路景観に資するまちなかテントの開発と富山市中心市街地トランジットモールでの試行的展開を通じた来訪者・利用者による評価, 第29回日本都市計画学会中部支部研究発表会論文・報告集, pp.63-66, 2018.

都市計画マスタープランの将来像実現に向けた地域マネジメント
—愛知県内の自治体の取り組みを事例に—

Local Management Policy and Measures towards Implementing Master Plan
-Cases in Aichi Prefecture-

吉 村 輝 彦　　日本福祉大学国際福祉開発学部
Teruhiko YOSHIMURA　　Faculty of International Welfare Development, Nihon Fukushi University

1　はじめに

「市町村の都市計画に関する基本的な方針（都市計画マスタープラン、以下、都市計画MP）」は、1992（平成4）年の都市計画法改正により創設され、30年近く経過した。この間、多くの自治体で計画の策定及び改定が行われている。都市計画運用方針[1] によれば、都市計画MPは、「住民に理解しやすい形であらかじめ中長期的な視点に立った都市の将来像を明確にし、その実現に向けての大きな道筋を明らかにしておくこと」という役割が期待されている。そして、都市計画MPの策定や改定では、自治体として社会の変化をどのように受け止め、未来を見据えて今後どのように取り組んでいくのかが計画文書の記載内容に映し出されている。こうした中、国レベルでは、都市のマネジメントに関わる議論が行われ、また、立地適正化計画制度が創設される等の動きがある一方で、地域では、エリアマネジメントやプレイスメイキング他多様な主体の取り組みが広がる等、地域のマネジメントのあり方への関心が高まっている。近年は、都市計画MPの意義や必要性に関する問題提起もされており、都市計画MPの果たす役割や地域マネジメントの位置づけを改めて問い直す必要がある。

そこで、愛知県内の自治体の取り組みを事例に、実際に策定（改定）された都市計画MPにおいて、地域マネジメントの視点からどのような記述がなされているのかの実態を俯瞰的に整理することを通して、都市計画MPにおける地域マネジメントの位置づけのあり方を見ていく。

2　地域づくりにおけるマネジメントの視点
(1) 国レベルでのマネジメントに関わる議論

社会資本整備審議会 都市計画・歴史的風土分科会 都市計画部会に設置された都市政策の基本的な課題と方向検討小委員会の報告[2] では、「豊かで活力ある持続可能な都市」を目指していくための都市政策の転換を、政策領域の拡大、空間的範囲の拡大、時間軸の拡大、多様な主体の参加と実践という4つの視点で整理している。そして、「財政制約が強まる中、今後は、都市経営（マネジメント）を効率化し、都市の「持続可能性」を確固たるものにするため、エコ・コンパクトシティの構築に向けた取り組みに都市の管理・経営の視点を盛り込むことが重要である」と指摘している。そのために、①エリアマネジメント等の取組支援を充実すべきであること、②施設の維持管理・更新に当たっては、民間事業者のノウハウを一層活用する方向で検討するとともに、ストックマネジメント手法の体系化を図るべきであること、③将来都市像を、予測される社会経済状況の変化に予め対応したものとして戦略を持って描き、また、策定後の変化にも柔軟に対応して見直しながら、それに沿って「選択と集中」を徹底すべきであること、を挙げている。

その後、社会資本整備審議会 都市計画・歴史的風土分科会 都市計画部会 都市計画制度小委員会において、都市計画MPと地区計画等を基軸にした都市計画の運営について議論が行われた[1]。

さらに、新たな時代の都市マネジメント小委員会による「新たな時代の都市マネジメントはいかにあるべきか（中間とりまとめ）」[3] では、都市マネジメントを、都市全体から地域・街区、

個々の施設に至る広狭様々な都市空間について、それぞれのレベルで幅広い関係者の総力を結集して、整備、管理運営等を行い、効率的・効果的に都市機能を高めていく営みとして捉えている。ここでは、計画整備、管理運営等に至る一連の時間軸や民間施設を含めた都市空間の総合的形成に加え、「民」の実力・知見の最大限の発揮という視点を意識している。そして、対象とする空間概念や時間軸を拡張する「一連の時間軸やトータルでの都市空間の形成を意識したマネジメントの推進」及び対象とするまちづくりの担い手（主体）を拡張する「地域を運営する主体との協働」の両側面から方向性を示している。

こうした議論を踏まえると、都市計画MPにおいて、集約型都市構造やコンパクトシティ等のビジョンや将来像を実現するために、マネジメントの視点から、何らかの目標、方針や具体的な方策を位置づけていくことが重要になってきていると捉えることができる。

（2）都市計画MPに見る地域マネジメントの射程

こうした動向を踏まえてか、全国的には、いくつかの自治体の都市計画MPにおいて、地域マネジメントに関わる記述が見られる。これら事例を見ていくと、地域マネジメントの射程は、いくつかに分類することができる。まず、財政的観点から、公共施設や公共空間他の適切な維持管理、施設の再編・総量の適正化、計画的で、効率的な修繕・更新によるインフラ施設の機能確保等コストの削減を通した効率化による持続可能な都市経営を意識したコストマネジメントがある。また、空き家や空き地も含めて既存ストックの活用等の資源を最適化していくストックマネジメントがある。一方で、暮らしに身近な地域や地区単位でのまちづくり構想や方針、そして、エリアマネジメントやプレイスメイキング（公共的空間の利活用等）も含めて、今ある資源を利活用しながら、地域の価値を高めていく、あるいは、暮らしを豊かにしていく地域や地区のマネジメントがある。また、ビジョン実現のための組織や体制のあり方としてのプラットフォームマネジメント（多様な主体の協働や官民連携を含めて）がある。さらに、従来から行われていた計画の進行管理に加えて、不確

実な時代における将来像（ビジョン）とそれに基づく柔軟で機動的な対応を含めたプロセスマネジメントがある。

3　愛知県内の自治体の都市計画MPに見る地域マネジメントの位置づけ

愛知県内では、この数年、多くの自治体が都市計画MPの策定（改定）に取り組んでいる。社会の変化への対応の必要性の認識は見られるが、マネジメントへの関心は、自治体によって温度差がある。自治体の中には、都市計画MPで、地域マネジメントに関わる方針や取り組みが位置づけられているが、その記載内容は大きく異なる。

人口減少、少子高齢化、厳しい行財政状況を背景に、公共施設やインフラの老朽化等に伴う効率的な修繕や更新、必要な公共サービスの維持や施設の配置や総量の適正化（再編や再配置、長寿命化等により）、そして、都市運営コストの削減に言及する自治体は多い（コストマネジメントやストックマネジメント）。また、参加や協働やPDCAサイクルによる進行管理に触れる自治体も多い。一方で、エリアマネジメントや公共空間の利活用等マネジメントを意識した近年の動きを積極的に捉えている自治体は少ない。

「都市運営」という視点を導入している自治体もあるが、その射程は限定的であり、また、都市づくりの目標の一つに位置づけられていることにとどまり、具体的な方針にまでは言及されていない。計画の推進や実現に関わる実現化方策を示す自治体もあるが、マネジメントの視点を踏まえたこれからを見据えた取り組みへの言及は少ない。

愛知県内の各自治体の都市計画MP及びその策定経緯を俯瞰的に見ると、行政（特に、担当部署や職員）が、都市計画MPをどのように捉え、どのような想いをもって策定しているのか、専門家の役割や人選も含めてどのような策定体制を構築しているのか、策定支援業務を受託する事業者をどのように位置づけているのかによって、都市計画MPへの記載内容が異なっている。

4　愛知県内の先駆的な取り組みに見る地域マネジメントの射程

　ここでは、愛知県内の自治体の中でも先駆的な取り組みとして、名古屋市、安城市、長久手市の事例を取り上げ、地域マネジメントに関わり、どのような方針や方向性を持っているのかを見ていく。

(1) 名古屋市都市計画マスタープラン

　名古屋市[4] では、行政主導の「戦略的まちづくり」の展開に対して、地域主導の「地域まちづくり」が位置づけられた。2012（平成24）年度から制度が本格運用され、2017（平成29）年度からは支援内容が拡充された。マネジメントの視点を意識し、地域まちづくりのプロセスを全体として示し、まちづくり団体に対して組織や活動の成長を促し、合わせて、段階や成長に応じた支援をしていく仕組みとなった。改定された都市計画MP[5] では、「6章 地域まちづくりの推進」において、改めて、「地域まちづくり」及び拡充された支援内容が位置づけられることになった。また、「地域まちづくりのイメージ」が新たに示され、直線的ではなく、往還的な、あるいは、循環的な地域まちづくりのあり方が示されている。

(2) 第三次安城市都市計画マスタープラン

　安城市[6] では、全体構想において、都市づくりの目標の一つとして、「みんなでまちをつかう！ 市民とともに育む持続可能な都市づくり」を挙げている。そして、分野別方針として、「市民とともにつくり・つかう協創の方針」が位置づけられている。それをさらに詳細化したのが、「第5章 本計画の運用」である。ここでは、都市計画MPを柔軟で機動的な進行管理を行うこととし、合わせて、「新しいまちづくり」の考え方を導入している。また、「市民とともにつくり・つかう協創のまちづくり戦略」を位置づけ、協創のまちづくりの基本的枠組み・流れを示している（図1参照）。

　「新しいまちづくり」は、「まちの課題解決に向けて、『いかにまちをつくり・つかうのか』を共有、実践していく必要がある」とし、「刻一刻と変わりゆくまちの課題へ柔軟に対応できるしくみであるべき」であり、「まず行動することで

事業とまちとの相性を検証し、反応を踏まえ、よりまちに合った計画検討（まちづくりプランの共有）を行うなど、一般的なPDCAよりもより機動的となるよう『不断の見直し』によってまちづくりを進めていく」としている。PDCAサイクルだけではなく、OODAループを意識した循環的なプロセスが想定されている。

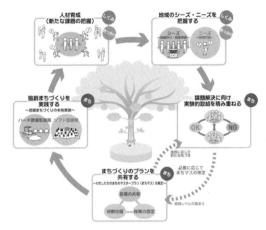

図1　協創のまちづくりの基本的枠組み・流れ
出典：安城市（2019.2）「第三次安城市都市計画マスタープラン」

(3) 長久手市都市計画マスタープラン

　長久手市[7] では、全体構想において、基本的な考え方として、「公共施設や公共空間の利活用による楽しみ、くつろげる場の創出に係る活動の継続により、市民協働の土壌が育まれるまちを目指す」を挙げ、都市運営の考え方を導入している。そして、その推進のために、分野別の方針の一つとして、「都市運営の方針」が位置づけられ、「使い方を考慮した都市施設の整備」、「既存施設の利用率の向上や新たな使い方の検討」、「市民による地域課題の解決方法の検討」、「民間活力の活用方策の検討」を示している。さらに、「第4章 計画の実現に向けて」では、「市民協働によるまちづくりの推進方針」を挙げ、行政と市民との協働によるまちづくりに関する課題解決の取り組みのあり方を示している（図2参照）。これは、行政と市民との協働による取り組みが、必ずしも直線的ではない、往還的なプロセスが想定されており、取り組み経験の積み重ねがエリアマネジメントにつながっていくことがイメージされている。

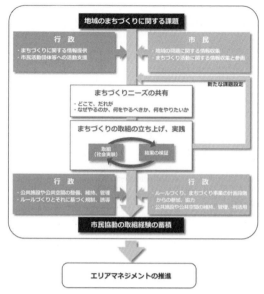

図2　市民との協働によるまちづくりに関する取組のあり方

出典：長久手市（2020.3）「長久手市都市計画マスタープラン」

（4）先駆的な取り組みの背景

　名古屋市、安城市、長久手市の事例を見ていくと、地域マネジメントの視点から、都市計画MPにそれぞれ独自の内容を位置づけている。この背景として、行政が、制度的な要請として、あるいは、社会の変化への対応として都市計画MPの改定を進めていくということだけではなく、これからのまちづくりのあり方をどのように構想し（マネジメントの視点も含めて）、都市計画MPをツールとしてどのように位置づけ、そのために、都市計画MPをどのような内容にしていくのかについての姿勢が大きく関わっている。

5　まとめ

　愛知県内の自治体の取り組みを見ていくと、近年のマネジメントへの関心は、必ずしも都市計画MPに位置づけていくということにつながっていないのが実情である。持続可能な都市経営（運営）という言葉も使われるが、地域マネジメント（都市経営や都市運営を含めて）の捉え方は様々であり、自治体によって異なる。地域マネジメントを、ポジティブな事象から捉える場合（地域価値の向上や多様な主体の協働によ

る社会的創発のためのマネジメント）とネガティブな事象から捉える場合（都市運営コストの削減による効率的な経営や運営）が見られる。そんな中で、今後のまちづくりを見据えて積極的に位置づけている自治体も見られる。

　都市計画MPが、土地利用や都市構造を中心に、将来像、そして、全体構想や地域別構想を提示していく役割を担うのか、あるいは、今後のまちづくりが、新たに「つくる」から、あるものを「つかう」「いかす」方向になっていくことを見据え、多様な主体により共有される将来像を示しつつ、地域や地区レベルのまちづくりをどのように展開していくのか、小さな取り組みからどのように広げていくのか、まちづくりのプロセスを状況に応じてどのようにマネジメントしていくのか等マネジメントの視点を踏まえた指針的な役割を担っていくべきか、都市計画MPの役割や地域マネジメントの位置づけを含めた議論を多様な主体で深めていく必要がある。

【謝　辞】

　本研究は、JSPS科学研究費18K02083の助成を受けたものである。

【補　注】

(1) 例えば、2010年12月10日に開催された第9回都市計画制度小委員会で議論されている。「（資料2）都市計画制度体系の見直しの方向性（全体的枠組）の検討(その2)」

【引用・参考文献】

1) 国土交通省(2018.11)「都市計画運用指針第10版」
2) 都市政策の基本的な課題と方向検討小委員会(2009.6)「都市政策の基本的な課題と方向検討小委員会報告」
3) 新たな時代の都市マネジメント小委員会(2015.8)「新たな時代の都市マネジメントはいかにあるべきか(中間とりまとめ)」
4) 名古屋市(2011.12)「名古屋市都市計画マスタープラン」
5) 名古屋市(2020.6)「名古屋市都市計画マスタープラン 2030」
6) 安城市(2019.2)「第三次安城市都市計画マスタープラン」
7) 長久手市(2020.3)「長久手市都市計画マスタープラン」

大規模地震災害への備えとしての共助力向上の考え方及びその計画支援技術について

A concept of improving mutual assistance ability and planning support technology for a large-scale earthquake disaster

辛 島 一 樹　　豊橋技術科学大学建築・都市システム学系
Kazuki KARASHIMA　Department of Architecture and Civil Engineering,
Toyohashi University of Technology

1　はじめに

持続可能な都市の実現を検討する際、長期的人口減少・超高齢化社会の対応策としたコンパクトな都市構造の形成促進は重要である。加えて、自然災害リスクの高い日本において、自然災害による被害の軽減を考慮したコンパクト化が重要になる。特に、過去の大震災の経験から、南海トラフ巨大地震の発生により甚大な被害の発生が危惧されるエリアを抱える自治体は、その備えが求められる。立地適正化計画の運用指針では、災害リスクの程度に応じて居住誘導区域に含まれないこととすべき区域や慎重に判断を行うことが望ましい区域が示されている。そのため自治体は、区域設定の際に災害リスクを考慮することが求められている。しかし、筆者はそれだけでは不十分であると考えている。大規模地震が発生すると、同時多発的に救助や避難支援を必要とする住民が発生し、公助のみではとても対応できない状況に陥り、人的被害の増加を引き起こす。そのような人的被害の軽減を図るためにも、住民間の共助活動が重要であり、地区の共助能力を高める必要があると考える。そのためにも、共助活動の担い手の確保が重要であり、若年世帯の居住誘導は効果的であると考える。

以上を踏まえ、本稿では、モデル地区での実践を通して、地域の共助力向上の検討手法を説明し、共助力向上の考え方及びその計画支援技術を紹介する。加えて、共助力向上の視点からコンパクトな都市構造の重要性に触れる。

2　共助力の考え方

本稿での共助活動では主に、①高齢化による身体機能の低下や障害等により、発災時に一人では避難できない住民を、周囲の住民が支援して一緒に避難する行動と、②地震により建物倒壊が発生し瓦礫に巻き込まれ身動きが取れない住民が発生し、それに気づいた周囲の住民が、安全を確保しつつ無理のない範囲で積極的に行う救出活動、この2つの活動を想定する。また、このように避難支援や救出を求める住民を要援護者と呼ぶ。

共助力の低いエリアを把握するため、都市レベルの範囲で定量的な評価が可能なGISによる共助力評価ツールを筆者らの研究室で開発してきた（図1）。この評価技術では、地域住民の数、各々の性別、年代を基に、表1 [1] に従い体力と実施率、活動率[1]をかけ合わせ、大規模地震災害発生時の救助活動の期待値[2]を算出する。その後、距離による重み付けを行い、建物単位での共助力を算出する。共助力が1以下の建物は、要援護者がその建物内に1名滞在している場合や建物倒壊により発生した瓦礫に1名巻きこまれてしまった場合に、周囲からの十分な共助が期待できない可能性が高いことを示す[1]、[2]。

図1　共助力評価ツールの評価結果のイメージ

表1　年齢性別による救助到達人数（文献3より引用）

年代	実施率	男子体力	男子活動率	男子期待値	女子体力	女子活動率	女子期待値
10	0.228	1	0.76	0.1733	0.85	0.24	0.0465
20	0.228	1	0.76	0.1733	0.76	0.24	0.0416
30	0.229	0.96	0.72	0.1583	0.76	0.28	0.0487
40	0.298	0.93	0.72	0.1995	0.73	0.28	0.0609
50	0.228	0.9	0.63	0.1293	0.72	0.37	0.0607
60	0.191	0.84	0.74	0.1187	0.7	0.26	0.0348
70~	0.129	0.78	0.75	0.0755	0.65	0.25	0.021

3　モデル地区での共助力評価

(1) モデル地区の概要

モデル地区は豊川市の牛久保地区内に位置する牛久保八区（以下、牛八地区）とした。牛久保地区は、2014（平成26）年度に豊川市と筆者らの研究室との協働で実施した、豊川市内での地震災害リスクの高い地区の評価・抽出作業の結果、抽出された6地区のうちの1地区である。その結果を受けて、2015（平成27）年度から密集市街地整備も視野に入れた地区全体の具体的な防災取り組みを始めた地区である。牛八地区は、その牛久保地区を構成する自治会の1つで、防災に対する意識が非常に高く、10年以上前から積極的に事前防災取り組みを継続している。

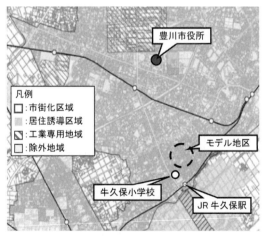

図2　モデル地域の立地状況
（豊川市立地適正化計画を基に筆者作成）

また、JR牛久保駅からの徒歩圏でもあり、豊川市の立地適正化計画に定められた居住誘導区域に含まれている（図2）。

(2) データ収集

まず、共助力の評価のために必要な情報を得るために、地区の全世帯に対してアンケートを実施した。町内会加入世帯へは町内会役員の協力を経て配布・回収を実施した。町内会未加入世帯には、各世帯の郵便受けへ直接配布し、郵送にて回収した。回収率はそれぞれ97%（128/132）、14%（7/50）となった。項目は、世帯構成人数、性別、年代、要援護者に該当する方の人数とした。

(3) 評価結果

評価の際、基本としては救助期待値を算出し、距離による重み付けを行い、建物単位での評価を行うとしている。しかし今回は牛八地区という比較的狭い範囲であること、班単位でのコミュニティの結びつきが強く、まずは班単位での避難支援や安否確認の初期対応を想定していること、班は狭い範囲かつコミュニティが強いため、共助活動への積極的な参加が見込め、距離による制約は小さいと考えられるため、距離による重み付けは行なわず、班単位で評価を行うこととした。表2に班単位での要援護者数及び救助期待値（共助力）、共助力から要援護者数を考慮した差分の値を示す。各項目の詳細は以下のとおりである。

① 高齢者、障害者、乳幼児等の、災害時に自力で避難することが困難な住民を指す。

② ①の人数のうち、10歳未満の子供の人数。

③ 共助力が1以上で1人、2以上で2人の要援護者を支援できるという意味を持つ数値。

表2　モデル地区での要援護者数と共助力の評価結果（班単位での数値）

数値項目	班																
	1	2	3	4	5	6	7	8	9	10	11	12	13	14	15	全体
①:要援護者数	6	2	6	1	1	3	2	0	3	5	6	5	2	3	2	47
②:①内の10歳未満	0	0	2	0	0	1	2	0	0	1	3	2	0	1	2	14
③:救助期待値（共助力）	1.333	0.984	3.033	1.654	2.827	1.319	0.467	1.351	2.529	2.218	2.404	3.451	1.221	2.345	3.041	30.179
④:共助力の過不足（③-①）	-4.667	-1.016	-2.967	0.654	1.827	-1.681	-1.533	1.351	-0.471	-2.782	-3.596	-1.549	-0.779	-0.655	1.041	-16.821
⑤:共助力の過不足（③-①+②）	-4.667	-1.016	-0.967	0.654	1.827	-0.681	0.467	1.351	-0.471	-1.782	-0.596	0.451	-0.779	0.345	3.041	-2.821

図3 モデル地区での共助力の評価結果（マップ）

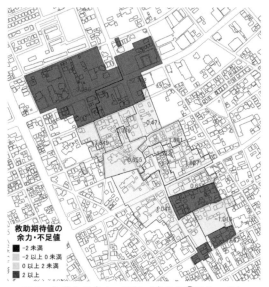

図4 共助力の余力・不足（表2の④のケース）

④ 共助力から要援護者数を引いた数値。－（マイナス）が不足分を示す。

⑤ ①の要援護者数から②の10歳未満の方を除いた数値を、③の共助力から引いた数値。

　併せて、図3に共助力（表2の③に該当）の評価結果を示す。これにより、班単位で、どの班がどの程度の共助力を有しているのか確認できる。更に、図4に班単位での共助力から要援護者数を除いた結果（④に該当）を示す。その結果、要援護者に対し、共助力が不足する班が73%（15班中11班）と高い割合であることが確認できる。アンケートでは10歳未満の方を要援護者と回答した票が多かった。しかし、乳幼児であれば大人1人で抱えることができる、それ以上の年齢であれば歩けるので大人1人が手を繋いで誘導することができることが多いと考えられる。そのため大人の要援護者より対応が容易であると考えられるため、要援護者から10歳未満の方を除いた場合も検討することとした（図5、⑤に該当）。

　その結果、当然ではあるが、要援護者に対し、共助力が不足する班が60%（15班中9班）と少し減少することが確認できる。また、モデル地区全体でも、要援護者の数に対して共助力が不足することが確認できる。

図5 共助力の余力・不足（表2の⑤のケース）

(4) 共助力向上のための検討

　これらの結果を用いて、モデル地区の範囲を対象とした地区防災計画(3)の作成を実施した。その内容の1つとして、共助力向上のための共助活動の体制とその他の対策について検討を行った。その結果、以下のような意見が住民から挙げられた。

・地区全体として高齢化が進んでいるため要援護者に該当する住民が多く、班単位では求められる共助活動に対応できないことが予想される。

・現在の班の構成は世帯数にばらつきがある。世帯数の差が少なくなるよう班の構成を検討する必要があるのではないか。

・共助力が不足する班と余力のある周辺の班との協力体制構築、牛八地区周辺の他地区との協力体制の構築が必要ではないか。

・協力体制を他地区まで広げるにも限界がある。地区内の共助力を高める対策も必要ではないか。

・町内会未加入世帯の活用や、今回実施したアンケートを継続し、要援護者の把握と支援する体制を検討する機会は重要。

・若年世帯の転入を増やすことはできないか。牛久保地区は立地適正化計画の居住誘導区域に含まれている。JRの駅も近い。小学校も近く子育て世代には適した場所の1つだと考えられる。

　以上のような意見を整理し、最終的には地区防災計画内に、要援護者支援策として、牛八地区周辺の他地区との協力体制の構築を図っていくこが示された。長期的には、若年世帯の転入も図りたいと方針が出された。

　また、共助力評価ツールを用いることで、住民から意見を引き出し、具体的な計画内容の検討を促すことに寄与できたと考えられる。

4　居住誘導による共助力の向上の可能性

　さて、これまでに述べたような、マンパワーをベースとした共助力向上の視点で考えると、共助力の低いエリアへの子育て世代など若年世帯の居住誘導が進めば、そのエリアでは共助力が高まると考えられる。方法としては、例えば豊川市では、都市機能誘導区域への転入者に対して家屋と土地の固定資産税相当額を最大3年間補助する、子育て奨励金（中学生以下、101万円/1人、1回限り）を給付するといった「まちなか居住補助金」を運用しているが、このような制度を居住誘導区域内で共助力の向上が求められる地域にも適用するなどの方法により、戦略的に若年世帯の誘導を図るなども考えられる。市外や誘導区域外、災害想定区域からの転入を対象にすると、コンパクトかつ災害リスクの軽減につながる市街地の形成、モデル地区のような災害リスクの高い密集市街地の改善に繋がる可能性も含んでいる。

5　おわりに

　本稿では共助力向上の視点を持つコンパクトな都市構造の重要性に触れた。モデル地区の例のように、居住誘導区域に設定された市街地には共助力の低いエリアが潜んでいる。そのようなエリアに、共助活動の際に期待できる若年世帯の誘導が進めば、地区の共助力の向上に繋がる。それはコンパクトな市街地形成の促進と併せて、発災時の人的被害の軽減にも繋がる。その観点からも、立地適正化計画による居住誘導が進むことを期待している。また、計画的な誘導を検討するためにも、本稿で示したような、地域の共助力の定量的評価が可能な技術の活用が必要である。

【謝　辞】

　本研究は、科学研究費助成事業を活用して行いました。（課題番号：15K18177）記して感謝いたします。

【補　注】

(1) 体力：10代及び20代の男性を1とした際の各年代・性別ごとの体力。
　　実施率：阪神淡路大震災での救助活動実施率。
　　活動率：日常の活動度合いを考慮した、救助活動が可能な確率。

(2) 救助期待値が1を超えると人を1人救助することができる。

(3) 2014（平成26）年4月に施行された、市町村内の一定の地区の居住者及び事業者（地区居住者等）が行う自発的な防災活動に関する防災計画を策定する「地区防災計画制度」が示す計画を指す。

【引用・参考文献】

1) Kazuki KARASHIMA, and Akira OHGAI, "An Evacuation Simulator for Exploring Mutual Assistance Activities in Neighborhood Community for Earthquake Disaster Mitigation", International Review for Spatial Planning and Sustainable Development, Vol.6 No.1, pp18-31, 2018

2) 辛島一樹、椋代大暉、大貝彰，"共助を考慮した防災取組み検討支援のためのマルチエージェント避難行動シミュレータの試験的開発　その2"，2015年度日本建築学会大会，pp247-248，2015年

3) 東京消防庁，「東京都第16期火災予防審議会答申地震時における人口密集地域の災害危機要因の解明と消防対策について」，2005年

大規模自然災害後の災害復興対応型木造住宅計画の提案
―木造応急仮設住宅の継続利用―

Proposal of Wooden Housing Plan for Disaster Recovery after Large-Scale Natural Disaster

浅 野　聡　　三重大学大学院工学研究科建築学専攻
Satoshi ASANO　　Graduate School of Engineering, Mie University

1　はじめに

近年、大規模自然災害の発生後に建設型応急仮設住宅（以下、建設仮設と略す。）が供給される事例が増えてきているが、東日本大震災以降は、従来のプレハブ仮設ではなく木造仮設が供給され始めていることが特徴である。

木造仮設は、従来のプレハブ仮設と比較して、近年の自然災害の大規模化に伴い利用期間の長期化が進む中で、木質の暖かみのある快適な居住環境を提供できること、地元の建設事業者の協力や地場の木材の活用を通じて地域経済の活性化に貢献できること、供与終了後に使い捨てとせずに災害公営住宅等として継続利用することが可能であること、等のメリットがある。

本稿では、南海トラフ巨大地震等の大規模自然災害に備える事前復興まちづくりの視点から、大量に必要となる建設仮設への事前準備として、木造仮設を供与終了後に恒久住宅（災害公営住宅等）として計画的に継続利用するための災害復興対応型木造住宅計画を提案する。なお、継続利用の期間は、建設仮設としての供与期間として2〜10年、恒久住宅として木造の公営住宅の耐用年限（公営住宅法施行令第13条）に準じて30年、合計して32〜40年程度と考えることとする。

2　建設仮設の使い捨てから継続利用へ

国内では、1995（平成7）年の阪神淡路大震災において大量の建設仮設の供給を経験することとなり、東日本大震災においても同様であったが、前述の通り、木造仮設が大量に供給されたことが特徴の1つである。東北の被災地における建設仮設の全供給戸数（53,194戸）の中の約25.1%（13,335戸）が木造仮設であった。

特に福島県では、一般社団法人プレハブ建築協会による建設仮設だけでは約4,000戸の不足が見込まれたために、地元工務店等の協力を得て大量の木造仮設が供給された。最終的には、189団地にて16,800戸の建設仮設が供給され、この中で木造仮設は113団地にて7,953戸となり、建設仮設の約47.4%を占めるに至った。

その後、震災復興が進み建設仮設の供与期間が終了して撤去するにあたり、大量の廃棄物の発生と処分費用の軽減が行政課題となった。検討の結果、木造仮設をできるだけ再利用し、被災者への恒久住宅や震災復興に寄与する施設として活用し、同時に環境負荷の軽減を両立する方針となった。

この方針のもとで実施された取り組みが、木造仮設を解体した後に部材を再利用して災害公営住宅として建設した会津若松市の県営城北団地（以下、城北団地と略す。）である。これは、木造仮設を恒久住宅（災害公営住宅）として本格的に継続利用した初の試みとして注目されている。

その後の熊本地震の震災復興では、熊本県宇土市の境目団地にて、城北団地とは異なり、大きな仕様の変更等を行わずに市の単独住宅として継続利用するという新しい事例も生まれている。

3　建設仮設の関連制度上の位置づけ

建設仮設は、災害救助法にもとづいて供与されるが、あくまで応急的に存続期間を限定して認める建築物であり、日常時の恒久的な建築物とは、関連制度上の位置づけが異なっている。恒久的な建築物との主な相違点は、①供与に関する基準が設定されていること、②建築基準に対する制限緩和（適用除外）があること、等である。

供与に関する基準は、災害救助法施行令第3条第1項及び第5条にもとづいて「災害救助法の救助の程度、方法及び期間並びに実費弁償の基準」（内閣府告示第228号）として規定されている。この実費弁償の基準は、公有地の利用、一戸あたりの設置費用の限度、集会施設等の設置、福祉住宅の設置、設置時期、供与期間等に関してである。供与期間は、実費弁償の基準と建築基準法第85条第3項にもとづいて2年3か月とされているが、「特定非常災害」（異常かつ激甚な非常災害）に指定された場合は、特定行政庁の許可を受けて1年ごとに延長が可能である。近年では、阪神・淡路大震災、新潟県中越地震、東日本大震災、熊本地震等において延長されている。

建築基準に対する制限緩和（適用除外）は、建築基準法第85条第2項において規定されている。通常、恒久的な建築物は同法に基づき、特定行政庁等による手続き（建築確認、完了検査、定期報告等）を通じて、建築基準（単体規定・集団規定等）への適合について審査が行われる。しかしながら、建設仮設では、これらの手続きが不要になるとともに、建築基準への適合については、一部の単体規定（構造耐力、採光、換気等）を除いて適用除外となる。

以上のように、建設仮設は応急的な建築物として位置づけられていることから、継続利用を図る上では、供与終了後に合法的に恒久的な建築物となるように対応することが必要となる。

4　新しい展開としての木造仮設の継続利用

(1) 災害公営住宅としての継続利用事例（福島県会津若松市：県営城北団地）

城北団地は、2011（平成23）年9月に福島県会津若松市において供与された木造仮設を、供与終了後に解体した後に部材を再利用し、県営災害公営住宅として継続利用している事例である。

城北団地（建設仮設時の団地名称：城北小学校北応急仮設住宅地区）は、会津若松駅から近く既存市街地内の生活上の利便性の高い場所に位置しており、プレハブ仮設（18戸）と木造仮設（36戸）の両者が供給された。木造仮設は、設計者の筑波大学教授（当時）の安藤邦廣氏の提案により、板倉工法が用いられたことが特徴

である。板倉工法は日本の伝統工法であり、柱と柱の間に厚板の壁を落とし込むことにより金具類を極力使用しないことが可能となり、部材を傷めずに解体して再利用できるという特徴を持っていた。ただし、当初は、具体的な継続利用は計画されていなかった。

その後、震災復興事業の進展とともに、2014（平成26）年度以降、一部の建設仮設の供与が終了し撤去が始まっていたが、前述の通り、福島県では、撤去後の木造仮設を有効活用する方針を決定し、「福島県応急仮設住宅の再利用に関する手引き」を公表するとともに、県営城北団地の建設等に取り組むこととなった。城北団地は、建設仮設時には民有地を活用して建設されていたために、供与終了後は撤去して原状回復する予定であったが、その後、用地が福島県に無償提供されたことから、継続利用が可能となった。

継続利用するにあたり、建築基準と公営住宅等整備基準に適合させるために、木杭基礎をRC基礎に変更するとともに、傷んだ部材の新材への交換や新しい平面計画の採用に伴い使用しなくなった壁材や柱材の発生等により、部材の再利用率は約67％となった。2016（平成28）年8月に災害公営住宅としての供給が始まり、新築の5棟10戸が敷地北側に、木造仮設を災害公営住宅に継続利用した16棟20戸が敷地南側に配置され、計21棟30戸となっている。（写真1）

写真1　県営城北団地（福島県会津市）

(2) 単独住宅としての継続利用事例（熊本県宇土市：境目団地）

境目団地は、2016（平成28）年10月から11月にかけて熊本県宇土市において供与された木造仮

設を、供与終了後に仕様の変更を伴わずに宇土市営単独住宅条例に基づいて管理する単独住宅として継続利用している事例である。（熊本県の木造仮設については、「熊本地震仮設住宅はじめて物語」（一般社団法人熊本県建築住宅センター）に詳しい。）

　熊本県では、発災直後に約2,800戸の仮設住宅（建設仮設、みなし仮設、公営住宅の一時入居等）が必要と想定し、この中で建設仮設は約1,000戸〜2,000戸と捉えていた。また、熊本地震の4年前の2012（平成24）年7月の熊本広域大水害後に、阿蘇市の建設仮設（48戸）を全て木造仮設とした経験をもとにして、熊本地震後も木造仮設を100戸程度は整備することを検討した。被災した市町村に意向を確認したところ、最初に着手した西原村で木造仮設50戸を供給することとなり、他の市町村からも木造仮設を希望する声が高まったことから、数多くの木造仮設が供給された。また、「くまもとアートポリス」のコミッショナーを務める建築家の伊東豊雄氏の助言をもとに、95棟の木造集会所（みんなの家）も供与されることとなった。最終的には、110団地にて4,303戸の建設仮設が供給され、この中で木造仮設は37団地にて683戸となり、建設仮設の約15.9％を占めるに至っている。

　境目団地（仮設住宅時の団地名称：境目第2仮設団地、同第3仮設団地）は、市有地にあり既に周囲に市営住宅が建設されており、建設仮設を供給しやすい状況にあった。全国木造建設事業協会により、第2仮設団地に14戸、第3仮設団地に12戸の計26戸の木造仮設が供給された。県内の全ての木造仮設は、在来工法を用いるとともにRC基礎を採用したことが特徴である。建設仮設では、通常は早急かつ人力での建設が可能である木杭基礎を用いることが多いが、熊本地震では度重なる余震が発生し、地盤が良好ではなかったこと等の理由で、内閣府との協議の上、RC基礎が採用されることとなった。熊本県では、RC基礎が構造的に継続利用に耐えうるという認識はあったが、当初は、具体的な継続利用は計画されていなかった。

　その後、熊本県では、木造仮設の継続利用の方針を立て、市町村に単独住宅（公営住宅法に

もとづかずに市町村の条例にもとづくもの）として無償譲渡を進める方針とした。

　宇土市では、市営災害公営住宅の入居可能世帯数に対して入居希望世帯数が上回ったことから、不足数を補うために木造仮設を市単独住宅として活用することとなった。境目団地では、当初から公有地に立地していたこと、RC基礎が採用されていたために解体等を伴う改修を行わずに継続利用が可能であること、市条例にもとづく単独住宅であり公営住宅等整備基準にもとづく総合的な住環境整備の必要性がないこと等から、平面計画や内装等を変更することなく、追加工事として住宅や土壌への防腐・防蟻処理を行う程度で、単独住宅として継続利用することが出来た。（写真2）

写真2　境目団地（熊本県宇土市）

5　災害復興対応型木造住宅計画の提案
(1) 継続利用を実現した2事例からの示唆

　この2事例からの示唆は、以下の通りである。

　第1に、城北団地は、初めて本格的に木造仮設を恒久住宅として継続利用し、使い捨てから継続利用へと転換する重要性を示したことである。

　第2に、境目団地は、度重なる余震の発生と地盤の悪さという理由から、熊本県が内閣府と協議し、通常の木杭基礎ではなく初めてRC基礎の採用を実現し、恒久住宅と同じ基礎とすることにより構造的に継続利用を可能としたことである。

　第3に、両者を比較すると、城北団地よりも境目団地の方が、継続利用の実現性や費用対効果が高いことが明らかとなったことである。その主なポイントは、RC基礎と単独住宅である。公

営住宅法にもとづく公営住宅として位置づけた城北団地では、公営住宅等整備基準と建築基準に適合させるために、木造仮設を一度解体し、住宅の基礎のやり直し、間取りや仕様の変更に伴う内部改修をはじめ、総合的な住環境整備（道路、集会所、公園）をする必要があり、結果的に新築と同等程度の建設費が必要となった。一方、市条例による単独住宅は柔軟な運用が可能であり、基礎や間取り等の変更はなく追加工事は小規模であり、多額な建設費を要さずに継続利用することが出来た。

なお、内閣府による「大規模自然災害時の被災者の住まいの確保策に関する検討会」においても、木造仮設の有効活用が指摘され、当初から住まいの長期化を想定して、建築基準に適合した住宅を建設仮設として供給することも選択肢の1つとして考えられることが示されている。

(2) 災害復興対応型木造住宅計画の基本フレーム

最後に今後の対応として、災害復興対応型木造住宅計画について提案する。（表1）

本計画は、従来は個別に策定されてきた応急仮設住宅計画と震災復興住宅計画を一本化するものであり、災害復興対応型木造住宅計画と名付けることとする。事前復興の視点から両者の一本化を検討することにより、大量の建設仮設の撤去に伴う災害廃棄物の発生と建設費の上昇を抑制し、迅速な住まいの復興の実現に資すると考えられる。

本計画の実施にあたり、まず日常時の体制づくりが重要である。福島県と熊本県では、震災前から地元建設業者を中心に木造住宅に関わるネットワークが構築され、行政と協定を締結する等の体制づくりが整っていたことが大きい。

本計画の基本フレームは、供与する恒久住宅の位置づけ、用地計画、住宅計画、住棟計画、共同施設計画等から構成される。供与終了後の恒久住宅を公営住宅とするか単独住宅とするかにより、住宅計画、住棟計画、共同施設計画の整備基準が異なるため、中長期的な視点のもとでその位置づけを検討することが必要である。また用地は、概ね32〜40年程度の継続利用を可能とすることが求められるとともに、コンパクト・プラス・ネットワーク型都市構造の視点から、

都市計画区域内では立地適正化計画との整合性（居住誘導区域等）をはかることが必要である。

実現に向けた課題は、木造仮設の継続利用を可能とする関連制度の運用や国庫補助の見直し等であり、今後は、建設仮設を使い捨てにせず継続利用することが進展、普及することが期待される。

表1 災害復興対応型木造住宅計画の基本フレーム

項目	内容
1.位置づけ	・本計画は、応急仮設住宅計画と震災復興住宅計画（災害公営住宅計画）等を一本化した計画として位置づける。
2.体制づくり	・地元建設業者を中心とした木造住宅のネットワークの構築と行政との協定等の締結による日常時の体制づくりを行う。
3.計画の基本フレーム	
①恒久住宅の位置づけ	・供与する恒久住宅として、公営住宅（公営住宅法）、単独住宅（市町村条例）の2つが考えられる。 ・公営住宅か単独住宅かにより、建設仮設時と恒久住宅時の住環境整備の基準が異なる。
②用地計画	・継続利用可能な公有地を基本とする。（民有地の活用も可とする。） ・都市計画区域内では、立地適正化計画との整合性（居住誘導区域内が望ましい）をはかる。
③住宅計画	・住宅の基礎は、恒久住宅と同様のRC基礎とする。 ・公営住宅の場合は、公営住宅等整備基準（国交省令第103号）と建築基準（建築基準法）を参酌する。 ・単独住宅の場合は、災害救助法による救助の程度、方法及び期間並びに実費弁償の基準（内閣府告示第228号）と建築基準を参酌する。
④住棟計画	・参酌する基準は、住宅計画と同様である。
⑤共同施設計画	・集会所、公園、通路等を整備する。

【謝　辞】

本研究を進めるにあたり、粟田悠斗君（当時三重大学大学院生、現株式会社オオバ）にはデータの収集と分析に、福島県、熊本県、宇土市の担当者の皆様には、アンケート調査等にご協力頂きました。また、本研究は、科学研究費助成事業（課題番号：18K04507）を活用して行いました。記して感謝いたします。

【引用・参考文献】

1) 福島県土木部建築住宅課(2016)：福島県応急仮設住宅の再利用に関する手引き

2) 一般社団法人熊本県建築住宅センター(2019)：熊本地震仮設住宅はじめて物語

3) 国土交通省中部地方整備局(2020)：広域巨大災害に備えた仮設期の住まいづくりガイドラインA編　建設型応急住宅編

4) 内閣府(2017)：大規模自然災害時における被災者の住まいの確保策に関する検討会（論点整理）

5) 浅野聡(2017)：生活復興を迅速に進めるために重要な暫定的な住まいづくり、『自然災害　減災・防災と復旧・復興への提言』、技報堂出版、pp. 173-194

6) 浅野聡(2019)：三重県における事前復興の取組み、『造景2019』、建築資料研究社、pp. 100-107

7) みえ応急仮設住宅ガイドライン研究会(2018)：応急仮設住宅ガイドライン-計画編-

都市と自動車の歴史から考える自動運転時代の都市計画

Urban planning in the era of autonomous vehicles from the viewpoint of the history on urban and automotive

西 堀　泰 英　　**公益財団法人豊田都市交通研究所**
Yasuhide NISHIHORI　　Toyota Transportation Research Institute

1　はじめに

　自動運転は、社会に様々なメリットをもたらすと期待されている。広く社会に普及・浸透すれば、私たちの生活だけでなく都市の姿も変える可能性がある。都市は、このような将来の状況を見通し、備えておくことが求められるが、市町村等の都市計画の現場で自動運転を考慮することは、現状では多くないものと想像している。自動運転がまだ都市計画に直接影響を及ぼしていないことや、都市計画にどう反映すべきかの手がかりがないことが背景にあると考える。

　政府の計画では、2020年(令和2年)は高速道路でのレベル3の自動運転[1]や限定領域での自動運転移動サービスの導入が位置づけられている。自動運転の導入は今後さらに加速していくと考えられる。一般的な都市計画マスタープラン（以下、MP）の目標年次である20年後には、状況が大きく変わっている可能性がある。現時点で自動運転が都市計画に及ぼす影響を想定することは容易ではないが、都市が自動車に対処してきた歴史は振り返ることができる。歴史に学ぶことで将来への示唆を得ることも期待できる。

　本稿では、自動運転を取り巻く現状を概観し、自動車と都市の歴史的な関係から、都市が自動車にどのように対処してきたのかを振り返る。それらを踏まえ、自動運転の普及により懸念される問題への対処法や、自動運転普及期における都市計画の対応について私見を述べる。

2　自動運転を取り巻く現状

(1) 自動運転への期待

　自動運転が注目される理由のひとつに、社会的な期待が挙げられる。社会的な期待としては、

交通事故削減、交通渋滞緩和、環境負荷低減、公共交通不便地域の移動手段確保、運転手不足解消、産業競争力強化などが挙げられる[2]。これらの期待から、国を挙げて自動運転の実現に向けた取り組みが進められている。

(2) 自動運転の導入に向けた動き

　日本における自動運転の導入に向けた目標や開発計画は、「官民ITS構想・ロードマップ」に示されており、その内容に沿って、全国各地で進められる自動運転の実証実験など様々な取り組みが進められている[3]。

　また、警察庁や国土交通省等により様々なガイドラインや基準の策定、法律改正等が進められ、自動運転の導入に必要となる制度的環境が整えられてきた。2020年(令和2年)4月には、自動運転車に求められる性能や作動状態記録装置、自動運転車であることを示すステッカーの貼付け等の安全基準が策定、施行されている。

　2020年代に入り、自動運転は実証段階から実用段階に移りつつあると言える。今後、実用段階に入った自動運転の普及が進むと考えられ、都市計画においてもそれに備えることが求められる。

3　都市と自動車の歴史的関係

　自動運転の普及に対して都市計画にどのような備えが求められるのかを考える際の参考とするため、都市と自動車の歴史的な関係を振り返る。

(1) 自動車の登場と急速な普及

　1885(明治18)年頃のガソリン自動車誕生後、1908(明治41)年にヘンリー・フォードが開発したT型フォードが登場したことで、自動車の大衆化が進んだ。自動車大衆化の波は世界中に広が

り、人々の生活様式を変えていった。

　その波は日本にも到来したが、自動車の普及初期においては、自動車は富裕階級の玩具であった。その後、関東大震災の復興時における活躍により、乗合バスやタクシー、ハイヤーなどの営業用車両から普及していった。自動車台数増加過程を日本帝国統計年鑑[1] から辿ると、1920(大正9)年から1934(昭和9)年の15年で約8,000台から約11万台（約14倍）に増加するという急激な伸びを示している。

(2) 自動車普及の視点からみた都市計画の変遷

　自動車の普及初期にあたる1900年代以降の近代都市計画における交通の考え方を概観する。

　1922(大正11)年に、ル・コルビュジエが発表した「300万人のための現代都市」は、高層ビルと立体的交通網で構成される都市を提案している。道路網は歩車分離がなされており、この頃からすでに自動車と歩行者の空間を分離する考え方が存在していたことが読み取れる。

　1924(大正13)年には、クラレンス・アーサー・ペリーが近隣住区論を発表した。交通面からみた特徴は、住区の外周に十分な幅員の幹線街路を配置して住区内への通過交通の進入を防ぐ考え方を取っていることである。

　1928(昭和3)年に整備されたラドバーンの特徴は、通過交通を排除するクルドサック（袋小路）の街路パターンにある。歩行者専用道路は車道と立体交差させて歩車分離を実現している。

　時代が下って1963(昭和38)年には、現在の都市交通計画分野で自動車交通への対応の基本的な考え方とされている英国政府による「ブキャナン・レポート」が発表された。道路の段階構成や、通過交通を排除する居住環境地区などの考え方が示されている。

　これらの考え方は、日本を含む世界中のニュータウンや、都市整備開発等に影響を与えた。

(3) 歩道からみた日本の街路・道路構造の歴史

　1919(大正8)年に旧都市計画法、旧道路法が交付され、同年に道路構造令、街路構造令が定められた。両構造令の違いのひとつに歩道の考え方がある。都市内の道路である街路に対しては総幅員に対する比率に応じた幅員の歩道を設けることとされていたが、都市間連絡を担う道路では歩車道分離の規定はなかった[2]。

　両構造令の併存による問題点を解消するため1958(昭和33)年に新道路構造令に一元化された。この頃（1956(昭和31)年）の自動車台数は150万台であり、1945(昭和20)年の約14万台から約10年で10倍に増加している[3]。

　新道路構造令に一元化された際、歩道幅員は2.25m以上と規定された。そして特別な理由によりやむを得ない箇所は1.5mに縮小できることができるとされた。背景には歩行者等が死亡する交通事故が多発したことがあり、たとえ1.5mであっても早く歩道を整備して安全を確保することが優先された[3]。急激な自動車の増加とそれに伴う交通事故リスクの増大に対して歩道幅員を縮小して整備を促進するという対処療法的な対応しか取り得なかったと考えられる。

(4) 日本の戦後の都市計画

　1968(昭和43)年に新都市計画法が制定された。自動車に関連する新法の特徴として、区域区分制の導入が挙げられる。爆発的な人口増加とモータリゼーションによって進行するスプロール等に対応するため、都市計画の物理的範囲として都市計画区域を定め、その中を市街化区域と市街化調整区域に区分することが定められた。

　しかしながら、モータリゼーションの進展は抑えられず、都市の低密郊外化はその後も進展していった。低密な郊外の広がりは現在でも十分に抑止できているとは言い難い。

　1992(平成5)年には都市計画法が改正され、市町村MPの策定が義務付けられた。それまでは都市の明確な将来像とそれに関する市民合意が不十分なまま、土地利用計画・規制、都市施設整備、市街地開発事業が個別的に展開されてきた[4]。個別の規制や事業に整合性を持たせるMPの策定によって、都市計画全体の調整が図られるようになった。

(5) 歴史から得られる示唆

　以上、都市と自動車の関係に焦点を当てて都市計画の歴史を概観してきた。それらから得られる示唆について考える。

　まず1つは、自動車の普及が急速に進んだことである。これは自動運転にも当てはまる可能性がある。自動車の普及が営業用車両から進んだ

点は、レベル4以上の自動運転車が移動サービス車両として想定されていることと整合する。100年前と比べて、技術開発やそれが社会に広がる速度は高まっている。自動運転の普及が急速に広がる可能性を考慮することが求められる。

次に、自動車交通の増加に対応した都市計画の考え方が提案され、それらの多くは現代の都市にも引き継がれていることである。ただし、歩車分離についてはその多くが同一道路断面内で歩道と車道の空間を分離する形で実現されている。自動車交通の円滑性や交通安全性はある程度担保されるが、まちの一体性や人々が集い憩う場の確保という点では満足できる状況ではない。特に自動車の急増に対処療法的にしか対応できないと、個別最適を達成できても全体最適を達成することは難しい。また、渋滞や交通事故は現在においても重要な交通問題である。

近隣住区論などの通過交通排除の考え方は、ニュータウン開発など計画的に開発された地区を中心に普及した。しかし、旧来からの市街地やスプロール市街地においては十分に浸透しているとは言い難い。既成市街地の小規模な作り替えや無計画な都市開発によって、理想的な都市をつくることは容易ではないと言える。

静岡県裾野市でトヨタ自動車が計画するWoven cityでは、先進技術を生かした理想的な都市形成がなされると期待されるが、それが既成市街地にまで浸透することは難しいかもしれない。

欧米では既成市街地で自動運転に対応した都市空間を提案する試みがある。中でもNACTO（全米都市交通担当者協会）が作成したBlueprint for Autonomous Urbanism[5]はご存知の方も多いだろう。これは街路空間を大胆に再整備する提案であり、近隣住区論のように都市計画の新たな概念となり得るだろう。

そして、区域区分の導入によって市街化を促進する地区と抑制する地区に区分されたが、開発が抑制されるはずの市街化調整区域でも多くの開発が行われてきた。制度を作るだけでなく適切に運用することが求められる。

また、都市計画MPは、個別に進められてきた規制や事業等に整合性を持たせるために位置づけられた。都市のビジョンを示し、都市全体を見渡した計画を策定することで都市計画の手法である規制や誘導、事業実施を調整する方法は、個別最適ではなく全体最適を実現するために重要であろう。

4　自動運転普及期に懸念される問題と対応

冒頭では自動運転には様々な社会的期待があることを述べたが、うまく付き合わないと様々な問題を引き起こしかねない。ここでは前章で得た示唆を踏まえて、自動運転普及期に懸念される問題と、それらへの対応の可能性について述べる。

(1) 都市構造：さらなる郊外化の進展の懸念

自動運転によって移動中に様々な活動（仕事や休息、娯楽など）ができるようになると、移動時間が長くても負担ではなくなる。その結果、ゆとりのある生活を求めて郊外に移り住む人が増えることも考えられる。都市の低密郊外化がさらに進むことが懸念される。

これに対しては、都市計画区域内であれば区域区分を一層厳格に運用することが求められる。都市計画区域外の地域への対応は別途考える必要があるだろう。

自動運転に対応した道路空間には、走行空間の確保や高精度3次元地図や磁気マーカー、電磁誘導線等を整備することが主流である。これらを都市計画施設として位置づけて整備を制御することや、市街化調整区域では面的な整備を抑制することも考えられる。

(2) 道路空間：交通量増加の懸念

普及進展による自動運転車の利用増加に加え、車内での過ごし方が多様化し、仕事や娯楽や休息などに使われると、道路空間の需要が増加する可能性がある。その結果、自動運転技術による車間距離短縮や車両小型化が実現しても交通渋滞が激化する懸念がある。車両1台あたりの事故リスクは低減しても台数や走行距離の増加により全体の事故リスクが増える懸念もある。

この問題には、例えば道路空間の使用量（時間的空間的な量）に対して課金し、需要を調整することが考えられる。こうした対策は一定程度普及が進んだ後では取りにくくなるため、戦略的に実施することが求められる。その機会を

失うと、対処療法的な対応しか取れなくなる恐れがある。

(3) 交通体系：公共交通衰退の懸念

自動運転の利用が増えると、鉄道やバスなどの公共交通利用がさらに減少する懸念がある。公共交通サービスが縮小や撤退することになれば、前節で指摘した問題が一層深刻化する。空間利用効率を考えれば、まとまった移動需要は、自動運転普及後においても一運行で自動車より多くの人を運べる公共交通が担うべきである。公共交通利用のメリットを高めるため、MaaS（Mobility as a Service）によって、様々な交通機関の乗継抵抗を下げ、端末交通手段も含めた一体的な交通網を形成し、ドアトゥドアの移動をシームレスに行える環境を実現することが求められる[4]。加えて、各交通手段のコストは、空間利用効率あるいは社会的費用に見合うよう調整することが考えられる。

(4) 生活道路：歩行者との交錯増加の懸念

生活道路における交通安全確保は現在でも重要な課題である。(2)で述べたように、自動運転利用とともに、事故リスクが増加しかねない。この問題に対しては、自動運転関連技術で解決すると期待できる。すなわち、生活道路が集積する居住環境地区に自動運転車が進入しない経路選択や、進入する場合に自動で速度を抑制する機能を付加することが考えられる。

自動運転に対応した道路空間として走行空間の確保の考え方があることは先に述べたが、そのために歩行空間が今より狭められることがないようにするべきである。

(5) 将来像の共有と柔軟な対応

都市計画全体を見渡し都市の将来像を示す都市計画MPの重要性はさらに高まるだろう。一般的に目標年次を20年後とすることが多いが、長期の目標やビジョンは堅持しつつ、短期的には臨機応変に対応することも重要だろう。

仮に計画や制度が時代に合わなくなった時、それらを見直して更新するならまだしも、形骸化されることは避けなければならない。

5　おわりに

以上、都市と自動車の歴史から考える自動運転時代の都市計画の対応について私見を述べた。自動車の普及過程では、先人たちは過去に学ぶべきものがなかったが、私たちは少なくとも自動車が都市に与えた影響を知っている。これらの知見を最大限に活かし、よりよい選択が行われることを期待したい。

なお、限られた紙面の中で説明や記述を割愛した内容が多くある。ご了承をお願いしたい。また、本稿では私見を述べたが、筆者の誤解や誤りがあった場合は、それらは全て筆者の責任に帰するものである。

【補　注】

(1)　自動運転のレベルは1〜5の5段階で分類され、レベル3は条件付自動運転でありシステムの要求に対してドライバーが運転に介入することが求められる。レベル4は特定の走行環境条件下でシステムがすべての運転を行う。レベル5は条件なくシステムがすべての運転を行う。

(2)　これらの期待は自動運転だけでなく、CASE（Connected, Autonomous, Sharing service, Electric）でもたらされる。本稿での自動運転は、CASEの概念を含むものとする。

(3)　詳細は関係省庁の資料に譲るが、これまでに地方部の道の駅、ニュータウン、ラストマイル、トラック隊列走行等の国主導の実証実験が多数進められている。その他にも、自治体、民間、大学の主導で数多くの様々な実験が進められている。

(4)　MaaSはソフト施策が主であるが、それに合わせてハード面の改善や、まちづくりとの連携を合わせて行うことも重要である。

【引用・参考文献】

1)　内閣統計局編：日本帝国年鑑，第39回〜第53回，1926〜1934.

2)　菊池雅彦ら：街路構造令改正案を中心とした混合交通の実態と構造令に基づく幅員構成の展開—分離か混合か—、土木学会論文集D3（土木計画学）、Vol.72, No.5, I_889-I_901, 2016.

3)　矢島隆：街路構造令の思想とこれからの都市空間づくり、都市と交通、Vol.116, 2019.

4)　中島直人ら：都市計画学、学芸出版社、2018.

5)　National Association of City Transport Officials (NACTO)：Blueprint For Autonomous Urbanism Second Edition, 2019.

モビリティ進化とまちづくり

Mobility Evolution and Urban Planning

倉内　文孝　　岐阜大学工学部社会基盤工学科
Fumitaka KURAUCHI　　Faculty of Engineering, Gifu University

1　はじめに

2019(令和1)年6月25日に閣議決定された令和元年度版交通政策白書[1]は、「モビリティ革命〜移動が変わる、変革元年〜」と銘打たれており、国をあげた移動サービス革命が始まろうとしている。本稿では、これらモビリティ進化[(1)]の現状を整理するとともに、それらが有効に機能するためのまちづくりの視点について述べる。

2　モビリティ進化の現状

(1)　自動運転技術

自動運転技術は特にITS（Intelligent Transport Systems、高度交通システム）の開発に各国がしのぎを削った1990〜2000年頃にかけて開発が進んでおり、我が国でも1996(平成8)年7月に策定された「ITS推進に関する全体構想」[2]の9つの開発分野の中に、「3. 安全運転の支援」という形で盛り込まれている。しかし、実道路での自動運転は社会的コンセンサスの醸成や法制度の制約などハードルが高く、技術的に一定の完成を見た自動運転技術も情報提供などの地道な技術普及から進められた[(2)]。

2010(平成22)年頃になると、海外で自動運転車両の公道実験が開始されるなど再度開発が活発となり、中でも2016(平成28)年にダイムラーの中長期戦略の中で用いられたCASEが今後の自動車開発の方向性を指し示している。IoTを活用した車とドライバー／他車／インフラとの接続（Connected, C）、自動運転（Autonomous, A）、車両とサービスの共有（Shared and Service, S）、電動化（Electric, E）の4分野の高次元での融合が今後の移動サービスの鍵を握る。

SAE InternationalのJ3016の定義[3]を参照すると、現在市販されている自動運転機能搭載車両の多くはレベル2（運転支援）相当であり、操作の主体および最終的な責任者はドライバーとされる。一方で、物流・移動サービスに関わる担い手不足という喫緊の課題対応のため、2025(令和7)年には全国各地域でレベル4の限定領域における無人自動運転移動サービスを実現させることをめざしている。ただし、社会的受容性の確保など克服すべき課題も多い。

(2) MaaS（Mobility as a Service）

都市計画の視点で自動運転技術以上に注目されるのがMaaSである。MaaSは、「出発地から目的地まで、利用者にとっての最適経路を提示するとともに、複数の交通手段やその他のサービスを含め、一括して提供するサービス」と定義される[3]。現在の移動サービスにおける空白部分をライドヘイリング、オンデマンド交通などの新サービスでカバーするとともに、一連のサービスの情報、空間、料金レベルでの連携をめざす。MaaSもその統合の程度によってレベル分けできる[4]。我が国では、MaaSが話題となる前からレベル1（情報の統合）あるいは一部のレベル2（予約・決済の統合）がすでに実現されているが、レベル3（サービスの統合）に位置づけられ、海外都市部でみられる事業者をまたいだ乗り放題制度などの事例は少ない。現在、国土交通省の支援の元、地域内の移動サービスを統合的に検索、支払い可能なMaaSアプリの開発や新サービスの実証実験が各地で行われており[5]、今後の実装に期待がかかる。

3 モビリティ進化の社会的効果

モビリティ進化に期待される効果は、直接的、即時的なものからより間接的、長期的なものまで多岐にわたる。

(1) 交通システムの効率性・安全性向上

新サービスも含め、様々な移動サービスの充実により自家用車による移動の削減、平均乗車人数の増加が進めば渋滞緩和が期待される。また、自家用車に頼らざるを得ない地域で移動サービスが充実することで免許返納が進み、高齢ドライバーによる交通事故の削減が期待される。

(2) 個人の利便性向上

複数の移動サービスが連携することで利便性が改善し、所要時間の短縮、運賃の削減など利便性向上が期待できる。また、自家用車に頼らないライフスタイルは、個人の生活の質の向上に大きく貢献する。

(3) 都市の持続性向上

地方部の移動サービスが向上することで、都心集中の傾向に歯止めがかかることが期待される。また、電動化により大気汚染、温室効果ガスが抑制されるとともに、現在4%程度といわれている自家用車の稼働率が改善され、駐車場用地などを他目的に活用できる。さらに、災害にさらされ続ける我が国において、状況に応じてフレキシブルに運行を変更できる移動サービスの充実は、災害発生時の柔軟な移動手段の確保にも貢献するものである。

(4) 新たなビジネスチャンスと経済発展

電気自動車の部品点数はガソリン車の1/3ともいわれており、CASEの進展は、間違いなく自動車産業を変革させる。自動車産業が基幹産業である我が国で改革をいち早く実現できれば、国際競争力をさらに高めることが可能である。

交通サービス産業は労働集約型であり、その人件費は経常経費の7割を占める。一方、近年運転手不足が深刻化しており、求められるサービスレベルが維持できない地域も多い。自動運転による移動サービスの維持・改善に期待がかかる。また、CASEに関連する産業、例えば、電力エネルギー業、通信業、保険業などでは、モビリティ進化に伴った新たな商品・サービス開発が期待される。

モビリティ進化の影響は移動サービス関連産業に限定されない。今まで有休時間が長かった自動車、駐車場施設の活用は、様々なサービスの展開を期待させる。例えば、トヨタのe-palette構想[6]では、e-palette自身が他サービスを提供する場として機能し、時間帯に応じてそのサービス形態を変更することも可能である。

労働者個人の生産性改善も期待できる。移動時間の有効活用が可能となり、結果として労働生産性の向上が実現するとともに、MaaSの中心的役割を担う検索、予約、支払を一元化するアプリの普及によりキャッシュレス化も期待され、これにより人件費の削減も期待できる。さらに、MaaS統合アプリが携帯電話のように国際ローミング可能となり、日頃使い慣れたアプリを用いて世界中のどこでもモビリティの手配が可能となれば、訪日外国人のモビリティ確保や、日本人の海外での移動手段の手配に大きく貢献する。

最後に、モビリティ進化の持つ最大の価値は自動収集される移動データの活用にある。それらの移動データが常時蓄積されることで、都市活動を支える移動ニーズが明らかになり、それを元に都市サービスの改善方針などが議論できる。また、サービス供給量に応じた移動ニーズの創出も可能だろう。

4 モビリティ進化とまちづくり

ここでは、都市計画、まちづくりの観点から、モビリティ進化実現のために必要な対応と今後の展開について整理する。

(1) 道路空間の設計と管理

モビリティ進化が進み、様々な移動サービスが普及するとすれば、道路空間及びそれに付随する施設のデザインをそれに併せて再設計しなければならない。

・駐車施設の再設計と有効活用

既存の駐車施設の一部はカーシェアリング、バイクシェアリングなど新モビリティサービスに活用されるが、残りの空間の有効活用により新たなまちをかたちづくることができる。この空間で様々なサービス提供ができれば、都市の多機能化、活性化につながる。

・乗り継ぎ施設・路肩の設計

自家用車からの転換を図るためには、新モビリティサービスと既存公共交通システムとのスムーズな連携のための乗り継ぎ施設や路肩のデザインが必要である。

・道路空間の再配分

自動運転車両専用レーンを設置する場合、一般車両と同等の車線幅員は不要となるし、一般車両の車線数も削減可能であろう。超小型モビリティなど低中速交通の専用車線を設置することも考えられ、既存の自動車交通の容量を前提とした計画策定からの転換を進める必要がある。

・道路の適切な維持管理

自動運転車両が正しく認識できるように、なめらかな路面、明確な道路標示、植栽などを適切に管理する必要がある。

(2) 都市デザインとの整合

レベル4での自動運転車両の実用化が現実的とすると、自動運転車両導入が効果的な路線や地域を選定する必要がある。これはまさしく都市の骨格を定義することに他ならない。また、新移動サービスの導入にも行政支援が不可欠である。既存サービスと連携した都市全体のモビリティサービスデザインが重要となる。さらに、将来レベル5の自動運転車両が自家用車として普及する段階では、まちのあるべき姿自身が変化し得る。スプロール化し移動に高負荷がかかる都市形態からの脱却の必要性はいうまでもないが、自動運転を前提とした都市のあり方については再考の余地がある。

モビリティサービスと都市デザインの整合のヒントは、Waterfront TorontoやWoven Cityなどスマートシティ構想に見いだせるだろう。いずれも機能ごとに分離された移動空間確保と、サービス施設との統合を提案している。ただし、既存都市の再構築するブラウンフィールド型スマートシティでのモビリティデザインについてはさらなる検討が必要である。

(3) 他の活動と連携した移動サービス

MaaSの究極目標は交通を超えた他業種および政策との連携（レベル4）である。医療機関と連携した診療時間と移動サービスの一括予約、移動式店舗による小売りサービスと移動手段の連携、共用EVを都市全体の蓄電池として活用した電力供給の安定化などが考えられる。これらは、私企業間のやりとりに見えるが、重要なのはいかにその都市における生活の質（QoL）を向上させるかであり、まちづくりの延長線として考えるべきである。

5 おわりに

遅かれ早かれ程度の違いはあるものの、モビリティは必ず進化し、それにより都市形態が変化するのは間違いない。ただし、モータリゼーションによる都市課題の深刻化のように、技術追随型の都市形態変化は都市として望ましい方向に導くとは限らない。よりよい都市構造の実現のためには、都市・交通に関連するビッグデータを分析し有用な知識を引き出すデータサイエンティスト、都市を望ましい方向に導くアーバンデザイナー、そしてまちづくりと整合した移動サービスをデザイン可能なモビリティデザイナーの育成が急務である。モビリティ進化により都市が変わるのをただ見守るのか、モビリティ進化を武器にして都市を変えるのか。都市問題は永遠の課題であるが、新モビリティサービスという新たな武器を得て、どのように都市課題に立ち向かっていくのか。都市計画家の腕の見せ所である。

【補　注】

(1) 一般に「モビリティ革命（innovation）」という言葉が使われることが多いが、「革命」は、既存システムの破壊と理解されがちである。一方で、筆者は地域交通サービスを破壊し再構築することが有益とは考えていないため、ここでは「モビリティ進化（evolution）」と表現する。

(2) 本稿でITS研究開発の経緯は整理しないが、興味のある読者は、（上田敏「ITS研究のマネジメントに関する一考察－1996年に返って、考えること－」）などを参照されたい。

【引用・参考文献】

1) 国土交通省、「平成30年度交通の動向及び令和元年度交通施策（交通政策白書）」、2020/06/25

2) 国土交通省、「ITS推進に関する全体構想」、http://www.nilim.go.jp/lab/qcg/japanese/0frame/index_b.htm（2020/04/23アクセス）

3) 高度情報通信ネットワーク社会推進戦略本部・官

民データ活用推進戦略会議，「官民ITS構想・ロードマップ2019」，
https://cio.go.jp/node/2509（2020/04/23アクセス）

4) Sochor, J et al,「A topological approach to MaaS」, 1st International Conference on Mobility as a Service, 2017.11

5) 「新モビリティサービス推進事業」，
https://www.mobilitychallenge.go.jp/news/2019061801（2020/04/23アクセス）

6) 「トヨタ自動車、モビリティサービス専用EV "e-Palette Concept" をCESで発表」，トヨタプレスリリース，
https://global.toyota/jp/newsroom/corporate/20508200.html, 2018/01/08

スマートシティと MaaS

Smart City and MaaS

中山晶一朗　　金沢大学地球社会基盤学系
Shoichiro NAKAYAMA　　Faculty of Geosciences & Civil engineering, Kanazawa University

1　情報化と Society5.0

近年、情報化がますます進展し、我が国では、社会・経済活動のみならず、生活においても IT（Information Technology）による情報がなくては立ち行かなくなっている。内閣府によると、「Society 5.0とは、サイバー空間（仮想空間）とフィジカル空間（現実空間）を高度に融合させたシステムにより、経済発展と社会的課題の解決を両立する、人間中心の社会（Society）で、狩猟社会（Society 1.0）・農耕社会（Society 2.0）・工業社会（Society 3.0）・情報社会（Society 4.0）に続く、新たな社会を指すもの」とされ[1]、第5期科学技術基本計画において我が国が目指すべき未来社会の姿として提唱されている。

これまでも十分に情報化が進み、情報社会（Society 4.0）が形成されてきたように感じられるが、今後の Society 5.0は、単にデジタル情報を情報として使うようなパソコンやスマホの中だけのもの（サイバー空間）ではなく、リアルと融合する、物理的なモノや現実の活動・行動と相互作用させることによって、技術革新・イノベーションを誘発させ、経済発展や社会的課題の解決、より利便性の高い生活が実現する時代を目指していると筆者は解釈している。現在も現実の生活や社会・経済活動で情報が使われているが、必要な現場・場面で情報を単にもしくは一方的に使う段階であると思われる。今後は、5G（5th Generation；第5世代移動通信システム）に見られるような通信の高速化・大容量化がさらに進み、情報が必要な現実空間で一方的に利用されるという一方的な流れだったものが双方向となり、さらに相互作用が誘発・活発化し、イノベーションが創発されることを Society 5.0は目指しているように思われる。

GAFA（Google・Amazon・Facebook・Apple の4社）は情報サービス・システムの基盤（デジタル・プラットフォーム）を構築した巨大なデジタル・プラットフォーマーで、10億人単位のユーザーに対して様々なサービスを提供するだけでなく、ユーザーから膨大なデジタル情報をかき集めて、ユーザーの分析等を行うとともに、それに基づいてサービスを向上させたり、新しいサービスを提供し、さらに多くのユーザーを獲得し続けており、情報の一方的な利用ではなく、その相互作用を具現化し、さらにユーザーの利便性を向上させることで、膨大な数のユーザーから支持され、時代を牽引しているとも言える状況にあると思われる。Society 5.0はこのような巨大デジタル・プラットフォーマーの席巻を意識していると思われる。

我が国は、残念ながら、グローバルなデジタル・プラットフォームの形成競争で米国からは遅れている状況にあると思われる。しかし、我が国はモノづくりに強みがあり、IoT（Internet of Things）などのモノのインターネットで技術革新やイノベーションを創出することについては優位的な立場にあると思われる。また、我々が日々利用する社会基盤（インフラストラクチャー）や現実の生活や社会・経済活動を展開するリアルな空間や場である我が国の都市や地域は我々の場であり、これらのフィジカル空間とサイバー空間の融合は当然我が国固有の問題で、我々が対処すべき課題である。さらに、我が国の「おもてなし」などの文化は、細かい気配りが行き届いたより精緻な Society 5.0を構築する

のに役立つはずであると考えられる。

2 スマートシティ

　スマートシティは様々に使われる言葉であり、それを厳密に定義することは難しいが、現代用語の基礎知識 [2] によると、「次世代の交通システムや環境負荷の低い電気自動車や再生エネルギーを活用し、IT 技術でエネルギーを活用し、IT 技術でエネルギーを効率的に運用する新しいタイプの都市」とされる。国土交通省はスマートシティを「都市の抱える諸課題に対して、ICT（Information and Communication Technology）等の新技術を活用しつつ、マネジメント（計画、整備、管理・運営等）が行われ、全体最適化が図られる持続可能な都市または地区」としている [3]。統合イノベーション戦略 2019 [4] では、スマートシティは、「先進的技術の活用により、都市や地域の課題の解決を図るとともに、新たな価値を創出する取組」とされ、Society 5.0 の先行的な実現の場と位置付けられている。そして、「IOT 等の新技術を活用したスマートシティをまちづくりの基本とし、将来を見据えた、便利で快適なまちづくりを、各府省が連携して戦略的に推進」とされ [4]、複数の関連省庁の間でスマートシティ官民連携プラットフォーム [5] が構築されている。

　スマートシティに関連するものとして、スーパーシティやスマートコミュニティなどもある。統合イノベーション戦略 2019 [4] では、「国家戦略特区制度を基礎に、AI やビッグデータなどを活用し、世界に先駆けて未来の生活を先行実現する『まるごと未来都市』を目指す『スーパーシティ』構想の実現に向け、住民等の合意を踏まえ域内独自で複数の規制改革を同時かつ一体的に進めることのできる法制度や Society 5.0 に向けた技術的基盤を、早急に整備する」とされており、そこでは、スマートシティの一部でより都市に特化したものとしてスーパーシティを位置づけているように考えられる。資源エネルギー庁や環境省では、エネルギーの高効率化などを目指すスマートグリッド（次世代送電網）や環境面を重視し、スマートコミュニティを、「再生可能エネルギーや熱を地域で最大限活用

する一方で、エネルギーの消費を最小限に抑えるため、家庭やビル・交通システムを IT ネットワークでつなぎ、地域でエネルギーを有効活用する次世代の社会システム」としている [6]。

　このようにスマートシティは様々にとらえられているものの、Society5.0 の主要な部分に位置付けられており、新技術を活用した次世代都市を目指していると思われる。いわゆる『都市計画』や『まちづくり』においてもこのような取り組みが求められるが、現状としては、人々の生活や暮らしに直結する部分でもあり、個人情報の問題や旧弊の行政システムなど様々な原因から、他分野に比べて、情報化自体が遅れ、デジタル情報を十分に活用するまでには至っていないように見える。近年、GIS（地理情報システム）を導入する自治体も増えており、情報化が進みつつあるが、様々な都市計画やまちづくり関連の情報をデジタル化し、統合的に活用するには至っていないというのが現状であろう。行政の縦割りの問題などもあり、あえて様々なコストをかけてデジタル化した上で統合化しようという意識が芽生えにくくなっているようにも思われるし、初期コストの負担やただでさえルーチン業務で多忙なのに新たなことに取り組む余裕を見出しにくく、行政の前例主義の中で新たなことを行うリスクも取れないということもありそうに見える。行政がかかわる部分が大きい都市計画やまちづくりとしてのスマートシティの進展はビジネスの分野よりも困難な部分もあり、リーダーシップを持って、推進させる必要がありそうである。

　このような状況は我が国だけではなく、多少の違いはあるものの、ある程度諸外国も同様であり、官民挙げて IT 化に取り組み、それに成功した国や地域・都市が先行して実現することになろう。情報化の重要性は誰しもが認識しており、スマートシティによってどのようなメリットがどれほどあるのかを明確にして、そのグランドビジョンを示すことが重要になると思われる。メリットの大きさが具体的にわかり、その実現の道筋が分かれば、先のあげた様々な阻害要因を乗り越えて、実現できるように思われる。そのような意味で、行政内で俯瞰して物事を考

えられる立場にいる人間や学識経験者がそれを行う努力をすることがまずは必要であると思われる。

3　MaaS

最近耳にすることが多くなった MaaS（Mobility as a Service）は、直訳すると、『サービスとしての移動』と言えそうである。なお、モビリティ（mobility）という語は、可動である・交通の便がある・（心や表情が）動きやすいなどの意味の形容詞で、それに接尾辞『ity』を語尾につけて名詞化したもので、しっくりとした日本語をあてることが難しい語でもある。国土交通省の資料 [7]によると、MaaS は「スマホアプリにより、地域住民や旅行者一人一人のトリップ単位での移動ニーズに対応して、複数の公共交通やそれ以外の移動サービスを最適に組み合わせて検索・予約・決済等を一括で行うサービス」とされている。

　自動車・二輪車等とは異なり、door-to-door で公共交通のみを利用して移動することは難しく、乗り換えが必要であったり、公共交通間の乗り換えの必要はなくとも駅やバス停へ徒歩でアクセスして乗車する場合は、公共交通の時刻を調べたり、乗降の際には料金を支払ったりする必要があり、公共交通はいろいろと手間と時間がかかり、マイカーなどと比較すると利便性が劣ってしまっている。IT 化が進み、多くの人々がスマホを持つようになったため、スマホを使い、シームレスに（継ぎ目なく）公共交通などを利用できるようにする試みが始まったことが MaaS へとつながっている。インターネットで時刻検索ができるものの、公共交通事業者ごとで異なったサイトにてそれぞれ検索することは面倒であり、複数交通事業者間だけでなく、様々なモード（交通機関）を一括して検索できることで、最適なモード選択・経路選択を行うことができる。また、我が国では交通系 IC カードの普及が進んでいるが、電子決済が行えるようになるだけでなく、サブスクリプション（定額制）やダイナミックプライシング（動的変動料金制）などは利用者だけでなく、交通事業者側のメリットも大きそうである。MaaS という言葉は新しいものの、個々の要素技術や概念を見ると、近年もしくは以前からあるものも多い。サブスクリプション（定額制）は定期券として、長らく使われているものであるし、非ピーク時の割引回数券などはダイナミックプライシング（動的変動料金制）の一つであり、時刻検索も普及はしている。MaaS は、IT によって、これらをより利便性高く、効率的かつ柔軟にするもので、また、シームレスの言葉に現われているように、事業者間の連携も重視されている。交通事業者間でデータの共有はあまりなされておらず、タクシーやレンタカーなどの連携も重要である。共有すべき時刻表や運行状況などの情報が何かを整理・決定し、そのデータ形式を標準化して活用していくことが早急に望まれる。中小の交通事業者や小規模自治体・第 3 セクターでは、これらの対応が難しいため、どのように援助や支援を行うのかも必要であろう。

　これまで事業者の視点からでしかシステムが構築されていなかったものを利用者の視点で再構築することが一番重要であると考えられる。公共交通にも『サービス』の視点が必要であり、正に『サービスとしての移動』ということであろう。これは我が国だけでなく、多少の違いはあるものの、諸外国でも同様である。このようになっている原因には様々なものがあろうが、公共交通はその名の通り公共的な要素が強く、寡占であり、競争が働きにくいこと、長期的には需要は変化するものの、基本的には需要が非弾力的で、サービスを向上しても利用者が急に増えるということはそれほど多くはなく、逆にサービスがあまりよくなくてもすぐに需要が減るようなこともないことなどが背景にあると考えられる。これは交通事業者にとっては MaaS の導入メリットが少ない、もしくは導入によってすぐには利潤が発生しにくい構造があるとも言える。しかし、利用者にとってはサービスが向上することは望ましいことであり、社会的な価値が大きく、その実現のためには、民間に任せきりではなく、行政がどのようにそれを支援するのか、また、交通事業者のメリットをどれだけ引き出せるスキームを構築できるのかが問われている。IT 化の進展により、それが実現しや

すくなっており、MaaS として、一部ではあるものの、成功事例が出てきており、それが各地へ普及することが望まれる。さらに、デジタル・プラットフォーマーのように、ユーザーとの間でデジタル情報などを媒介とした相互作用によって、より公共交通の利便性を高めるとともに、その他のモードやまちづくりにまで波及でき、スマートシティを実現できるようになることがSociety5.0 の目指すところでもあろう。

4　おわりに

　以上で Society5.0 やスマートシティ、MaaS についてみてきた。我が国が目指す Society5.0 では、交通分野や都市計画・まちづくりでのスマートシティが重要視されている。いずれの分野においても、行政や公共が果たす役割が大きく、逆に言うと、利潤を追求する市場メカニズムだけでは進展が難しそうな分野でもある。大都市・地方都市・過疎地でも状況は非常に異なり、また、地方・地域によって事情は異なっており、それぞれの都市や地域でオーダーメードのスマートシティを考える必要がありそうである。また、様々な事業者や様々なモード・セクター・ステークホルダーが複雑に関係しており、それぞれの利害調整を丁寧に行うとともに、利用者や住民の個人情報などにも配慮するというキメ細かな対応を積み重ねなければ実現が困難そうである。そのような意味において、IT やICT の活用は重要ではあるものの、face-to-faceコミュニケーション（対面コミュニケーション）によって、合意形成を図るというデジタルではなくアナログな対応も必要とされる。

　スマートシティは、また、個々の要素技術のみでは十分なメリットが引き出せないことも多く、先に述べたように、どのようなメリットがどれほどあるのかを明確にしたうえ、様々な要素を組み合わせたグランドビジョンを示すことが重要になると思われる。それぞれの地域や都市でそれぞれのスマートシティを目指していく必要があろう。

【引用・参考文献】

1) https://www8.cao.go.jp/cstp/society5_0/
   （内閣府ホームページ　2020 年 5 月 4 日閲覧）
2) 内田樹ほか：現代用語の基礎知識 2017, 自由国民社, 2016.
3) https://www.mlit.go.jp/common/001249774.pdf
   （国土交通省ホームページ　2020 年 5 月 4 日閲覧）
4) https://www.meti.go.jp/shingikai/kempatsushin/
   sangyo_gijutsu/pdf/008_s03_01.pdf
   （経済産業省ホームページ　2020 年 5 月 4 日閲覧）
5) https://www.mlit.go.jp/scpf/
   （国土交通省ホームページ　2020 年 5 月 4 日閲覧）
6) https://www.env.go.jp/policy/hakusyo/h29/html/
   hj17010303.html
   （環境省　2020 年 5 月 4 日閲覧）
7) http://www.mlit.go.jp/maritime/content/001320589.
   pdf
   （国土交通省ホームページ　2020 年 5 月 4 日閲覧）

リニア中央新幹線開通に伴う観光波及効果を考慮した地方鉄道ネットワークの将来ビジョンについての考察

A Vision of Local Rail Network considering the impact of the High-Speed Maglev Train on Tourism

中村　一樹　　名城大学理工学部社会基盤デザイン工学科
Kazuki NAKAMURA　　Faculty of Science and Technology, Meijo University

1　はじめに

リニア中央新幹線整備プロジェクトは、中部圏の産業構造に大きく影響し得るもので、その中でも観光産業への貢献の期待は大きい。この波及効果を中部圏全体に広げるために、リニア駅の周辺地区開発だけでなく、リニア中央新幹線（以下リニア）を軸として大都市と地方都市の連携・交流を促進する広域ネットワークの構築が求められている[1]。観光における広域ネットワークでは、交流人口と滞在時間を増やすため、周遊観光に適した空間構造が必要となる。このため、地域の観光資源が集約する多様な拠点の整備と、これらの拠点を繋ぐ交通ネットワークの整備による、集約連携型の整備が重要といえる。

しかし、どのような観光拠点をどのような交通で繋げるかについて、リニア開通を想定した将来ビジョンはまだ明確にされていない。周遊のネットワークは、様々な観光地や交通システムの組み合わせで構成されるが、現状では多くの観光地は個別の目的地としての認知に止まる。この実現のためには、2027（令和9）年の東京－名古屋間のリニア開通に先立って、広域で連携した都市・交通戦略の準備が急務である。

本稿では、リニアが開通する名古屋に隣接する地方都市として三重県に注目し、リニアによる周遊観光を促進する地域鉄道ネットワーク整備の有効性について論ずる。ここでは、三重県の観光需要に関するSNSデータとアンケート調査の結果に基づき、鉄道周遊観光の潜在的な空間需要を把握し、これに応じた鉄道ネットワークの将来ビジョンについて考察する。

2　観光資源と鉄道ネットワークの現状

鉄道は代表的な観光の交通手段であるが、鉄道観光の可能性は、鉄道ネットワーク沿線の観光資源の空間分布による。一般的な地方都市では、自動車依存で都市構造が拡散しているが、観光資源の空間分布は、必ずしも都市構造と同じではない。例えば、三重県の観光資源の数は、鉄道沿線2km以内に約6割の資源が集まっている（図1）。この一因として、歴史的な文化財や観光施設は、モータリゼーション前のまだ都市構造がコンパクトであった時代の市街地中心に立地したためと考えられる。日本の鉄道はモータリゼーション早期に市街地で整備されたため、歴史ある都市では、中心駅周辺に観光資源が集中している。

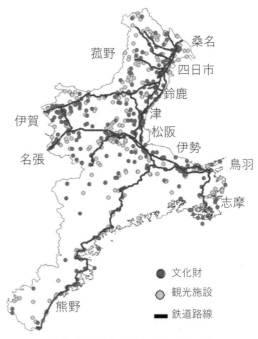

図1　三重県の観光資源の空間分布

三重県では、伊賀、桑名、松坂、伊勢といった駅周辺に多くの観光資源が集まっている。よって、地方都市においても、鉄道ネットワークの観光利用を支える空間構造のポテンシャルはあると考えられる。

　しかし、自動車依存が進んだ地方都市では、鉄道のサービス水準は高いとは言えず、観光資源が集まる都市でも接続性が良いとは言えない。三重県では、鉄道ネットワークが名古屋、奈良・大阪、滋賀・京都と複数の地域から乗り入れており、複数の鉄道業者が個別に運営する路線で構成されている。このため、鉄道観光の利用は、単独路線で名古屋駅から1時間半で接続可能な伊勢のような代表的な目的地に限られてしまう。逆に、伊賀のような内陸部の端末路線上の駅では、名古屋駅からの距離は伊勢より短いものの、乗換して2時間半かかるという差が見られる。

　また、主要観光資源の空間分布について、沿線の空間構造の課題も見られる。特に、地方都市で施設利用者数の多い観光施設は、駅周辺に立地しない傾向がある。近代的な大型娯楽施設は、広大な敷地が必要なため郊外に立地する。また、温泉のような自然資源を楽しむ観光施設は、市街地から離れて立地する。寺社仏閣のような施設も、その歴史的経緯において自然資源との関わりが強いものも多い。三重県では、年間入込客数が100万人を超す上位の観光施設の多く（桑名のナガシマリゾート、伊勢神宮内宮、菰野の湯の山温泉、鈴鹿の椿大神社、志摩スペイン村）は、駅2km圏外に立地している[2]。これらの施設は、公共交通として駅からバスという利用もされているが、その端末交通の接続性は課題である。

　さらに、観光需要をSNS情報発信量で把握すると、観光資源のニーズも見えてくる。近年のマーケティング理論では、現代の消費行動を説明する特徴的な要素は体験と情報共有とされ[3]、観光分野ではこれがよく当てはまる。観光の体験はSNSで情報共有されることが増えており、タグ、写真、投稿日時、位置情報、ユーザー国籍といったデータは、観光資源の地域特性とそのポテンシャルを把握することを可能とする。本

稿では、国際的に利用されている「flickr」のSNSデータに基づき、三重県の駅周辺の情報発信量を示す。SNSは、若者ユーザーが多い主要観光資源で情報発信が多くなる傾向にあり、三重県では、伊勢神宮、鈴鹿サーキット、ナガシマリゾートに関しての発信が特に多い。鈴鹿サーキットは、観光資源は少ないが、モータースポーツのメガイベントによる影響が大きく、観るスポーツツーリズムとしてニーズの高い観光資源と言える。

　一方で、観光資源の多い駅周辺でも、情報発信は多くない駅もある。これは、伊賀や松阪で見られ、観光地のポテンシャルに対して、情報発信がまだ十分にされていないことを示している。これらの都市のSNS投稿では、建築、祭りといった地域文化的な内容が多い。既存の資源の価値を再認識し、これを活用した新たな観光資源の整備が重要であろう。

3　鉄道周遊の観光ニーズ

　観光利用を促進する鉄道ネットワークの形成には、その利用者のニーズを把握することが不可欠である。広域な周遊観光における大きな課題の1つは、地方都市では交通アクセスが悪く、移動時間の制約により立ち寄る観光資源の数が限られてしまうことである。三重県のSNSデータによると、多くのユーザーが伊勢か桑名を単独の目的地とし2日以内の滞在に止まっている。リニア開通がこのような広域周遊に与える影響のメカニズムは明らかでないが、北陸新幹線の事例を見ても、その効果は決して小さくないであろう[4]。本稿では、2018（平成30）年に行った東京－名古屋間のリニア開通を想定した関東圏住民800名に対する三重観光のアンケート調査のデータに基づき、広域周遊の潜在的なニーズについての知見を整理する。

　まず、この交通インフラ整備の潜在的な効果として、新たな観光拠点のニーズの向上が考えられる。リニアは速達性を飛躍的に高め、東京-名古屋間の移動時間を1時間程短縮し45分にすることで、到達可能な観光目的地の範囲を大きく広げる。これは、公共交通のサービス水準の低い地域でより影響があると考えられる。調査結

果では、リニア開通で最も関心のある三重県の観光地は、伊勢に次いで熊野であった。熊野は、和歌山と三重をまたぐ世界遺産の観光資源を持つが、名古屋駅から鉄道で3時間以上かかり、和歌山県の観光資源としての印象も大きく、三重県内ではSNSの情報発信が多くない。これは、新たな観光拠点としてのポテンシャルを示していると言える。

次に、リニアの開通は、単独目的地への単独観光より、複数目的地への周遊観光により効果的となり得る。調査では、周遊観光の方が単独観光よりリニアによる意欲向上が大きい結果となった（図2）。これは、リニアによる東京−名古屋間の移動時間の短縮が、名古屋から三重の移動における時間的な余裕による新たな周遊需要を生み出したと考えられる。調査では、伊勢や熊野の観光に関心がある人は、4日間程の滞在で4カ所周遊するという結果であった。また、熊野の周遊観光は最も評価が高く、伊勢よりも高い評価となった。周遊は、目的地や立寄地が増えることで、各移動を区切って短く認識するのかもしれない。少なくとも、リニアによる都市圏間の交通時間短縮は、都市圏内の周遊に効果的であると解釈できる。

4　周遊を促進する鉄道ネットワークのビジョン

鉄道周遊観光のポテンシャルを活かすためには、リニア開通と組み合わせて端末交通となる地域鉄道のネットワークをどのように改善したらいいのか。地域鉄道も合わせて高速化できればいいが、簡単に改善できるものではない。これに対する1案として、鉄道ネットワークのハブ化が考えられる（図3）。ここでは、鉄道ネットワークにおいてルートの階層化が求められる。三重県の鉄道ネットワークの幹線軸は、名古屋駅から桑名・四日市・津・松阪の主要都市を通り伊勢・志摩に繋がる沿岸部の鉄道路線である。伊勢・志摩へは観光ルートとしても確立されている。これに対して、都市化の水準は低いが観光資源の多い内陸部や南沿岸部にどのようにルートを拡張するかが重要となる。

まず、重要な点はハブの形成である。ハブは、ネットワークで接続性が最も高い中心地であるが、必ずしも既存の観光拠点であるとは限らない。調査では、三重県の周遊観光における立ち寄り需要が最も高いのは名古屋駅から直通1時間の松阪であり、回答者の約半数が来訪に関心を持っていた。三重県の鉄道ネットワークは、北部は名古屋、中部は奈良・大阪、滋賀・京都に

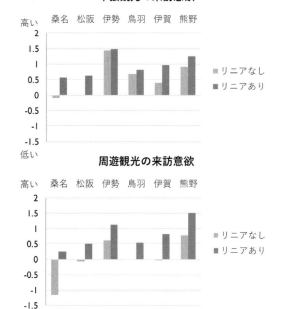

図2　リニアによる観光意欲の違い

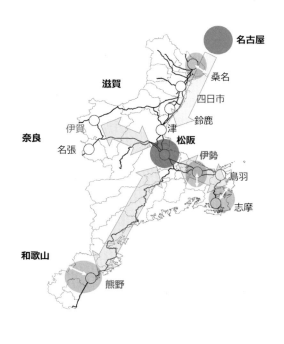

図3　鉄道ネットワークのハブ化

繋がるルート、南部は和歌山に繋がるルートで構成されており、松阪はこれらのルートを繋ぐ中心的なハブに位置している。ここは、内陸部の伊賀や南沿岸部の熊野へのルートへの結節拠点として機能する。松阪のハブ化は、松阪－熊野を2時間、松阪－伊賀を1時間半で結び、移動時間が名古屋駅からそれぞれに行くより1時間程短くなる。しかし、前述した通り、松阪は観光資源に対して情報発信が少なく、観光拠点としての整備の余地が大きい。ハブには、滞在機能として食と宿泊が重要である。松阪の食資源を活かして宿泊施設を整備し観光拠点化することは、三重県の鉄道観光の発展に大きく貢献すると考えられる。

次に、ハブ化に伴う観光地の拠点整備において、駅周辺の端末交通システムの形成が重要である。開発余力の限られた地方都市では、観光資源の集約方法として、周辺の観光資源の接続が求められる。これには、駅周辺の端末交通のシームレス化のため、近年発展している情報端末による交通サービスの統合化（MaaS）が期待される。具体的には、配車アプリによる乗降場所の柔軟性の向上や、小型車両シェアによる立ち寄り促進が挙げられる。また、速達性だけでなく、サイクルツーリズムや超小型モビリティでは、自然景観を楽しむという利用も多く見られる。熊野古道のように、内陸部や沿岸部には自然豊かな移動環境があり、移動自体が観光資源になり得る。このような回遊ルートの整備にはまだ改善の余地が大きい。

さらに、ハブ化はルートの多様化にも繋がる。幅広い来訪者を呼べる観光ルートの多様性は、観光において持続可能なにぎわいを生む重要な要素となる。鉄道ネットワークのインフラは、来訪者のニーズに合わせてその活用方法を変えることで、観光ルートとしての特徴を差別化することができる。調査では、周遊における立寄地として、全体としては松阪が多い一方で、若者は桑名・四日市・鈴鹿が多く、高齢になると伊勢・熊野が多くなる傾向が見られた。これは、若者のニーズとして、大型娯楽施設や都市型観光への選好を表しているとともに、利便性の高さからより名古屋駅から近い観光地が好まれて

いると考えられる。これを踏まえ、桑名・鈴鹿までをビギナーのルートとして三重観光のきっかけを生み、そこから松阪・伊勢・熊野へのリピーターのルートへと育てていくというのも有効な戦略かもしれない。

5　おわりに

リニア開通は、周辺都市への周遊観光の需要を高めることが期待され、その波及効果のポテンシャルは大きい。これに対して、集約連携型の都市構造は、地方都市においても周遊観光を促進する鉄道ネットワークの形成に大きく貢献し得るものである。都市構造の集約化は観光拠点を形成し、これを階層的な交通ネットワークで連携することで各拠点に滞在地、目的地、立寄地の役割を与える。このような鉄道ネットワークのハブ化は、将来ビジョンとして汎用性が高いと考える。

本稿では、リニアという新技術の有効性を高めるような空間システムとして地域鉄道に注目したが、これはより重層的かつ多面的に検討されるべきものである。リニアは国土スケールで都市圏間を繋ぐものであり、その周遊のためにはより広域な連携が必要であろう。また、リニアによる飛躍的な速達性の向上をハブ化やMaaSによる多様な移動ニーズの充足と結びつけることで、周遊・回遊を促進するだけでなく、新たな産業観光の創出にも繋がるかもしれない。リニア整備の最も重要な役割は、単なる交通利便性の向上ではなく、産業・国土・都市の将来ビジョンの実現に貢献が出来るかであり、このタイミングを逃さないよう早期で戦略的な取り組みが期待される。

【引用・参考文献】
1）国土交通省（2014）、国土のグランドデザイン2050
2）三重県（2017）、観光レクリエーション入込客数推計書・観光客実態調査報告書
3）片平秀貴（2006）、消費者行動モデルはAIDMAからAIDEESの時代へ、日経BPLAP、vol.18、pp.1-4
4）星野真（2016）北陸新幹線開業に伴う観光を中心とした影響について、中部圏研究、vol.197、pp.9-23

取り去られゆく都市計画と河川管理の境界

Borders Removed between City Planning and River Management

秀島 栄三　名古屋工業大学大学院環境都市分野
Eizo HIDESHIMA　Graduate School of Engineering, Nagoya Institute of Technology

1　はじめに

　魅力ある水辺を創出しようとする試みが以前にも増して各地で進められている。河川整備が発展した、新しいタイプの「かわづくり」とも言えるが、「まちづくり」を通して開発、展開されてきた手法や考え方も取り込まれている。地区整備にとどまらない、「水都大阪」のようなシビックプライドを醸成する全市的な展開も見られる。本稿では、「まちづくり」と「かわづくり」の共通点と相違点を整理し、この地域の事例もふまえ、これからの都市のにぎわい、地域の持続的成長に向けて、後に述べる「かわまちづくり」のあり方、克服すべき課題、発展の可能性を展望する。

2　魅力資源としての水辺

(1) 水辺の形質と機能

　都市域に見られる水面の多くは川である。ほかに沼、池、港、運河、濠、用水路などがある。都市の多くは、大きな川が運んだ土砂が堆積した台地、平野、扇状地の上にある。また隆起沈降の過程で海であったところが平地となり都市域が広がることがある。当たり前だが、川は高いところから低いところに流れ、沼、池は周囲より低いところに水が溜まってできあがる。都市が海沿いにある場合は、海の波と潮位の変動の影響を受ける。河川の下流域は潮の干満の影響を受け、水位が変化する場合がある。

　人間の手が加えられた水辺もある。港はその代表格である。重量物を運ぶ船舶を航行させるために造られる。運河は、その付属物として、より都市域に近づくため、陸域と接する水面を増やすため等の目的で造られる。河川と称しつつも実態は運河として機能する場合もある。都市域を流れる河川は、護岸や川底に必ずといっていいほど人為が加えられている。自然に委ねると河川は蛇行し、氾濫がコントロールできなくなる。沼、池も、自然形成的なものもあれば人為的に造られたもの、あるいは両者が混成しているものがある。利水目的で水を貯留する池とともに水を移動させる用水路がある。城下町では城郭の周囲に濠（あるいは堀）が整えられる。

　都市計画は、衛生環境の改善を図るべく下水道とともに歴史を歩んできたが、多くの都市では大量の雨水を含む下水を下水道だけで処理することができず河川、運河に流れ出る。ここに水質環境問題の一つの原因がある。

　近年は防災面の要求も高まっている。都市域ではゲリラ豪雨の増加、地表面の浸透性の低下に対処するため、雨水を貯留する調整池、排水路などが下水道整備の一環として行われ、その予算は増大している。

(2) 人はなぜ水辺に魅せられるか

　それらの水辺に対して人びとは多かれ少なかれ魅力を感じている。水辺を魅力資源として観光や居住の定着にむけて活用する動きが増している。

　人びとが水辺に魅力を感じる、考える理由とはどのようなことだろう。私見ではあるが、およそ以下の4つに分けられるのではないか。

・根源的魅力：人間の体内は水分で占められており、また、胎児のときには羊水の中で過ごす。人は水無しでは生きていけない。

・直感的魅力：流れる、渦巻く、しぶきが跳ねるといった水の動きをわれわれの目は自然に追

いかけ、水に入る、浴びることで快感を得ることもある。

・客観的魅力：水辺を利用し、鑑賞する上で様々な魅力が活用される。川縁には風が流れ、しばしば安らぎの場として整備される。

・支配的魅力：水の惑星と呼ばれる地球にあってわれわれは気候や自然環境の大きさを考えさせられる。河川などは風の道となってヒートアイランドを抑制し、私たちの温熱環境を保つことも水辺を損なうことのできない理由となる。

　そして水や水辺そのものに魅力を感じるだけでない。水辺を盛り立てる取り組みに魅力を感じる人も少なからずいる。まちづくりでも見られることであるが、そのプロセスには、様々な人との出会い、新たなことを学ぶ楽しみ、ドラマチックな出来事、ヒーロー・ヒロインの登場などが含まれているからである。

(3) 都市の魅力として

　市民は都市に何らかの魅力を求めて居住し、あるいは移住する。経済、文化、情報など様々なもの・ことが集積することが魅力となる。都市の中で日々営まれる、ありとあらゆる商業活動、文化活動などが集積を加速する。人びとはそれら活動と活動が生み出す魅力に目を向けがちである。それらの魅力を享受するために前提となるのは地域に賦与された自然条件であり、また時間をかけて整備してきた道路や河川などのインフラである。

　一般の市民からすれば、集積する魅力と、自然やインフラの魅力とを殊更に分別することはないだろう。まちと水辺を区別することもない。人びとが散歩するとき、通勤するときに目に入る景色は、まちと水辺でセットになっている。市民が何をどう見ているか、それぞれの分野で魅力を生み出そうとする者たちが注意するべきことである。

　しかしながら、自然環境、インフラは当たり前な存在であるためにその価値を忘れられることがある。少なくとも戦後の数十年間は、市民の目線に立つという観点から問題があったと言わざるをえない。次章で詳しく述べる。

3　まちづくりとかわづくりの境界線
(1) まちづくりとかわづくりの隔たり

　「まちづくり」という言葉の曖昧さはよく指摘されるところであるが、1つの捉え方として、都市計画の「計画」の側面と、それに従い、ときに改め、維持していく「マネジメント」の側面の両方を含んでいると言える。

　一方、水辺については後者の管理、運営の側面が強い。例えば河川管理という言葉は、都市計画でいうところの成長管理といった言葉よりも頻用される。都市に比べて水辺というものは自然条件が強く拘束的で、人知に基づき計画できることが少ないからであろう。

　ところで水辺には色々な種類があることを述べたが、以下ではその管理や保全を、語呂の都合から「かわづくり」と総称し、「まちづくり」と対比していくこととする。

　まちとかわは空間的に一体を為しているのに、まちづくりとかわづくりは、いたるところで別個に進められてきた。役所の縦割りに依るところもあるが、教育・研究においても相互にあまり関わりが持たれていないことは否めない。

　また、以下に述べるいくつかの原因によって水辺は人びとから引き離され、専門性がある管理者の手中に入り込んでしまっていた。

　まず、安全に対する国民の意識の変化である。我々は水辺に接する箇所で、柵とともに「あぶない　はいるな！」という看板を目にする。行政が設置するものであるが、法令に基づくものではない。水難事故で訴訟になれば安全管理が不十分であることを理由に自治体が負ける時代になったからである。

　広島市内を流れる一級河川 太田川は、いたるところに雁木と呼ばれる階段状の工作物が設けられ、水辺に、舟に容易に近づける。ここでは柵も看板も要らない。そういう地域は少ない。

　工場排水や生活排水によって水質が悪化の一途をたどったことも人びとが水辺に近寄らなくなったことの一因である。

　トラック輸送の台頭、コンテナリゼーションに伴う舟運の衰退も、人びとが水辺から遠ざかったことの一因である。「港町」などと呼ばれるエリアには港湾労働者が行く店、遊興街、簡易

宿泊所などがあったが、それらを支える人口が消滅し、まちそのものが衰退していった。

公園の貸しボート、大きな河川を横断する渡船などはめっきり見なくなった。船に乗り慣れない世代の人たちにとってその運行速度は異様に遅く感じるものである。

過去数十年にわたってそのような状態が続いたことで人びとはすっかり水辺と疎遠になった。汚い川、使わない川になれば、川に蓋をしようという声も上がってくる。事実、過去数十年間に多くの都市河川が暗渠と化した。

翻って河川管理者、港湾管理者はといえば市民の声を聞く機会を持たないまま「管理」に専念する時代が続いた。規制緩和、民活導入がなかなか進まない状況を見るに、河川や港湾は管理者が管理するというモーメントは簡単には解消されないものと推察される。

(2) まちづくりとかわづくりの合わさり

先に述べたように市民にとって水辺とまちの区別はあまりない。川に魅力があるというときには、水面だけでなく沿岸の店舗、街並みに見いだされる魅力を指していることも多い。

近年は河川敷を中心とした水辺空間の活用事例、さらに民間事業者による取り組みが増えてきた。その変化は、1997(平成9)年の河川法改正によるところが大きい。近年では国の「かわまちづくり支援制度」、そのもとでの「マイタウン・マイリバー事業」、最近の「ミズベリング」によって賢い利用、民間の積極的な参画、市民や企業を巻き込んだソーシャルデザインを織り込んだ水辺整備が各地で展開されている。河川敷や水面の管理を公共主体に代わって担う指定管理者、PFI/PPPなど事業スキームはさまざまである。

沿岸には緑地、公園が整備されることが多い。河川空間の場合もあれば都市公園に指定されている場合もある。法制度的には河川区域か都市計画区域かの違いがあるが、繰り返すように利用者あるいは市民からすると本質的な違いがあるように思われる。最近では、自然環境が有する機能を、環境問題、防災問題などの解決に活用しようとするグリーンインフラの概念が確立しつつある。水の通りが悪くなった都市域において、水辺のあり方が議論されるきっかけにもなると予想している。

水辺の魅力向上は、主として事業の実施によって展開してきたが、名古屋市の最新の都市計画マスタープランでも水辺の魅力向上に言及しているように、計画段階において検討されることも増えてきた。

かくして「まちづくり」と「かわづくり」とは線を引くことができないものとなりつつある。「かわづくり」の中で公園(的機能)やカフェなどの空間創出、官民連携による事業の進め方など「まちづくり」で多用されている手法や考え方が広まりつつある。いわば「かわまちづくり」と呼ぶべきものである。

4　地域の水辺を見渡す

本章では、この地域のよく知られた「かわまちづくり」をいくつか挙げる。郊外に行けば、より自然が豊かな水辺を見られるが、ここでは都市域に見られるものに限ることとする。

(1) 富岩運河 (富山市)

富山駅から歩いて10分、伏木富山港へ繋がる運河である。観光舟運を整備し、平行する路面電車との併用で効率的に往復することが可能で、城址周辺の松川の遊覧船とともに水辺の魅力を放ち、県外からも多数の来訪者を得ている。

富岩運河の舟運

(2) 乙川 (岡崎市)

市の中心駅である東岡崎駅と岡崎城の間を流れる乙川では、河川敷で多くのイベントを行い、水位を調整した水面では遊覧船の乗船、SUP体験などの機会を提供している。殿橋のたもとでは道路空間にカフェを配置するなど他都市では見られないユニークなかわまちづくりが展開され

ている。2020（令和2）年3月には人道橋・桜城橋が開通した。

愛知県西三河庁舎から望む乙川

(3) 源兵衛川（三島市）

　水辺の自然環境の再生と復活を目的として1992（平成4）年9月に結成された「グラウンドワーク三島」は米国的手法を取り込んだ市民によるかわまちづくりの先駆けと言える。

清流のシンボルとして蘇った源兵衛川

(4) 長良川（岐阜市）

　大型河川のほとりにある都市は限られる。岐阜市は長良川の魅力を活かすべく沿岸の街並み

長良川：長良橋左岸下流側

を整備してきた。鵜飼観覧船が運航し、金華山の眺望も優れ、観光と市民余暇の両面を充足している。

(5) 堀川・新堀川・中川運河（名古屋市）

　製材業の衰退、水質の悪化等により人が背を向ける時代が続いた。1988（昭和63）年にマイタウン・マイリバー整備事業に指定、産学官民による堀川1,000人調査隊の動き、2014（平成26）年の堀川まちづくり構想に則り、水質改善、沿岸の賑わい向上が進んだ。

堀川：錦橋から納屋橋方向を望む

5　おわりに

　都市域にある水辺を、都市計画の中で取り扱うことがこれまで以上に当然のことになってきている。しかし、新しいことを手がけようとして直面する障壁は依然としてある。河川、港湾の方面では、法令には依らない、利害関係者間の申し合わせ、協議事項が意外とよく見られる。都市計画の在来の進め方では通用しない場面において個々の「かわまちづくり」はどのようにブレイクスルーするかが問われる。地域を再生しようとする強い思いが前進するパワーの源泉となったり、利害調整などに見る属人的能力が作用している場面も見受けられる。「かわまちづくり」に立ち向かう者にとっては教科書を手にするよりも現場に足を運ぶことが強く求められよう。

公共空間に多様な行為を促すデザイン、体験価値を創造するまちづくり

The Design Induce to Various Activity in Public Space, Town Development to Produce the Experienced Value

伊藤 孝紀　　名古屋工業大学大学院建築・デザイン分野
Takanori ITO　　Graduate School of Engineering, Nagoya Institute of Technology

1　はじめに

　戦後から続いた人口増加に伴った経済優先の都市構造は、大規模再開発や大型商業施設を産み出し、消費意欲を促してきた。昨今では、消費のあり方が、流行による画一化から個人の趣味趣向や質を重んじるようになり、若者を中心に消費の動向は、モノの売り買いを中心とした「所有志向」から、コミュニティに重きをおいた「利用志向」へと大きく変化している。人口が減少へと転じ、大量消費が望めない時代に突入しているのだから、自ずと商店街などの活性化のあり方は、「利用志向」へと変わる。そのため、公共空間の「にぎわい」においても、如何に市民の利用体験を促しながら、「収益事業」へと繋げていき、「エリアマネジメント」を実現させるかが重要となる。

　他方、都市や地域間の競争が激化する中で、それら固有の特徴や資源を踏まえ、魅力を高めていく「プレイス・ブランディング」も有効な手法である。既存の都市や地域の景観に、ある秩序を保ったデザインを統一して展開することは、利用者への視認性を高め、その行為を誘発する仕掛けとなる。例えば、米国のアップル社（Apple Inc.）の製品を例に挙げると、従来の製品に分厚い説明書とたくさんのボタンが付いていた頃、アップル社の製品には、ボタンもなければ、説明書もなく、使うたびに、発見があり、音楽を聴いたり、時には踊り出したり、楽しみながらストレスなく使いこなせてしまった。言うなれば、知らず知らずのうちに行為が誘発され、受動的な「機能価値」とは異なり、能動的な「体験価値」の創造を重んじているのである。このように、説明がなくても知らず知らずのうちに、誰もが何かをしたくなるような公共空間のデザインを目指すことが重要となる。

　上記の2つの視点には共通して、市民目線の「利用志向」を促し、「体験価値」を生み出す仕掛けとなるデザインの力が活きている。

　本稿では、市民が主体となり、収益事業と公益事業の循環を促すエリアマネジメントを、既存の公共空間をデザインすることで試みたプレイス・ブランディングの先駆事例を紹介する。与条件が異なる政令指定都市の都心部（名古屋市 栄ミナミ地区）と地方都市（岡崎市 康生通地区）の2事例を紹介することで、それぞれのにぎわい創出の特徴とデザインの手法を見出していく。

2　名古屋市　栄ミナミまちづくり株式会社
(1)栄ミナミまちづくり株式会社の変遷

　名古屋市都心部に位置する「栄ミナミ地区」とは、東西エリアは伏見通から久屋大通、広小路通の南エリアを指す。名古屋随一の目抜き通りである南大津通を中心とした繁華街であり、若宮大通を超え大須地区とのイベント連携をするなど、その賑わいは拡大している。

　栄ミナミ地区では、2016（平成28）年11月に、「栄ミナミまちづくり株式会社（以下、栄ミナミまち会社）」が設立し、2018（平成30）年2月に都市再生推進法人に指定された。まちづくり会社の多くは、鉄道会社や大手デベロッパーが中心であるのが一般的だが、この会社は、14町内会と6商店街、3組織によって構成されており、行政による出資はない。まちづくり活動は、2007年春から始まり、街中にステージが設置される「栄ミナミ音楽祭」や、町内会が中心に復活さ

せた「栄ミナミ盆踊り＠GOGO」、秋には名古屋B
級グルメの決定戦「NAGO-1グランプリ」など、
街を活気づける四季折々のイベントが企画運営
される。

　2013（平成25）年、一本の商店街路灯から始ま
り、現在では、南伊勢町通とプリンセス大通を
中心に約150本の街路灯が実現している。2015
（平成27）年に、歩道上の利用されていないオブ
ジェや工作物を撤去し、歩道を拡げ、2016（平成
28）年より歩道の余剰空間を活用して、様々な社
会実験に挑戦している。

　具体的には、「歩道上のタッチパネル式デジタ
ルサイネージ」の設置や、駐輪禁止地区の指定な
し「有料駐輪システム」、シェアサイクル「でらチ
ャリ」の導入（写真1）、商店街アーケードの車道
上の広告掲出などである。その多くは全国初と
なる試みであり、社会実験を経て、栄ミナミまち
会社の収益事業となっている。

写真1　シェアサイクル　でらチャリの設置風景

（2）栄ミナミ地区における公共空間の利活用

　2017（平成29）年度は、南伊勢町通で「イセマ
チ　パークレット」をおこなった（写真2）。全国
初となる車道上のパーキングメーター（時間制
限駐車区間）を活用した社会実験である。駐輪
スペースを併設することで、歩道上にある大量
の駐輪を車道へ誘導でき、歩行目的のみの十二
分な空間を確保した。さらに、車道上を走る自
転車が走りやすいよう「ナビライン」を設置し、
駐輪スペースは車道上からアクセスできるよう
にし、曖昧になりがちな自転車通行と歩行者の
関係を明確にした。

　社会実験の結果、歩道上の放置自転車がなく
なり、駐車へのクレイムもなかった。地区全体

でおこなうイベントと連携して活用することで、
歩行者の利用は増加する。基盤整備費は名古屋
市、上物の工作物は栄ミナミまちづくり会社が
負担し、地先店舗が賃料を支払う仕組みによっ
て、店舗のにぎわいを通りに滲み出せた。

写真2　イセマチ　パークレットの様子

　2018（平成30）年度は、プリンセス大通にパー
クレットの社会実験をおこなった（写真3）。車道
に歩道を拡げてパークレットを設置するだけで
なく、歩道上の乱立する違法広告板やゴミ問題
に加え、滞留の場がないという利用ニーズを解
決すべく計画した。地先店舗である名古屋老舗
居酒屋と連携した運営方法にも挑戦している。
店舗前に、テイクアウトメニューの自動販売機
を設置してもらい、チケットを購入すると店員
がドリンクや食べ物を運んでくれる。利用者に
は、屋外空間を利用できるメリットがあり、店
舗にも客席数が屋外に拡充したメリットが生ま
れる。実際にパークレット内の売上げだけでも
一日数万円を計上した。

写真3　固有の景観を生むプリンセスパークレット

　さらに、企業広告の掲出や企業協賛の商品を
提供する企画、地元企業による情報発信の掲示
など、利用者を促進する仕掛けも組み込んでい

る。先行している商店街アーチや街路灯のバナー広告、デジタルサイネージとも連動することによって、街の景観をジャックする広告価値を上げると共に、地区独自の景観を生み出し、利用者のSNSなどの情報発信など、体験価値を高める試みとなった。

2019(令和1)年度は、これら社会実験の結果を踏まえ、南伊勢町通の道路空間再編事業が、名古屋市によって予算化された。地先店舗との連動した道路空間の利活用を促進すべく、車道を狭め歩道を拡幅する工事が2020(令和2)年秋には完成する予定である。拡幅された歩道上には、栄ミナミまち会社が保有して維持管理・運営をおこなう複数箇所のパークレットが常設設置する計画が進んでいる。収益事業として、街路灯のバナー広告と連動したパークレット内に広告掲出したり、荷卸しスペースを隣接させることで、祝祭日はキッチンカーを併設させたイベント利用を想定するなど、にぎわい創出をデザインしている。

3 岡崎市 株式会社まちづくり岡崎

(1)乙川リバーフロント地区と康生通

愛知県岡崎市は、2018(平成30)年度に国土交通省と内閣府の連携により、ハードとソフトの両側面から総合的に取り組む地方再生のモデル都市に選定された。これにより、河川や公園、道路といった公共空間を活用して地区内の回遊性を高め、波及効果としてまちの活性化を図る「乙川リバーフロント地区公民連携まちづくり基本計画(以下、乙川基本計画)」が策定された。岡崎市は、2019(令和1)年7月に「籠田公園」の再整備が竣工、同年11月に複合商業施設「OTO RIVERSIDE TERRACE」が開業、2020(令和2)年には「桜城橋」の竣工を予定しており、公共空間の整備や民間の参画を促す再開発、情報発信に努めている。そのような中、「康生通」は、乙川基本計画において主要拠点である「岡崎市立中央図書館りぶら」と「籠田公園」を結ぶ基幹となっているため、道路空間再編事業の対象となった。

康生通は、岡崎市に位置する長さ約330mの市道である。岡崎城の城下町、東海道の宿場町を基盤として発展したこの地区において、康生通

は中心市街地として商業機能を担っていたが、大型商業施設の郊外への進出などの影響を受け、その役割が低下していた。この状況を打開すべく、「株式会社まちづくり岡崎(以下、まち岡崎)」が、2013(平成25)年3月に設立され、康生通地区のまちづくり推進主体として活動を開始する。

2018(平成30)年度は、道空間活用のための社会実験をおこない、2019(令和1)年5月に都市再生推進法人の指定を受けた。

(2)康生通地区における社会実験

2019年10月8日から1か月間、康生通の車道1車線を歩道化するパークレットの社会実験をおこなった(写真4)。片側2車線、歩道幅4.5mの康生通において、歩道側1車線の一部を歩車道の境界から2mの空間を利用して大小8基のパークレットを設置した。主要パークレットは、全長が約32mあり社会実験時は国内最大規模である。パークレットは、耐久性、耐衝撃性に優れ高速道路等で使用される高さ550mmの仮設ガードレールを用いて囲った空間に、菜園やサイン、イス、テーブルなど家具や什器に加え、人工芝を設置した。まち岡崎及び地区の市民意見や要望をまとめるためにWSをおこない、拡幅した歩道上のデザインに反映している。また、パークレットと連動して、沿道店舗の軒先活用や路面駐車場の有効利用などもおこなった。

写真4 康生通パークレットの様子

社会実験の調査結果より、利用者は近隣の居住者が多く、平日は高齢者による利用が多い一方、休日は遠方からの若者利用も多いことがわかった。段差を付けた什器や人工芝に座って利

用する人が多く、イスやテーブルに見立ててデザインしたことが功を奏した。そのため利用者の満足度は高く、パークレットに設置したホワイトボードや掲示板に街や店舗の情報を掲載することで、利用者の街への興味を高め、掲示物によりイベント等の周知に繋がったため、再来訪の姿が多く見られた。また、子どもを対象にしたイベント企画や遊べる玩具を置くことによって、通学帰りの子ども達が立ち寄る場にもなった(写真5)。他方、パークレットは未就学児の母親達にとって待合せの旗印となり、子連れで集うコミュニティの場としても活用された。地先店舗が閉店すると、それぞれがお酒や食べ物を持ち寄り、自然発生的に宴会がおこなわれていた。

同時に、交通量調査もおこなったが、車線減少のために懸念された渋滞はなく、逆に平日の昼間は自動車通行量が減少した。ただ、商店街の店舗からは、荷卸しへの不満の声が上がったため、今後の課題となった。既存店舗からは、売上げに直接は繋がっていないという声もあったが、一方では新たな需要を見越して、物販店が地元の野菜を販売したり、飲食店がテイクアウトメニューを考案するなど、商品展開や業態拡大する試みもみられた。

写真5　子ども達がパークレットに滞留して遊ぶ様子

4　おわりに

2事例を通して、同様の手法を用いたとしても、公共空間から得られる効果の質が異なることがわかる。栄ミナミ地区のような都心部では、公共空間そのものが、市民が集うコミュニティの場であると同時に、商品の広告媒体や企業プロモーションの媒介となる。そのため、複数の公共空間を活用するイベントは、広告を掲出した

ステージが集客へと誘い、客席は店舗の拡張と見なせるため収益効果が期待できる。

他方、康生通地区のような地方都市では、公共空間そのものが、市民が集うコミュニティの場であり、新しい商品や業態を生み出す挑戦の場となる。公共空間は、きっかけづくりの場となり、地区の若者に、独自スタイルの店舗や民泊、シェアオフィスなど新たなビジネスへの挑戦を標榜させ、小さな芽を紡いでいく可能性を生み出すだろう。

その一方で、どの公共空間のにぎわいをデザインする際にも、共通していることがある。対象地区の歴史文化や地理的特徴、由来や慣習に至るまで調査し、その上で、地区の方々の誇りとなり、利用者に直ぐに理解でき、エリアマネジメントの各事業に展開される物語性に重きをおいていることである。そのどれもが、公共空間に利用者の多様な行為が誘発されることから、豊かな物語が奏でられるのである。例えば、欧米の賑わいある公共空間を概観すると、そこに佇む人々の行為は、一つに集約されるのではなく、幾つかの行為が連続することで、素敵さや豊かさといった充実した時間を過ごす姿が見てとれる。そこには、「仕事をしながら、読書をし、お茶を飲みながら、ラインをし、アートを観る……」のように、「○○をしながら、○○をする」といった行為が重層化していることがうかがえる。

プレイス・ブランディングにおいて、公共空間が目指すべき体験価値とは何か、と問われたなら「多様な行為の重奏化」した空間をデザインすることと提示したい。

【引用・参考文献】

1)　伊藤孝紀,プレイス・ブランディングにおける名古屋駅地区周辺地区の空間資源の評価と抽出,日本デザイン学会研究論文集, VOL.58, No.5, 2012

2)　伊藤孝紀,栄ミナミまちづくり会社によるプレイス・ブディングで捉える横断的なデザイン,日本デザイン学研究作品集, VOL.24, 2019.3

長寿社会に向けた都市づくり・まちづくり
—フレイル期に焦点をあてて—

Urban and Town Management for a Longevity Society – Focus on the Flail Period–

樋口 恵一　　大同大学工学部建築学科土木・環境専攻
Keiichi HIGUCHI　　Civil Engineering and Environment Course, Daido University

1　はじめに

　わが国は、2065(令和47)年に現在の人口の約3割が減少し65歳以上の高齢者が総人口の約4割を占めると予測されており、世界のどの国も経験したことのない超高齢社会が到来する。

　高齢福祉分野では、医療や介護などの充実が求められる一方で、住み慣れた地域で安心して生活できる社会システムの構築が進められており、将来の長寿社会を想定した都市づくり・まちづくりが必要不可欠である。

　本稿では、福祉政策を概観するとともに、「フレイルの改善・予防」に焦点をあて、長寿社会に向けた都市づくり・まちづくりについて述べる。

2　介護保険制度および地域包括ケアシステム

　介護保険制度が導入されて2020(令和2)年4月で20年を迎えた。創設時の2000(平成12)年当時と比べて、要介護・要支援者の認定者数および介護費用が約3倍、介護保険料は約2倍に増大した。また、高齢単独世帯が急増する一方で在宅介護職は慢性的な人手不足であり、特別養護老人ホームでは待機者が全国で約32万人にのぼり、入居に数年待たなければならない地域もある。介護保険制度は「介護を社会共通の課題として認識して、税と保険料を財源として社会全体で担っていく」ために創設されたが、対象者や介護費用が増加しているため介護財政の社会問題が顕在化され、個人負担の考えが主流になりつつある[1]。

　他方、高齢者の尊厳の保持と自立生活の支援の目的のもとで、可能な限り住み慣れた地域で自分らしい暮らしを人生の最期まで続けること

ができるよう、地域の包括的な支援・サービス提供体制（地域包括ケアシステム）の構築を推進している。2005(平成17)年の介護保険法改正で「地域包括ケア」という用語が初めて使われ、地域住民の介護や医療に関する相談窓口「地域包括支援センター」の創設が打ち出された。その後、2011(平成23)年の同法改正では条文に「自治体が地域包括ケアシステム推進の義務を担う」と明記され、システム構築が義務化された。2015(平成27)年の同法改正では地域包括ケアシステムの構築に向けた在宅医療と介護の連携推進、地域ケア会議の推進、新しい「介護予防・日常生活支援総合事業」の創設などが取り入れられた[2]。

3　コンパクト・プラス・ネットワークのモデル都市における福祉との連携事例

　国土交通省では、コンパクト・プラス・ネットワークの全国的な展開を推進するため、モデル都市の形成・横展開に取り組んでいる[3]。ここでは、モデル都市に選定されている自治体の中から、福祉に関連する取組み事例を紹介する。千葉県柏市では、団地再生と合わせて24時間対応の医療・看護・介護サービス事業所を併設したサービス付き高齢者向け住宅（以下、サ高住）の誘致や地域拠点ゾーンに生活利便施設を配置する等の地域包括ケアを推進している。また、熊本県熊本市や栃木県宇都宮市では、高齢介護施設の整備において都市の拠点性（都市機能誘導区域内への立地）を評価基準に加え、施設の集約化に取り組んでいる。

　特に注目したいのは山口県宇部市である。宇部市では立地適正化計画の実施方針を、『にぎわ

い・安心・利便性の高い生活の実現〜多極ネットワーク型コンパクトシティ×地域支え合い包括ケアシステム〜』とし、ケアシステムとの連携を全面に掲げている。長期的に住宅や都市機能の維持・誘導を図るための施策と、地域福祉や住民自治による地域づくりの施策を連携させた立地適正化計画を策定している。

4　長寿社会の都市づくり・まちづくり

2章でも述べたが、超高齢社会における大きな課題は介護にかかる費用負担や人材確保とされ、健康寿命の延伸が求められている。

健康寿命の延伸には、要支援・要介護になる前段階の『フレイル（体力・気力が下がり心身の活力が低下している状態）』になる前やフレイル期の過ごし方が重要になってくる。

近年、老年学の分野ではパネルデータが蓄積され、外出頻度が少ない、1日の歩行時間が30分未満、友人と会う頻度が月1回未満、地域の会への参加がない、仕事や家事をしていないなどの高齢者は、3年間で要支援以上の要介護になりやすいという結果が公表されている[4]。またフレイルは、「運動」「栄養・口腔ケア」「社会参加」をバランスよく取り組むことで改善・予防することができる。すなわち、長寿社会を支えるには、高齢者の交流を支える場づくりと移動手段が連携した都市づくり・まちづくりが求められるのである。

(1)交流を支える場のマネジメント

愛知県一宮市では、市民が自ら出かけたくなるような場所や地域に開かれた住民が気軽に集まることができる場所を「おでかけ広場」として認定し、2020（令和2）年4月現在で市内に98施設ある。そのほかの「ふれあい・いきいきサロン」「貯筋教室」「ふれあいクラブ」と合わせると介護予防事業の対象施設が全市で227施設あり、『一宮市通いの場マップ[5]』として各施設の地図や開催内容等が広報されている。

一方、第7期一宮市高齢者福祉計画の策定に向けたアンケート調査[5]では介護予防事業への参加意向の低さが明らかになり、施設ごとに参加者数もばらついている。そこで、2017（平成29）年度のおでかけ広場参加者数を利用し、都市特性別に開催内容と参加者数の関連性を調査した結果、下記の様な傾向がみられた。

・地方部（高齢化率が高く平均勾配が大きい）で高齢者が多い地域では、「体操」への参加者が多くなる傾向
・地方部（高齢化率が高く平均勾配が大きい）で高齢者が少ない地域では、「おしゃべりの場」への参加者が多くなる傾向
・都市部（高齢者数が多く平均勾配が小さい）の利用者の多い施設の特徴は、身近で気軽に行ける施設・イベント内容が豊富・参加費の安さが関連

福祉部局は、イベント等への参加者数や参加者の健康状態などが主な評価対象である。今後、都市の特性や各地区の特徴に合わせて場づくりを行うには、都市計画やまちづくり部局、地域自治部局との連携が必要になる。

(2)交流を支える移動手段の確保

1.フレイル期を支える移動支援サービス

都市づくり（コンパクト・プラス・ネットワーク）の観点では公共交通ネットワーク（図1）が欠かせない。しかし、身体的な能力が低下しているフレイル期において利用可能な移動手段や移動サービスは限られる（図2）。また、要介護2以上でなければ介護保険が適用されるサービスを受けられず、「虚弱化を抑制するためにも社会参加（外出）が求められる層」における移動支援メニューの少なさが社会的な課題である。

当該課題を補うため、特に公共交通が無い、もしくは公共交通サービスが低い地域において、地域の助け合いなどによって移動サービスが展開されている。助け合いによる移動サービスの種類は様々あるが、運送の対価として金銭を受け取らない完全無償型、ガソリン代等の実費程度の負担を利用者に求める無償運送型、サロンやデイサービスの利用者を送迎するサロン送迎型などがある[6]。

また、厚生労働省は介護予防・日常生活総合事業のサービス類型の中に「訪問型サービスD（移動支援）」を設けている。当該サービスは介護予防・生活支援サービスと一体的に行う移動支援（通所型サービスの送迎等）や移送前後の生活支援（通院等の送迎前後の付き添い）である。

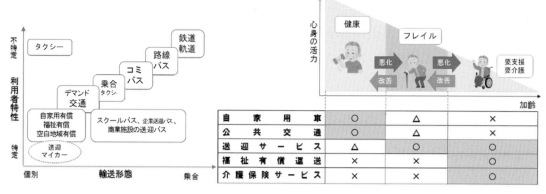

図1　網形成計画に含める移動手段　　　図2　高齢期の健康状態と移動手段・移動サービスとの関係

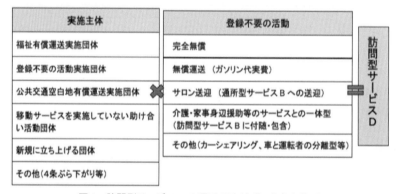

図3　訪問型サービスＤの運用手法(出典：参考文献6)

また、対象者が限定されない・目的やサービス内容が限定されない・利用者負担を多様であるなど、地域の実情に応じて柔軟に設定可能である[6]（図3）。

2. 新たな移動支援サービス

高齢者向け住宅の一つのサ高住は、生活相談員が常駐し、入居者の安否確認や生活支援サービスを受けることができる賃貸住宅住宅である。しかし、様々なサービスが充実している反面、社会参加（外出）が希薄になりやすく、入居後に様々な病気を発症し、要介護度や要支援度が上がるなどの報告もある。また男性高齢者は、地域公共交通や移動支援サービスを利用したがらない等の課題があり、よりパーソナルな移動支援も求められている。

そこで、大同大学・南医療生活協同組合・玉野総合コンサルタントは、パーソナルモビリティ（電動車椅子SC00）の共同利用の実証実験を行っている。共同利用を行う施設は、名古屋市緑区の南大高駅に近接するサービス付き高齢者住宅

（よってって横丁おたがいさまの家：地図1）と名古屋市南区名南中学校区の高齢者サロン（おたがいさまの家みなあん：地図2）に電動車椅子SC00をそれぞれ1台設置し、利用希望者を募り共同利用を行う。なお、高齢者サロンでの運用は、地域住民から利用要請があればボランティア団体がパーソナルモビリティを配送する仕組みで運用している。

2019(令和1)年年度は利用者層（ターゲット）に関する情報収集と利用可能性の確認を行った。3か月間の共同利用において確認できた利用者層や利用範囲に関する結果の概略を以下に示す。

・運転への慣れは、女性高齢者に比べて男性高齢者の方がはやい。

・ボランティアを行っている高齢者や多趣味の高齢者において利用意向が強い。

・歩行困難性が高い高齢者（外出時には杖・歩行器・車いすが必要）は、300m圏での買物においてパーソナルモビリティの利用意向がある。

また、運転操作に慣れた高齢者は、タクシー

地図1　名古屋市緑区南大高駅付近

地図2　名古屋市南区名南中学校区

で通院していた片道2km程の運転も可能であった。

・歩行困難性が中程度の高齢者（長時間歩くことができないなど）は、普段行くことがない片道約2kmの店舗（カインズホーム）へ積極的に外出するなど、行動範囲が広がった。

5　おわりに

　健康寿命を延ばすには、介護予防事業をはじめとして、個々人の生きがいや役割、他者との関わりが欠かせない。これらは個人単位のミクロ的な事象であるが、今後の長寿社会を見据えて都市計画レベルで対応を検討している自治体もみられるようになった。

　一般的に、交流の場づくりは福祉施策やまちづくり施策として展開されやすく、既に実施している自治体は多い。

　一方、交流を支える移動手段の確保はどうであろうか。公共交通セクションが中心となって策定されている地域公共交通網形成計画では、

鉄道〜デマンド交通（図1）までを対象としている計画が多くなっている。

　これまでの自動車依存のモビリティ社会においては、公共交通機関は「自動車を運転できない移動制約者の生活の足」としての役割を担い、その任務を継続して果たすために競合・重複する他の移動サービス等をなるべく避けてマネジメントを行ってきた。しかし、長寿化が進む超高齢社会においては高齢者の属性が多様化し、高齢者を移動制約者として一括りに捉えることは難しくなってきている。また、公共交通事業者の担い手が減少している環境下においては、路線の細分化や高頻度化も難しい。

　様々な主体が幹線系統・フィーダー系統・高齢者の交流を支える福祉交通に関与することを考えると、市域全般を一体的にマネジメントするための計画づくりが欠かせない。現行の計画では、豊田市や岐阜市などではフィーダー路線を住民との協働体制により構築しているため、福祉交通がマネジメントしやすくなるのではないだろうか。

　また、昨今、自動運転技術の開発が進み、ドアツードアサービスの展開や公共交通乗務員不足への対応策として期待されている。長寿社会においてはドアツードアのサービスにおいても少しの介助が必要な層がいることを念頭に、自動運転技術の活用を検討すべきである。

【引用・参考文献】

1）中日新聞：介護保険20年，世界と日本大図解シリーズNo.1451，2020.4.

2）厚生労働省：地域包括ケアシステム，https://www.mhlw.go.jp，最終閲覧2020.5.

3）国土交通省：モデル都市形成の横展開，https://www.mlit.go.jp/，最終閲覧2020.5.

4）日本老年学的評価研究：新型コロナウイルス感染症流行下での高齢者の生活への示唆，Press Release No: 210-20-1，2020.4.

5）一宮市役所：https://www.city.ichinomiya.aichi.jp/，最終閲覧2020.5.

6）伊藤みどり：住民参加による移動サービスの意義と新しい展開，最終閲覧2020.5.

コンパクト・プラス・ネットワークにつながる
歴史を活かしたまちづくり

Redevelopment through conservation and use of heritage places : For the compact plus network concept

今村　洋一　椙山女学園大学文化情報学部文化情報学科
Yoichi IMAMURA　School of Culture-Information Studies, Sugiyama Jogakuen University

1　はじめに

　歴史を活かしたまちづくりとは、寺社や町家、近代建築など、都市や地域がもつ歴史遺産を保全・活用したまちづくりを指す。その対象区域は、車社会以前に形成された旧市街地や、徒歩の時代の旧街道などが中心であるため、コンパクトなまちづくりの対象区域と重なる。つまり、歴史を活かしたまちづくりによって、その都市や地域を再生することは、コンパクトなまちづくりに寄与する。この点で、歴史を活かしたまちづくりも、本書の主題である「コンパクト・プラス・ネットワーク」に沿うものである。

2　中部地域における歴史を活かしたまちづくり

　歴史を活かしたまちづくりを支援する代表的な国の制度としては、重要伝統的建造物群保存地区（以下、重伝建）制度、重要文化的景観（以下、重文景）保護制度、歴史まちづくり事業[1]（以下、歴まち事業）があり、中部地域でも27の自治体がいずれかの制度を活用して、まちづくりを行っている（図1）。その中でも重伝建4地区、重文景、歴まち事業とフルラインナップで展開する金沢市は、独自条例に基づく制度も多く用意しており、我が国における歴史を活かしたまちづくりの先進自治体の1つであるので本稿で取り上げる。

　また、公共公益施設整備の補助事業である都市再生整備計画事業を活用した事例や、個別の空き家再生から地域全体の戦略的な歴史を活かしたまちづくりへと展開した事例もある。前者として鵜沼宿（岐阜県各務原市）、後者として三国湊（福井県坂井市）を本稿で取り上げる。

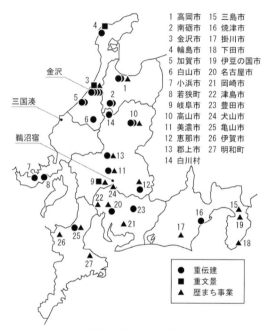

図1　国の制度を活用した中部地域の自治体

（注）本稿で扱う3事例（金沢、鵜沼宿、三国湊）についても、図中にその位置を示した。

3　諸制度の重層的適用による包括的な歴史を活かしたまちづくり（石川県金沢市）

(1) 歴史を活かしたまちづくりの概要

　加賀百万石の城下町であり戦災を免れた金沢市には、多くの歴史遺産が残されており、1968（昭和43）年に金沢市伝統環境保存条例を制定するなど、全国でも最も早期から歴史を活かしたまちづくりを展開している自治体である。金沢市では、城下町全域を景観計画の景観形成区域（伝統環境保存区域、伝統環境調和区域など）として広範に景観保全を図りながら、特に歴史的町並みがよく残る区域は重伝建地区、城址とその周囲の町割や用水路などは重文景として手

厚く保全し、さらに、こまちなみ保存条例や用水保全条例、寺社風景保全条例など、国の制度で不足する部分については、独自条例を定めて保全している。国の制度や市独自の制度を重層的に適用し、城下町に残る歴史遺産に漏れなく、そして重要な歴史遺産には幾重にも保全の網を被せている点が特筆される。

歴まち事業では、重伝建や重文景が集積する旧城下町区域を含んだ重点区域（2,140ha）内で、多種多様な事業を展開している。城址では金沢城公園整備事業として鼠多門と鼠多門橋の復元整備（県事業）が行われ、まちなかでは町家の修繕・補強に対する補助事業、町並み景観保全のための無電柱化事業や修景事業が行われている。また、観光案内板整備や観光パンフレットの多言語化などの来訪者向け事業や、素囃子、茶道、工芸の各子ども塾など、伝統文化や工芸技術の継承、後継者育成に関する事業も併せて行われている。

(2) 金澤町家の保全

このように金沢市では、ハード・ソフト両面から、城下町の歴史遺産を保全・活用した包括的なまちづくりが進められているが、近年は市民が住まう金澤町家[2]の保全にも力が入れられている。

金澤町家は、市内に約6,000軒以上あるとされるが、建替えや駐車場への転用のため、年間100軒以上のペースで取り壊されている[3]。重伝建地区内やこまちなみ保存区域内の金澤町家は保存される一方で、それ以外の区域においては相当なペースで金澤町家が滅失しているのである。これに対して金沢市では、金澤町家の保全及び活用の推進に関する条例（以下、金澤町家条例）に基づき、2019(令和1)年10月より金澤町家の大規模改修・解体時の事前届出制度を開始した[1]。保全活用推進区域内[4]にある金澤町家が対象で、解体等の90日前までに届出が必要となった[5]。届出がなされた場合は、金沢市より保全活用の支援策を提案し、解体を思いとどまってもらおうというものである。支援策は既に実施されていたもので、修理補助と流通支援の2つを柱としている。前者は、修理によって外観等を極力本来の姿に戻す工事に対し、費用を補助

する制度（金澤町家再生活用事業）で、あわせて水回りなどの整備もおこなうことで、快適な再生町家として蘇らせて使い続けてもらう狙いがある。後者は、金澤町家の売買・賃貸情報をホームページ上で公開する金澤町家情報バンクや、町家所有者と町家利用希望者とをつなぐ流通コンサルティング事業を通して、町家を活用したい人に貸したり売ったりすることを促す狙いがある。

これに加え、2020(令和2)年度から特定金澤町家の登録制度が開始された。登録された特定金澤町家は、上記の届出が義務化される一方で、補助額が上乗せされるというものである。

また、2016(平成28)年には金澤町家情報館がオープンし、金澤町家に関する具体的な相談（補助制度の手続き、町家の売買・賃貸、町家を活用した移住など）の窓口として機能している。館自体が、江戸末期建築の町家を活用したもので、水回りや耐震補強壁などを実際に見ることのできる再生活用モデルともなっている。

4　都市再生整備計画事業による空間整備（鵜沼宿：岐阜県各務原市）[2]

各務原市の鵜沼宿は、旧中山道の宿場町として栄え、江戸期建設の町家や造り酒屋の土蔵が残されている。市指定文化財や国登録文化財、景観法に基づく景観重要建造物指定など、個々の歴史的建造物の保全と並行し、歴史的建造物の積極的な修復や復元を行って、歴史的町並みの再生を図るとともに、旧中山道を景観と歩行者に配慮した通りに転換させることを目的として、2006(平成18)年度から5か年で都市再生整備計画事業が行われた（図2）。

具体的には、鵜沼宿家並絵図をもとに中山道鵜沼宿脇本陣を復元整備、かつて郵便局として使用されていた武藤家住宅を修復して中山道鵜沼宿町屋館として公開、市内他所にあった旧大垣城鉄門（くろがねもん）の移築、さらに景観重要建造物11棟の修景を行った。また、鵜沼西町交流館と消防団倉庫を鵜沼宿の歴史的景観と調和したデザインで新築し、併せて火の見櫓の改修を行った。

旧中山道である市道については、通過交通も

多く、町並みを散策する歩行者にとって安全でなかったため、周辺道路の整備を行うとともに、歩道を拡張して車道を狭め、狭さく部を設置して自動車のスピード抑制を図った。これにより、平均交通量を1万2,000台／日から4,000台／日まで減少させることに成功している。同時に、町並み散策にふさわしい道路環境整備として、無電柱化（電線地中化、裏配線）、道路美装化、せせらぎ水路の復元を行った。また、町家を改装した飲食・土産店として宇留摩庵をオープンさせ、散策時に一息つける場所もできた。

　このようにハード事業が集中的に行われたことで、鵜沼宿の歴史的町並みと安全・快適な歩行環境が整えられた（写真1）。その一方で、中

図2　鵜沼宿における都市再生整備計画事業
(注) 基幹事業、関連事業として実施された一般的な道路整備事業は省いている。

写真1　鵜沼宿の町並みと事業成果
(左上) 無電柱化された旧中山道。火の見櫓と消防団倉庫、脇本陣の並び。脇本陣前には道路の狭さく部が見える。
(右上) 卯建のある復元された脇本陣。茶会などが開かれる。
(左下) 景観重要建造物が並ぶ町並み。
(右下) 町屋館と宇留摩庵の並び(右側)。

山道鵜沼宿まちづくりの会、中山道鵜沼宿ボランティアガイドの会、中山道鵜沼宿木遣保存会が設立されるなど、市民によるまちづくりも萌芽し、脇本陣の管理や通りの清掃活動、来訪者のガイド、木遣の披露などを通し、普段のまちづくりや春・秋のまつりの運営に貢献している。

5　空き家再生から市民を巻き込んだ多様なまちづくりへ（三国湊：福井県坂井市）

　坂井市の三国湊は、九頭竜川の河口に位置し、北前船の寄港地として栄えた湊町で、かぐら建て(6)と呼ばれる独特の町家が多く残されている。三国湊における歴史を活かしたまちづくりは、1920(大正9)年築の旧森田銀行本店の保存から始まった。1997(平成9)年には国登録文化財となり、その後公開されたが、これ以降、旧三国町では、2002(平成14)年に景観まちづくり条例の制定、2004(平成16)年に旧岸名家の復元・修理、2006(平成18)年に隣接する三國湊町家館（旧梅谷家）のオープンと、景観保全と歴史的建造物の保存・活用が進められた(7)。また、2005(平成17)年からは街並み環境整備事業による道路の美装化や建築物の修景も行われ、きたまえ通りを中心に町並みの整備が進んだ。

　一方で、空き家となる町家は増加し続け、それに危機感を覚えた坂井市では、(一社)三國會所とともに、県の補助事業を活用して三国湊町家活用プロジェクトに取り組み、2013(平成25)年度から3か年で6軒の空き家を改修・再生した（図3）。これにより、著名な東洋文化研究家であるアレックス・カー氏プロデュースのゲストハウス「詰所三國」や、センスの光る小さな個店（雑貨店、飲食店）が誕生し、既に再生されて観光拠点となっていた三國湊座やカルナとともに、三国湊の雰囲気を変えた。

　また、東京大学都市デザイン研究室の提案を受け、2018(平成30)年に、公民学連携によるシンクタンクとして、アーバンデザインセンター坂井（以下、UDCS）が設立され、その拠点も空き家であった町家（旧佐藤家）が活用された。UDCSでは空き家問題の創造的解決を根幹に置き、空き家再生事業を地域内外の多様な主体と連携しながら継続している。さらにUDCSの裏にあっ

た土蔵をコミュニティキッチン「くららぼん」として再生した。不足資金はクラウドファンディングで集め、家具などは福井大学らの学生によるDIYで製作している。他に、三国湊サイン整備プロジェクト、三國湊夜咄会、三国高校との連携プロジェクト(8)などを展開し、市民を巻き込んだ多様なまちづくりを進めている。

図3　三国湊における空き家再生事業

（注）県補助事業以降。2020（令和2）年4月現在の用途。

写真2　三国湊の町並みと歴史的建造物の再生

（左上）保存・公開されている旧森田銀行本店。
（右上）旧岸名家と町家館の並び（左側）。三国湊の町並みのハイライト。
（左下）かぐら建ての町家を活用したアーバンデザインセンター坂井。付属する広場では様々なイベントを実施。
（右下）コミュニティキッチン「くららぼん」の内部。

6　おわりに

　本稿で扱った3事例（金沢、鵜沼宿、三国湊）は、いずれも歴史を活かしたまちづくりによって、魅力的な都市空間が創造され、歩いて楽し

い街として再生されつつある。また、保全された歴史遺産は、住む人にとって誇りとなり、自分事としてまちづくりに関わろうという意識を醸成している。住む人の我が街への愛が凝縮されたコンパクトな都市空間こそが、これからのまちづくりで目指すべき姿であろう。

【補　注】
(1)　「歴史まちづくり法」（地域における歴史的風致の維持及び向上に関する法律）に基づく、認定歴史的風致維持向上計画に位置付けられた事業を指す。街並み環境整備事業や都市再生整備計画事業など、国の支援を重点的に受けられる。
(2)　1950（昭和25）年以前に建てられた木造建築物（寺院、神社、教会などを除く）の総称とされているため、一般的な町家以外に、武士系住宅、足軽住宅、近代和風住宅なども含んでいる。
(3)　2017（平成29）年度調査によれば、金澤町家の滅失原因は、建替え46％、駐車場31％、空き地21％、その他2％となっている。
(4)　金澤町家条例に基づき、城下町エリアである中心市街地区域のほか、金石・大野区域、旧北国街道森本・花園区域、二俣・田島区域、湯涌温泉街区域の5区域が設定されている。
(5)　2020（令和2）年3月末までの半年間で35件の届出があった（内訳：解体19件、大規模改修16件）。
(6)　切妻妻入の主屋の前面に片流れの二階屋を直角に接続して、正面を平入とする形式の町家。
(7)　旧森田銀行本店、旧岸名家、旧梅谷家は、いずれも坂井市が取得し、現在は（一社）三國會所が指定管理者となっている。
(8)　2018（平成30）年度は、総合学習において、空き家を使用したイベントの企画と実施がなされた。

【引用・参考文献】
1)　金沢市（2019）『未来へつなぐ金澤町家』（町家解体等事前届出パンフレット）
2)　各務原市（2012）『旧鵜沼宿・旧中山道地区』（国土交通省　第7回まち交大賞資料）
http://www.machikou-net.org/public/machikou_taisyou/7th/data/04_kakamigahara.pdf　（2020年4月22日閲覧）
3)　上出純宏（2017）「三国湊の「みなと文化」」みなと文化アーカイブスNo.44、みなと総合研究財団
http://www.wave.or.jp/minatobunka/archives/report/044.pdf（2020年4月22日閲覧）

岐阜県郡上市八幡市街地空家利活用事業

The Project for utilization of unoccupied house in town area in Gujo city , Gifu prefecture

鶴 田 佳 子　　岐阜工業高等専門学校建築学科
Yoshiko TSURUTA　　Department of Architecture National Institute of Technology, Gifu college

1 郡上市の概要

郡上市は、1954（昭和29）年12月に1町4村合併し誕生した八幡町を中心とし、2004（平成16）年3月1日に7か町村が合併し、岐阜県のほぼ中央に位置する中山間地にある（図1）。

2020（令和2）年4月現在、人口40,882人、世帯数15,384世帯、であり、総面積1,030.75㎢のうち森林面積が923.98㎢（90％）を占める。

市内で都市計画区域に指定されているのは、旧八幡町の中心市街地のみであり（図1）、1955（昭和30）年7月に「八幡町都市計画区域」を指定し（図2）、1958（昭和33）年2月から道路整備等の都市計画事業に着手している。

また、八幡市街地では、水環境保全・活用の取り組みを契機に、昭和50年代以降、住民主体のまちづくり活動が推進され、その後の街なみ環境整備、歴史まちづくりへと展開し、2012（平成24）年12月には郡上八幡北町伝統的建造物群保存地区が重伝建地区に指定されている。

1955（昭和30）年から人口減少に転じ、平成17～22年の人口減少率は約6.3％と減少幅は拡大し、高齢化率は34.17％（平成28年）となっている。

7か町村合併以前の1996（平成8）年に策定された「八幡町都市計画マスタープラン」に基づく交通環境の改善や重伝建地区の指定等の20年間の取り組みの成果を背景に、観光客が増加してきた。

しかし、一方で、市街地でも人口減少、少子高齢化、既存商店街の衰退に歯止めがきかない状況の中で、郡上市は空き家の利活用と移住者の増加を図ることを目的に2015（平成27）年4月に「郡上市八幡市街地空家利活用事業」を創設することとなった。

図1　郡上市位置図、旧7か町村界と都市計画区域位置図

図2　八幡都市計画総括図[5]と空家利活用事業対象範囲[6]

「郡上市八幡市街地空家利活用事業」は都市計画区域に指定されている八幡市街地内の中心部（図2）について運用されているが図3に示す重

伝建地区も包含される。

市が財政的援助を行い、一般財団法人郡上八幡産業振興公社が委託先となって取り組んでいる。

2　郡上市八幡市街地空家利活用事業の仕組み

事業を制度設計するに先立ち、郡上市では空き家利活用意向調査と実証実験により、空き家所有者からは、①貸家とするための改修費用負担、②入居者選定と施設管理、③トラブル対策等の不安から利活用に踏み切れないこと、入居希望者側からは、①入居可能物件の提示と入居手配、②公的対応組織の充実　等の希望を把握した。

こうした条件を踏まえ、①空き家を現状のまま、公的機関（一般財団法人郡上八幡産業振興公社）が一定期間（10年間）借り受けた上で、設計・改修、入居者募集、選定および借受け期間の建物の維持管理運営の実務を行い、②市は空き家活用基金に4,900万円を負担し（公社100万円）これを運用して改修・修繕費の初期投資、維持管理経費にあて、空き家の借受け額と貸出額の差額をもって一定期間で初期投資、維持管

図3　郡上八幡北町伝統建造物群保存地区[5]

理経費を回収する制度設計の基に事業展開をしている（図4）。

居住者を増やしつつ、景観向上、雇用の確保、コミュニティ維持等といった波及効果も期待している事業である。

3　空き家利活用の実績

これまでの制度運用実績は29件（2015年度6件、2016年度7件、2017年度6件、2018年度7件、2019年度3件）で、うち13件は店舗・工房等の併用住宅である。また、29件とは別に公社が直接利活

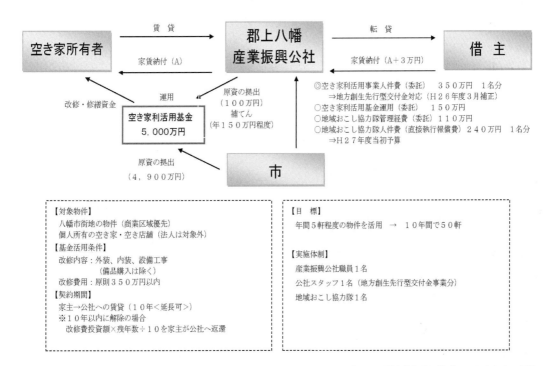

（一財）郡上八幡産業振興公社「チームまちや」提供

図4　郡上市八幡市街地空家利活用事業枠組み

用している空き家が5件あり、ゲストハウス（3件）、店舗、事務所、まちづくり拠点等の複合施設（1件）、店舗、事務所（1件）として活用している（写真1）。運営者が他にいないというよりは、観光振興を進める公社の立場として、自らゲストハウスを持つべきとの発想が背景にある。また、入居者は郡上市内、名古屋からのみでなく、アメリカ、北海道、四国など多様な地域からの移住者を含んでいる。

　空き家件数は、2013（平成25）年度調査約350件から2年間で約60件程度は減少しており、公社の取り組み（34件）が呼び水となり、新たに空き家解消・移住者増・活性化が進んでいることから、公社の動きが、空き家解消のリーディングプロジェクトになっている。

4　実施体制「チームまちや」[6]

　2015（平成27）年6月、一般財団法人郡上八幡産業振興公社内に、郡上市八幡市街地空家利活用事業にあたる専門組織「チームまちや」を発足している。スタッフは3名で、抵当権等権利関係の処理、建物調査、不用品の処分、改修計画、見積もり、工事、近隣への挨拶（公社賃貸時・改修業者紹介・入居者挨拶）の業務を担っている。

5　多彩な広報活動

　こうした展開に大きな効果を与えているのが多彩な広報活動である。ホームページ、フェイスブックの活用に加え、一つは、「空き家拝見ツアー」（年3回）であり、移住や空き家活用を希望する方に空き家を案内しながら、まちの魅力を併せて伝えるツアーと相談会を開催している。

【空き家改修以前】

【空き家改修後】

写真1　空き家改修の事例（ゲストハウス）

【空き家での出店例】

【空き家でのイベント例】

写真3　町家オイデナーレでの空き家活用事例

写真2　町家オイデナーレ2016 in郡上八幡リーフレット

もう一つは「町家オイデナーレ」である。城下町一帯の空き家＆町家を会場に2日間で延べ113件（平成31年度実績）の出店、ワークショップ、イベント、体験などを展開している。町家の魅力を伝え、むかし懐かしい町家暮らしを思い起こし、これからの郡上八幡に、あったらいいなという新しいプログラムの創造にチャレンジする町家フェスティバルである（写真2、写真3）。

6 都市計画マスタープランでの位置づけ

現在、当初計画がちょうど20年を迎える時期になり、各自治体で都市計画マスタープランの策定が行われている一方で、人口減少時代の縮退都市計画へのシフトが求められる中、都市マスは何を担っていくべきかという議論もあるが、2016（平成28）年に策定された郡上市都市計画マスタープランでは、空き家・空地の利活用もシンボル施策として都市マスに位置づけて事業を展開している（図5）。

1996（平成8）年八幡町都市計画マスタープランおよび2016（平成28）年郡上市都市計画マスタープランは、施設整備といった「もの」づくりに加え、「ひと」づくりや「仕組み」づくりを含んだ、独自の発想の基に構成されており、2016（平成28）年郡上市都市計画マスタープランでは、都市の中でモザイク状に起こる個別の小さな取り組み（空き家・空地利活用や文化の継承や新規起業による雇用の創出）も、都市マスの中で、まちづくりの目標を具現化するシンボル施策として位置づけ、土地利用や都市施設整備の方針も、こうした施策を実現化するステージとして位置づける発想で構成されている。

本節は日本都市計画学会機関紙「都市計画」2017（平成29）年7月号掲載「岐阜県郡上市八幡市街地空家利活用事業の紹介」に加筆修正を加えたものであり、八幡市街地空家利活用事業に関する内容は武藤隆晴氏（一般財団法人郡上八幡産業振興公社）へのインタビュー調査（2017（平成29）年5月16日）に基づいている。

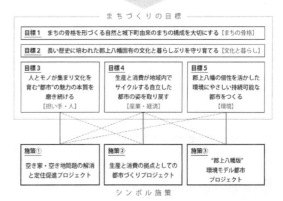

図5　郡上市八幡都市計画マスタープラン2016版の構成[5]

【引用・参考文献】
1) 武藤隆晴（2015年）、郡上市における人口減少、空洞化を踏まえた集約型都市経営の課題と取り組み、日本都市計画学会中部支部創設25周年記念誌「集約型都市構造への転換とそのプロセスプランニングの構築に向けて、pp53-56.
2) 猪股誠野・武藤隆晴（2017年）、郡上八幡における先進的空き家対策の取り組みとその課題、公益社団法人土木学会、景観・デザイン研究講演集No.13、2017年12月、pp451-454.
3) 町家オイデナーレ2016 in 郡上八幡、https://www.facebook.com/events/18348218 36753378/
4) 鶴田佳子・武藤隆晴・小栗未麻（2000年）、住民との協働による都市計画のための"市町村都市計画マスタープラン"の活用方法に関する研究-岐阜県郡上郡八幡町における"市町村マスタープラン"の位置づけとまちづくり協議会の考察-日本都市計画学会学術研究論文集NO.35, pp. 223-228.
5) 郡上市（2016）、郡上市八幡町都市計画マスタープラン.
6) チームまちや https://team-machiya.com/（2020年4月閲覧）

コンパクトシティとしての高蔵寺ニュータウン

Reconsideration of Kouzouji new town as a compact city

劉　一辰　　明海大学不動産学部
Yichen LIU　　Faculty of Real Estate Sciences Meikai University

1　はじめに

「僕は、非常に高蔵寺ニュータウンへ来ることを恐れていた。」

そんな若林先生の言葉から始まった高蔵寺ニュータウン公開研究会だった。津幡修一先生をリーダーとして、高蔵寺ニュータウンの設計を担った若き都市計画家だった土肥博至先生と若林時郎先生を迎え、その地の歴史文脈を2人の記憶と共に辿ることができた。

本稿では、若き都市デザイナーが高蔵寺ニュータウン（以下高蔵寺NT）を設計した時の記憶を巡りながら、コンパクトシティの視点から、今後の高蔵寺NTが目指すべき姿を考察する。

高蔵寺NTが計画された人口増加の時代から一転して、今日の日本は人口減少時代に突入している。ニュータウン、団地は都市計画遺産として評価されることはあるものの、その再生に向かう動向は少なからず迷走しているように見える。そこで、近年高蔵寺NTで行われているまちづくりの動きにも注視しつつ、ニュータウンをコンパクトシティとして構造転換させる糸口を見出したい。

2　設計図から見える景色

高蔵寺NT計画は1960(昭和35)年の秋に持ち上がった。1959(昭和34)年の伊勢湾台風による被害は甚大であった。人口増加による住宅不足に加え、高地移転も新しい住宅地開発の課題となった。高蔵寺は名古屋市の北東に位置し、その頃は殆どが山林の丘陵地帯だった。この場所を選んだことには4つの理由があった[1]。①大規模な未利用の丘陵地、②名古屋からの時間距離、③公団の用地取得の容易さ、④愛知用水によっ

て10万人ぐらいの都市の生活用水を確保できる。

これほどの規模の未利用の丘陵地は他にはなく、名古屋からは直線距離で20km、当時の中央線は単線で、電化していなかったが、10年先には国鉄の複線電化が進むという計画だった。特に公団の用地取得は容易であった。最終決定された700haの中で、約150haは国有地と県有地で、交渉しだいで住宅公団のものになる。残りの民有地については約半分を買収し、それを区画整理して、5割現物で公団の取得値は全体の7割近くにはなる。地区選定にはもう1つ重要なことが検討された。工業地との関係である。高蔵寺NTは単なるベッドタウンとしてではなく、工業用地を含めた自立した都市として開発されるべきと考えられた。春日井市には既に工業は相当あったが、それに対する住宅が不足しており、工業発展の妨げにもなっている。そのため、高蔵寺NTは総合的な都市として計画されなければいけなかった。

85,000人の都市設計を担った津幡修一先生は、それまで阿佐ヶ谷団地と多摩平団地の設計に携わっていた。しかし、これほどの規模の都市を設計することは初めての経験であった。その頃、既に千里ニュータウンのマスタープランが決定されていたので、若林先生によると、津幡先生を誘って見学に行こうということになった。しかし、近隣住区論が適応された千里ニュータウンに対して、津幡修一先生は全く興味を持っていなかったようである。千里ニュータウンを設計したプランナー達の説明を聞いても、全く質問をしなかった。近隣住区論では幹線道路に囲まれた小学校区をひとまとまりのコミュニティとして計画し、さらにそれを繰り返しながら広

げていくの
である。そ
れでは都市
にはならな
い。中心が
ないからだ
と考えたよ
うである。
そこで、高
蔵寺NTでは
ワンセン
ター・シス
テムが適応
された。そ
れは、誘致

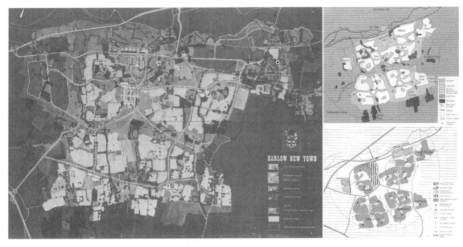

図1　Harlow new town
(『Harlow Master Plan』、gibberd、architecture interiors conservation による)

施設を設けて、ニュータウンのシンボルとして
のセンターを造るということである。その頃は、
イギリスのハーロウ・ニュータウン（図1）をは
じめ、近隣住区論に基づくニュータウンに対す
る反省が盛り上がった時期である。それらの都
市の抱える問題は、「面白みに欠ける」というこ
とであった。土肥先生によれば、人が集まって
賑わい、アーバニティのある空間を作るには、施
設、つまりセンター機能を一箇所に集めないと
いけない。1センターという考え方が近隣住区の
対比として登場し、それがカンバーノールド・
ニュータウンの計画に具体的に現れた（図2）
[2]。津幡先生はそれを参考にしていた。高蔵寺
の地形を活かしながら、都市軸にはペデストリ
アン・デッキも計画された。センターにある大
量で多様な生活施設の他にも、住宅地にも必要
に応じた施設が配置される必要がある。これら
はペデストリアン・デッキに沿って、線状に配
置される。

　こうして、高蔵寺NTは極めて強い中心性を持
つように計画された（図3）。勿論、ペデストリ
アン・デッキが部分的にしか実現せず、津幡修
一先生が当初思い描いていた通りの高蔵寺NTに
はならなかった。しかし、1センター・システム
は基本的には実現しており、結果として、強い
中心性を持つ自立した都市が完成している。

　今日、コンパクトシティの実現に向けて、多
くの地方都市が立地適正化計画について取り組

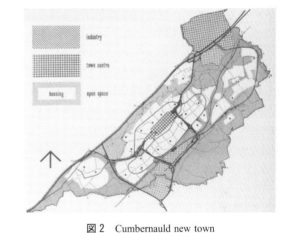

図2　Cumbernauld new town

『The New City: Architecture and Urban Renewal』（An
exhibition at The Museum of Modern Art, New York
January 23-March 13, 1967 による)

図3　高蔵寺NTのマスタープラン

(『高蔵寺ニュータウン計画』、高山英華、鹿島出版界、
1967年、に所収)

んでいる。しかし、多くの団地、郊外住宅地のように、そもそもベッドタウンとして計画され、或いは都市機能施設がそもそも分散していては、新たに中心を造ることや、都市機能施設をコンパクトに集約するには甚大な努力と時間を要するだろう。その点、高蔵寺NTが持つ中心性と自立性は、コンパクトシティの実現に最も対応し易いように見える。当時の若き都市計画家の夢は、完全には実現できなかったが、彼らはとてつもない潜在性を高蔵寺NTの設計図に残していたと思う。

3　高蔵寺NTの再生
(1)高蔵寺リ・ニュータウン計画

入居から50余年が経った今では、多くの地方都市の団地と同様に、老朽化と高齢化等の諸問題に直面している。現在の高蔵寺NTでは多くの団地と同様に、再生に向けたプロジェクトを行っている。高蔵寺では旧西藤山台小学校施設の活用と、公共交通や移動手段に係る自動運転等の先進技術の導入が検討されている。

西藤山台小学校は1943(昭和18)年に開校され、2016(平成28)年に藤山台小学校と統合され、西藤山台小学校は閉校された[3]。現在、旧西藤山台小学校施設の活用が検討されている。

その前提としては、既存の建物をそのまま活用、民間事業者による整備・運営、人を呼び込むプログラムの3点を挙げている。そして、目指すものとしては、事業性のあるもの、住民ニーズのあるもの、高蔵寺NTに適合するもの、高蔵寺NTのプロモーションにつながるもの、としている。例としては、DIYワークショップ、レンタルキッチン・菜園、マルシェ、文学のワークショップ、複合ギャラリーミュージアム、作品観覧(作家へのスペースレンタル)、シェアオフィス(レンタルスペース)、シェアハウス(シェア型賃貸住宅)、運動場を活かした合宿所(スポーツ合宿、企業研修用)など、様々な使い方が挙げられている。

そして、2017(平成29)年にはサウンディング型市場調査を行い、民間事業者からの意見を募った。結果として、テナント等を中心とした賑わい施設の展開・医療モールなど、小規模テナントを誘致するなどの意見も出た。他にも先進

図4　高蔵寺NTで行われている実証実験
高蔵寺ニュータウンにおける 先導的モビリティを活用したまちづくり(春日井市まちづくり推進部ニュータウン創生課)資料による。

防災センターや国際交流センターなど、様々使われ方の提案があった。

現在、全国的に見ても統廃合が行われるケースは増加傾向にあり、閉校された施設の活用が課題となっている。旧西藤山台小学校施設の活用方法が先駆的な役割を果たすことを期待したい。

リ・ニュータウン計画のもう1つは民間活力を導入したJR高蔵寺駅周辺の再整備である。

駅周辺に賑わいを創り出し、公共交通および自動車によるアクセス性の向上を目指している。これらはコンパクトシティの実現に向けた多くの地方都市の取り組みに見られるものであるが、これに関連して、高蔵寺NTでは最先端で、ユニークな試みが始まっている。自動運転車の導入に向けた試みである。高蔵寺NTの交通に関する主な課題としては坂道の移動困難性の克服、高齢者の外出機会の減少、バス本数の減少(人口ピーク時の約3/4)、バス停から自宅等までのラストマイル問題等が挙げられる[4]。そこで、課題を解決するための方法として、先導的モビリティプロジェクトとして、歩行支援モビリティサービス実証実験、自動運転デマンド交通実証実験等、いくつかの実証実験が行われている(図4)。これらの他にも、相乗りタクシーなど、様々な試みによって包括的な交通ネットワークの構築によって、子育て支援、高齢者の外出サポート、さらには実用化に向けた最先端の技術開発の場の提供に寄与している。

(2)押沢台北ブラブラまつり

次に、住民が主体となって取り組んでいる押沢台北ブラブラまつりについて取り上げておこう。押沢台は高蔵寺NTの南東部で、戸建て住宅地として計画された。特徴として、宅地規模は100坪以上と大きく、緑に溢れた閑静な住宅地を形成している。しかし、入居から40年が経過した現在では多くの地方都市が抱えている問題と同様に、高齢化が著しく、さらには空き家も出現している。閑静な住宅街であることは、同時に各住宅は閉鎖的で、日頃の住民の交流は盛んでは無い状況を示す。そこで、それぞれの家庭の特技を地域に披露する形で、ガレージをカフェやギャラリーにするなど、自宅を店として使い、そこへ、ブラブラとお客さんが来て賑わう「ブラブラまつり」を考案した（図5）。2012（平成24）年に始まったブラブラまつりは、その年、30軒近くが開店し、高齢者から子供まで、地域の外からも多くの人が集まり、大成功を収めたことによって、継続させていく機運が高まった。その後、まつりの実行委員を組織し、現在まで継続されている。2017年度・第13回「住まいのまちなみコンクール」では、住民のこれまでの取り組みが認められ、最優秀賞である「国土交通大臣賞」を受賞した。「さらなる普段と普及を目指して」を今後の展望として、空き地にベンチを設置して、公共空間として利用できるスペースの充実を図っている。

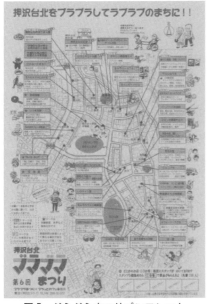

図5　ぶらぶらまつりパンフレット
（高蔵寺ニュータウンHPによる）

4　おわりに

コンパクトシティを実現するには、強い中心市街地を構築し、多様な交通手段を整備することと同時に、個人、世帯を押し込めるのではなく、如何に地域に開けて、コミュニティーを作り、自立社会圏を実現することが必要であろう。考えてみれば、人類が行ってきた空間構築は常にパブリックとプライベートの間で振動していたようにみえる。原始時代の集落は公共的な空間しかなかったと言っても良いだろう。都市の出現によってその公共と私的な空間の境界がはっきり描かれ、近代化はその境界をより鮮明なものにしたように感じる。近代化によって出現した郊外戸建住宅地や団地のような集合住宅は、プライベートを極めた空間であると言えよう。それを踏まえれば、高蔵寺NTでの数々の取り組みは、私的な空間に公共性をもう一度持たせ、地域の歴史分脈を踏襲しながらユニークな手法を用いることでまちを再構築している。今後の日本の都市再編に対して、大袈裟に言えば人類の都市計画に対するヒントを与えてくれることを期待したい。

【補　注】

(1) 2019年3月30日、日本都市計画学会中部支部高蔵寺公開研究会、若林先生の証言による。
(2) 2019年3月30日、日本都市計画学会中部支部高蔵寺公開研究会、土肥先生の証言による。
(3) 西藤山台小学校HPより。
(4) 高蔵寺ニュータウンにおける先導的モビリティを活用したまちづくり（春日井市まちづくり推進部ニュータウン創生課）資料による。

【引用・参考文献】

1) 高山英華『高蔵寺ニュータウン計画』、鹿島出版界、1967年
2) 今村洋一「若きプランナーが構想した"ニュータウン"の未来像　高蔵寺ニュータウン『マスタープラン』の作成過程のレビューから」『建築の研究』（250）、2019年、pp. 13-18
3) The New City: Architecture and Urban Renewal, An exhibition at The Museum of Modern Art, New York January 23-March 13, 1967
4) 一般財団法人住宅生産振興財団、HP

第Ⅱ部

中部地方における「コンパクト・プラス・ネットワーク」型都市への取り組み

魅力ある都市づくりを目指して

Aiming to the creation of an attractive city

阿部 雅文 富山県土木部都市計画課
Masafumi ABE Urban Planning Division, Toyama Prefecture

1 富山県の都市の現状と今後のまちづくりの方向性

富山県は、全国より速いペースで少子・高齢化、人口減少が進んでいる。また、持ち家志向が高く、持ち家率が全国トップクラスの水準にあるほか、道路改良率や一人当たりの自動車保有台数が全国上位であるなど、自動車への依存度が高くなっている。

こうした背景から、本県も他の地方都市と同様、郊外の大規模商業施設が家族連れなどでにぎわいを見せる一方で、中心市街地の空洞化が進み、広く薄い市街地が形成され、典型的な郊外拡散型の都市構造となっている。

こうした中、県内を東西に走る在来線のあいの風とやま鉄道線では、2018(平成30)年3月に高岡やぶなみ駅が開業するなど公共交通ネットワークの充実が進められている。

本県では、これらの都市基盤を有効に活用するとともに自動車に過度に依存した拡散型の都市構造から公共交通を軸とした集約型の都市構造（コンパクトプラスネットワーク）への転換を図り、それぞれの地域の特性に応じた、多彩な魅力ある地域づくりに取り組むこととしている。

2 街路事業の概要

都市計画道路は2019(令和元)年度末で、13市町で494路線、約979km計画決定されており、整備済み延長は約752km、整備率は約77%となっている。

街路事業の整備方針は、①新幹線新駅へのアクセス道路や公共交通を支援する道路の整備、②中心市街地の活性化を支援する道路の整備を重点的に進めることとしている。

主要な事業には、連続立体交差事業に併せた富山駅の南北をつなぐ都市計画道路牛島蜷川線の4車線化や、富山駅南北線の新設がある。

都市計画道路牛島蜷川線では、慢性的な交通渋滞の解消や2015(平成27)年3月に開業した北陸新幹線の富山駅へのアクセス機能の向上を図るため4車線化を行うとともに、電線類の地中化を実施することにより、景観に配慮した魅力ある都市づくりを進めている。

3 連続立体交差事業の概要

県都の玄関口である富山駅付近において、駅南北の一体的なまちづくりの推進や、鉄道と交差する道路の交通渋滞の解消を図るため、北陸新幹線整備に併せて、2005(平成17)年度から、延長約1.8kmにわたり、あいの風とやま鉄道線、JR高山本線、富山地方鉄道本線を高架化する連続立体交差事業を実施している。

あいの風とやま鉄道線上り線とJR高山本線については、2015(平成27)年3月の北陸新幹線（長野〜金沢間）開業の約1か月後の4月に高架供用し、2019(平成31)年3月4日には、あいの風とやま鉄道線下り線が高架供用となっている。

2019(令和元)年度からは、富山地方鉄道本線の高架化事業に着手し、引き続き整備を進めている。

2020(令和2)年3月21日には、これまで駅の南北でそれぞれ運行していた路面電車が高架下で接続した他、駅を南北に連絡する歩行者通路の供用により、南北一体となったまちづくりが推進され、富山駅周辺地区が賑わいのある空間となることが期待されている。

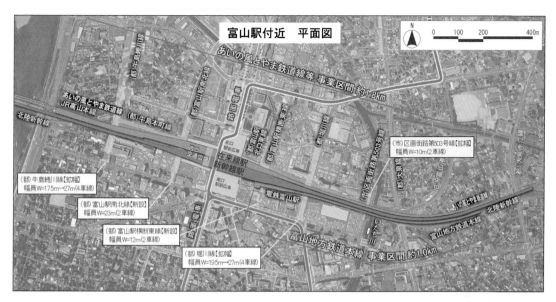

富山駅付近　平面図

あいの風とやま鉄道線等 事業区間 約1.8km

北陸新幹線

あいの風とやま鉄道線
JR高山本線

(都)牛島本町線

(市)区画街路第503号線【拡幅】
幅員W=10m(2車線)

電鉄富山駅

(都)牛島蜷川線【拡幅】
幅員W=17.5m→27m(4車線)

(都)富山駅南北線【新設】
幅員W=23m(2車線)

(都)富山駅横断東線【新設】
幅員W=12m(2車線)

(都)堀川線【拡幅】
幅員W=19.5m→27m(4車線)

富山地方鉄道本線 事業区間 約1.0km

北陸新幹線

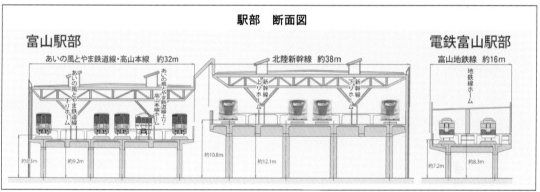

駅部　断面図

富山駅部

あいの風とやま鉄道線・高山本線 約32m

北陸新幹線 約38m

電鉄富山駅部

富山地鉄線 約16m

約8.3m　約9.2m　約10.8m　約12.1m　約7.2m　約8.3m

【富山駅付近連続立体交差事業の経緯】

平成 15 年度　　国庫補助調査
平成 16 年度　　着工準備採択
平成 17 年度　　都市計画決定
　　　　　　　　都市計画事業認可
　　　　　　　　（JR北陸本線、JR高山本線）
平成 18 年度〜　在来線移設工事着手
平成 23 年度　　高架橋工事本格着手
平成 26 年度　　事業認可変更
　　　　　　　　北陸新幹線長野・金沢間開業
平成 27 年度　　あいの風とやま鉄道線上り線・
　　　　　　　　JR高山本線高架切換え
平成 30 年度　　富山地方鉄道本線都市計画変更
　　　　　　　　あいの風とやま鉄道線下り線
　　　　　　　　高架切換え
平成 元 年度　　都市計画事業認可
　　　　　　　　（富山地方鉄道本線）

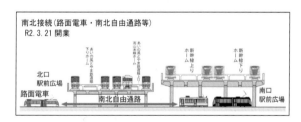

南北接続（路面電車・南北自由通路等）
R2.3.21 開業

北口
駅前広場

路面電車

南北自由通路

南口
駅前広場

4 土地区画整理事業の概要

　区画整理事業の始まりは、全国初の公共団体施行となる1929(昭和4)年、県施行の富山都心区画整理事業であり、戦後、富山市で戦災復興土地区画整理事業が実施され、現在の富山市の骨格が形成された。

戦災前の市街地

整理後の市街地

　近年は、富山駅北地区における新都市拠点の形成を目的とする事業や駅前広場など公共施設整備を目的とする事業が実施されるなど、土地区画整理事業は、本県の都市基盤の整備に大きな役割を果たしている。

　2019(令和元)年度末で、14市町において231地区、4,555haの区域について実施され、県全体の用途地域の区画整理実施の割合（整備率）は22.2％となっており、このうち、223地区、4,469haが施行済みとなっている。

　現在は、連続立体交差事業に併せた富山駅周辺の整備や新市街地の良好な住環境の創出など、8地区、86haにおいて実施しており、それぞれの地域の特性を活かしながら整備を進めている。

5 都市公園事業の概要

　都市公園は、2018(平成30)年度末で、2,064箇所、1,626haが開園され、1人当たりの都市公園面積は全国平均を大きく上回る15.5㎡となっており、県民の潤いの場、スポーツ・レクリエーションの場として、また、防災拠点・避難地としての機能向上を図るため、順調に整備が進んでいる。

　中でも北陸新幹線のJR富山駅から徒歩約9分の富岩運河環水公園は、富山駅北の運河の旧舟だまりを利用した公園であり、日本の歴史公園100選に選定されている。

　園内には、展望塔をもつ天門橋や水のカーテンと湧泉で構成する泉と滝の広場、多くの野鳥を観察できるバードサンクチュアリ、演劇やコンサートを水辺のステージで楽しむことができる野外劇場等が整備されているほか、コーヒーチェーン店のオープンやソーラー船の就航、子供からお年寄りまで楽しめる様々なイベントの実施等、公園の魅力向上に努めているところである。

　さらに、2017(平成29)年8月には、公園の西地区において、富山県美術館が開館した。館内でアートに触れるだけではなく、屋上には「オノマトペの屋上」として、子供達に人気の「ふわふわドーム」のほか「ぐるぐる」、「ぷりぷり」といった擬音語、擬態語（オノマトペ）をコンセプトにしたデザイン性の高い遊具を配置し、言葉、芸術、遊びが融合した空間となっており、美術館開館を機に、今後より一層多くの方々にお越しいただけるものと考えている。

富岩運河環水公園

富岩運河環水公園（展望塔からの眺め）

6　下水道事業の概要

　汚水処理施設の中長期の整備指針となる全県構想を踏まえ、県と市町村が一体となり積極的に下水道整備を進めてきた結果、2018（平成30）年度末では、汚水処理人口普及率が96.8%に達し、全国第8位、東海北陸地区では第1位となっている。

　しかし、本格的な人口減少や既存施設の老朽化、厳しい財政状況などといった汚水処理施設を取り巻く厳しい状況に対応するため、ストックマネジメント計画を策定し、ライフサイクルコストの低減を図ることとしている。

　また、2018（平成30）年9月には、より効率的な汚水処理施設の整備・運営を行うため、「富山県全県域下水道ビジョン2018」を策定し、未普及地域の早期解消や処理場の統廃合を推進することとしている。

「富山県全県域下水道ビジョン2018」より抜粋

　さらに、近年、局所的な集中豪雨が頻発し、市街地で多くの浸水被害が発生していることか

ら、雨水排水路やポンプ場など雨水を排除するための施設に加え、雨水貯留施設などの下水道施設の整備も進めている。

雨水貯留施設　イメージ図

7　住民参加のまちづくり

　魅力あるまちづくりを推進していくためには、住民一人ひとりが、それぞれの立場や生活条件に応じて、まちづくりのために何ができるかを考え、住民の積極的な参加のもとに、実践に移していくことが大切である。このため、住民が積極的、主体的にまちづくりに参画できるように、住民意識の高揚を目指して、各種の行事を行っている。

デザイン公募による花時計（県庁前公園）

8　おわりに

　2018（平成30）年3月に県の総合計画「元気とやま創造計画　－とやま新時代へ新たな挑戦－」を策定したところであり、引き続き、地域の個性を活かした魅力的でうるおいのあるまちの形成と中心市街地への多様な都市機能の集積による賑わいのあるまちづくりを進めてまいりたい。

富山市立地適正化計画の取り組みについて

Toyama City's Initiative of Urban Function Location Plan

佐 野　正 典　　富山市活力都市創造部都市計画課
Masanori SANO　　Vibrant City Development Department, Toyama City

1　はじめに

　本市では、本格的な人口減少社会の到来や少子・超高齢化の進行などを見据え、将来世代に責任の持てる持続可能な都市構造への転換を図るため、2003年（平成15）年以降、従来の拡散型のまちづくりから大きく方向転換し、全ての鉄軌道と運行頻度の高いバス路線を公共交通軸に設定し、その沿線に居住や、商業、業務、文化など、都市の諸機能を集積させることにより、車を自由に使えない市民も、徒歩圏内で日常生活に必要なサービスを享受できる「公共交通を軸とした拠点集中型のコンパクトなまちづくり」、いわゆる「お団子と串の都市構造」を目指している。

　そしてその実現のため、「公共交通の活性化」、「公共交通沿線地区への居住推進」、「中心市街地の活性化」を施策の3本柱に位置付け、さまざまな事業を展開してきたところである。

　2008（平成20）年3月に策定した富山市都市マスタープランでは、この「公共交通を軸とした拠点集中型のコンパクトなまちづくり」を本市におけるまちづくりの長期的な基本方針として明確化するとともに、公共交通が便利な地域に住む人口の割合を、2005（平成17）年時点の約28%から2025（令和7年）には約42%まで引き上げることを目標数値として設定し、中心市街地や公共交通沿線の魅力を高め、緩やかに居住や都市機能を誘導することでコンパクト化を図る取り組みを進めている。

　こうした取り組みに加えて、富山市立地適正化計画（以下、「本計画」とする。）を策定することにより、国の支援を受けられるなど、本市のコンパクトなまちづくりを更に推進すること

ができることから本計画を策定することとした。

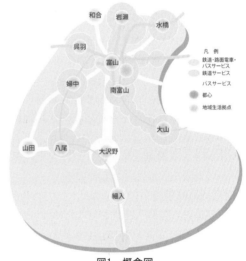

図1　概念図

2　富山市立地適正化計画の概要（2018（平成29）年3月公表）

(1)方針・区域

　本計画では、富山市都市マスタープランを継承し、「鉄軌道をはじめとする公共交通を活性化させ、その沿線に居住、商業、業務、文化等の都市の諸機能を集積させることにより、公共交通を軸とした拠点集中型のコンパクトなまちづくり」を目指している。

　また、都市再生特別措置法では、立地適正化計画の区域は、都市計画区域内となっているが、本市では、都市全体を見渡す観点から、都市計画区域外の山田、細入地域を含めた市全域を計

画の対象とした。

(2)計画の目標

本計画の期間は、本市のまちづくりの基本方針を示した、富山市都市マスタープラン(2008(平成20)年〜2025(令和7)年)の目標年次である2025(令和7)年までとし、将来の数値目標については、公共交通が便利な地域に住む市民の割合を、2025(令和7)年に42%と設定した。

表1 公共交通が便利な地域に住む人口目標

	基準 2005年	実績 2019年	目標 2025年
公共交通が便利な地域に住む市民の割合	28%	38.8%	42%

(3)居住誘導区域と都市機能誘導区域

本市では、富山市都市マスタープランにおいて、富山駅から放射状に形成された公共交通を軸として、駅やバス停の徒歩圏に「都心地区」、「公共交通沿線居住推進地区」を設定し、居住や日常生活に必要な都市機能の誘導を行い、公共交通の利便性を向上させることで、車を自由に使えない人も安心・快適に暮らすことができるまちづくりを進めてきた。

本計画では、「都心地区」、「公共交通沿線居住推進地区」を基本に、「居住誘導区域」と「都市機能誘導区域」を同じ範囲で設定し、立地適正化計画の制度を活用しながら居住と都市機能の誘導を図ることとしている。

(4)都市機能の誘導方針

本計画では、「都市機能誘導区域」を「都心地区」、「地域生活拠点」、「駅やバス停などの徒歩圏」に区分し、それぞれの地区に必要な都市機能の誘導を図るため、以下のとおり地区の望ましい将来像を設定している。

1. 都心地区
・商業、業務、芸術文化、娯楽、交流など市民に多様な都市サービスと都市の魅力、活力を創出する本市の顔にふさわしい広域的な都市機能が充実している。
・居住者のための日常生活に必要な機能も充実している。

2. 地域生活拠点
・地域生活拠点の圏域住民の最寄り品の購入や

医療、金融サービスがなど日常生活に必要な機能が充実している。

3. 地域生活拠点(都市計画区域外)
・地域生活拠点の圏域住民の最寄り品の購入や医療、金融サービスなど日常生活に必要な機能が生活交通や各種サービスの維持確保によって享受できる。

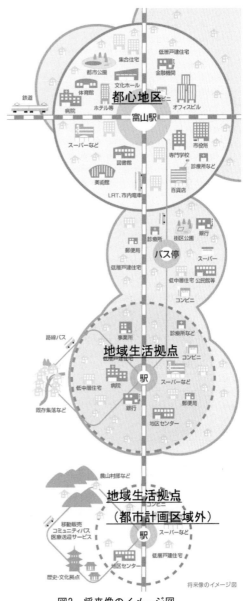

図2 将来像のイメージ図

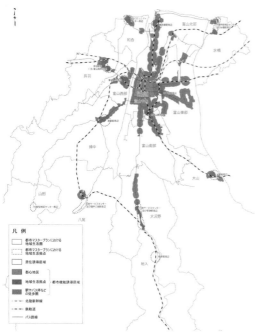

図3　居住誘導区域と都市機能誘導区域

(5)誘導施設の設定

本市では、各地区における望ましい将来像に基づき都心地区においては、本市の魅力を高める広域的な都市機能が充実している必要があることから、図書館、美術館、専門学校、博物館、地域医療支援センターを誘導施設に設定している。

表2　都心地区の誘導施設（広域的な都市機能）

地区	都市機能	誘導施設
都心地区	教育文化機能	図書館、美術館、専門学校、博物館
	医療機能	地域医療支援センター

また、本市では、市域を歴史的なつながりや一体性を考慮して分けた14の地域生活圏において、それぞれの核となる拠点を地域生活拠点として設定しており、商業、医療、金融などの日常生活に必要な都市機能は、地域生活拠点に集約を図り拠点性を高めることが必要であると考えている。

このため、地域生活拠点において、日常生活での利用頻度が高く、地域の拠点となる徒歩圏への立地が望ましい「スーパー」、「銀行や郵便局」、「地域医療の窓口となる内科」の立地状況を確認したところ、一部の地域でスーパーや内科の立地が無い地域があった。

このことから、スーパーの利用圏域人口（周辺人口1～3万人）を満たした地域はスーパー、圏域人口を満たない地域はコンビニ（周辺人口3,000～4,000人）を市独自[1]の誘導施設に設定した。

なお、内科の立地が無い一部の地域については、医療機関による送迎サービスや訪問診療サービスが行われていることから、誘導施設に設定しなかった。

表3　地域生活拠点の誘導施設（日常生活に必要な都市機能）

地区	都市機能	誘導施設
和合、大山地域	商業機能	スーパー
山田、細入地域	商業機能	コンビニ

(6)施策展開

本市では、「公共交通を軸とした拠点集中型のコンパクトなまちづくり」の実現に向け、「①公共交通の活性化」、「②公共交通沿線地区への居住推進」、「③地域拠点の活性化（中心市街地の活性化を含む)」に取り組むこととしている。

①公共交通の活性化
・地域生活拠点と都心を結ぶ公共交通の利便性の維持・向上に取り組む。
・コミュニティバスなどの生活に欠かせない公共交通の維持に取り組む。

②公共交通沿線地区への居住推進
・都心や公共交通沿線での住宅の取得や建築への支援を継続する。
・空き地や空き家の活用や駅周辺の支援を検討する。

③地域拠点の活性化
・都心では、商業、業務、芸術文化、娯楽、交流などの充実を図り、都市の魅力と活力を創出する。
・公共交通沿線では、商業や医療などの日常生活に必要なサービスが享受できる環境づくりに取り組む。
・スーパーやコンビニなどの商業施設が不足する地域で立地支援の検討を行う。
・国の支援を活用し、都市機能の誘導を図る。
・既存の店舗や移動販売、送迎サービスなどの

維持に向けた支援を検討する。
・店舗が建築できない第一種低層住居専用地域では、必要に応じて柔軟な用途地域の変更を検討する。

3　補助制度の創設

本市では、本計画に基づき2018（平成30）年4月からは、日常生活に必要な都市機能のうち商業施設が不足する一部の地域生活拠点において、商業施設を立地する事業者への市独自の支援制度の「富山市都市機能立地促進事業」を創設した。

この補助制度では、スーパーやコンビニなどを新規出店する事業者に対し施設整備費の一部の支援するものであり、商業施設の誘導により地域生活拠点の活性化につなげたいと考えている。

表4　富山市都市機能立地促進事業の概要

商業施設	補助率	補助限度額
スーパー		1億円
ドラッグストア	1/2	5千万円
コンビニ		2千万円

4　施策展開の効果

本市では、都市マスタープランや本計画に基づき、コンパクトなまちづくりに取り組んできた結果、目標としている公共交通が便利な地域に住む人口の割合は、2005（平成17）年の約28%から、2019（令和元）年6月末時点では38.8%へと、10ポイント以上増加しており、これまで進めてきたコンパクトなまちづくりが着実に進捗しているものと考えている。

また、都心地区と公共交通沿線居住推進地区を合わせた居住誘導区域内の人口が2016（平成28）年以降、4年連続で増加している

また、国の地価公示では、富山県全体の平均地価が1993（平成5）年以降27年連続で下落しているのに対して、本市の地価は、全用途平均で5年連続上昇（北信越都市では富山市のみ）するなど、コンパクトなまちづくりの取り組み効果が近年、徐々に表れてきている。

5　おわりに

本市では、2020（令和2）年3月21日に富山ライトレールと富山地方鉄道富山市内軌道線を富山駅高架下で接続する「路面電車南北接続事業」が完了した。この事業は、1908（明治41）年の富山駅開業以降、本市の都市計画の大きな問題であった南北市街地の分断が解消される象徴的な事業であり、本市がこれまで進めてきた公共交通を軸とした拠点集中型のコンパクトなまちづくりにおける大きな到着点であると考えている。

このことにより、公共交通の利便性がさらに向上し、人の流れが劇的に変化するとともに、市民生活や経済活動において多大な効果が期待されるところである。

本市としては、「公共交通の活性化」、「公共交通沿線地区への居住推進」などのこれまでの取り組みを継続するとともに、本計画に基づき居住や日常生活に必要な都市機能の維持・誘導について取り組み、「公共交通を軸とした拠点集中型のコンパクトなまちづくり」を深化させていきたい。

写真1　路面電車南北接続後の富山駅

【補　注】

(1)　地域生活拠点の誘導施設は、国の支援の対象外となることから、市独自の誘導施設に設定した。また、都市再生特別措置法に基づく誘導施設が無い「地域生活拠点」と「駅やバス停などの徒歩圏」は、市独自の都市機能誘導区域としている。

石川県における都市計画マスタープランの再構築について

Reconstruction of the City Planning Master Plan in Ishikawa Prefecture

中村　博昭　　　石川県土木部道路建設課
Hiroaki NAKAMURA　　Public Works Department, Ishikawa Prefecture

1　石川県の人口の現状と分析

石川県の総人口は、2005(平成17)年で初めて減少に転じ、2015(平成27)年で115万4,008人となっており、国立社会保障・人口問題研究所の推計(平成30年3月)によると、2045(令和27)年には約94万8,000人まで減少する(-18%)と見込まれている。また、老年人口も2040(令和22)年ごろまで増加が続き、生産年齢人口・年少人口は減少傾向が続くとされている（図1）[1]。

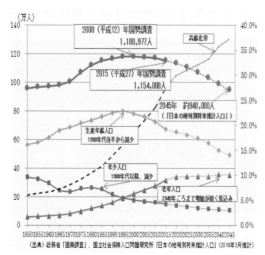

図1　石川県総人口と高齢化率

また、県内19市町のうち7市町（輪島市、珠洲市、加賀市、志賀町、宝達志水町、穴水町、能登町）については、2割以上の人口が減少し、消滅可能性都市[2]にあげられている。

今後、都市が持続発展していくためには、これまでの拡散型都市構造からまとまりとつながりのある集約型都市構造（コンパクトシティ）への転換が求められている。

表1　石川県内の人口推計

市区町村	総人口（人） 2015年	2030年	増減率
石川県	1,154,008	1,070,727	-7.2%
金沢市	465,699	460,264	-1.2%
七尾市	55,325	46,123	-16.6%
小松市	106,919	98,779	-7.6%
輪島市	27,216	18,788	-31.0%
珠洲市	14,625	9,866	-32.5%
加賀市	67,186	52,479	-21.9%
羽咋市	21,729	17,441	-19.7%
かほく市	34,219	31,601	-7.7%
白山市	109,287	101,662	-7.0%
能美市	48,881	47,369	-3.1%
野々市市	55,099	61,178	11.0%
川北町	6,347	6,511	2.6%
津幡町	36,968	35,331	-4.4%
内灘町	26,987	26,110	-3.3%
志賀町	20,422	15,312	-25.0%
宝達志水町	13,174	9,794	-25.7%
中能登町	17,571	14,328	-18.5%
穴水町	8,786	5,965	-32.1%
能登町	17,568	11,833	-32.6%

2　石川県の都市計画の概要

本県では、全19市町のうち17市町に17の都市計画区域が指定されており、図2に示すように行政区域面積の約25%を占めている。また、県人口115万人の約89%が都市計画区域内に居住している。都市計画区域内に占める市街化区域（金沢都市計画、小松都市計画、白山都市計画）の割合は、全体の約14%であり、県人口の半数以上の65万人が居住しており、大半が都市部に集中し、生活をしていることになる[3]。

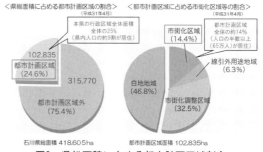

図2　県総面積に占める都市計画区域割合

3 都市計画マスタープランの見直し

石川県都市計画マスタープランは、「都市計画に関する基本的な方針」と県内を4つの地域に分けた(図3)「広域都市圏マスタープラン」、各都市ごとの「都市計画区域マスタープラン(都市計画区域の整備、開発及び保全の方針(法定計画)」の3つから構成されている(図3)。

当マスタープランは、平成16年5月に策定したものであり、策定より約10年が経過するとともに、本県における本格的な人口減少、少子高齢化社会の進展や頻発する大規模災害、北陸新幹線金沢開業による社会情勢の変化に対応するため、平成27年度に改定された県の長期構想等を踏まえ、平成30年に見直しを行った。

見直しにあたっては、「個性、交流、安心を実現する地域主体の持続可能なまちづくり」の基本理念のもと、5つの目標と10の方策(図4)を定めている。

主な視点としては、無秩序な市街地拡大を抑制し、集約型都市構造を促進すること、高齢者など交通弱者に対する交通環境の向上、また、近年多発する自然災害を踏まえ、ハード・ソフトが一体となった災害に強くしなやかなまちづくりの強化や増加する空き地、空き家の適正な管理と利活用として、空き家等の流通促進や老朽ビルの再生に努めていくことなどを方針として定めている[4]。

4 新たな取り組み(マネジメント手法の構築)

改定にあたっては、都市計画審議会の調査検討組織である「いしかわの都市計画検討専門委員会」を組織し、各分野の委員からの意見調整を図りながら改定を進めている。

当委員会では、マスタープランが制度上、実効性に乏しい傾向にあることから、専門委員会からまちづくりの方針を示すだけでなく、実効性のあるマスタープランが求められた。

このことから、今回、新たな取り組みとして、計画に掲げる方策の進捗を把握し、評価・分析していくマネジメント手法を構築することとしたが、地域特性が様々な各都市に対しどのような評価方法とするのか、また、市町都市計画とどのように整合を図り、県としては、広域的にどのような役割を担いながら、今後の都市計画を進めていくべきなのかなどが問題として挙げられた。

そこで、専門委員会からの意見を踏まえつつ、今後、継続していくための予算、事務量等も勘案しながら、10の方策に対して評価指標を設定し、概ね5年ごとに定量的、

図3 石川県都市計画区域

石川県都市計画マスタープラン

石川県の都市計画に関する基本的な方針	広域都市圏マスタープラン	都市計画区域マスタープラン(15区域)

都市計画の5つの目標	目標実現に向けた10の方策
■持続可能でにぎわいある集約型のまちづくり	①地域の特性に応じた集約型のまちづくり
■安全・安心で快適に暮らせるまちづくり	②人と環境にやさしい総合的な交通体系の構築
■活力ある地域拠点の充実と交流のまちづくり	③災害に強くしなやかなまちづくりの推進
	④移住・定住の促進に向けた快適な居住環境の充実
	⑤地域の強みを活かした拠点の強化
■個性ある景観と豊かで多様な自然を活かしたまちづくり	⑥産業や交流を支える広域ネットワークの形成
	⑦個性と魅力ある景観の保全・創出
■地域主体のまちづくり	⑧豊かで多様な自然環境との共生・保全
	⑨官民連携など多様な主体の連携
	⑩地域主体の活動を支える仕組みの充実

図4 計画の体系と概要

定性的に方策の進捗を把
握し、評価・見直しを行
うマネジメント手法の構
築を全国事例が少ない中
で、試行錯誤しながら、
検討を進めた。

(1)評価サイクル

　評価サイクルについて
は、図5に示すように都市
計画区域MPの整備目標年
次である10年の中間年で
ある概ね5年ごとに評価を
実施し、マスタープラン
の見直しについては、10
年に1回の流れの中で上位
計画である県長期構想の
見直しや国勢調査の周期
と連動させ、柔軟に実施す
ることとしている。

(2)評価体制と方法

　また、評価体制については、図6に示すように
石川県と市町が評価の実施を行い、評価結果の
妥当性を確保するため、公平かつ専門的な第三
者の意見を踏まえる必要があることから、専門
委員会での評価結果の検証を行い、結果につい
て、都市計画審議会への報告、県民へのホーム
ページなどによる周知を図る体制としている。

　評価については、図7に示す定量指標に基づく
評価と、関連する取り組みを示した定性評価に
よる総合評価を行う方法とし、定量評価にあた
っては、まちづくりの10の方策の内容を踏まえ、
県全体で共通した取り組みを進めるべき方策を
評価する「共通指標」と各都市計画区域ごとの
地域特性を活かした「個別指標」に区分し設定
した。

　なお、指標については、理想的な指標を求め
るのでなく、持続的に取り組むためにも予算や
事務量なども勘案し、関連上位計画の指標や目
標値を活用したアウトカム指標とし、基礎調査
や統計資料などを用い、定期的・継続的に把握
できる指標を設定している。

　また、定量評価では測れない市町ごとの特色
あるハード・ソフト両面での取り組み状況など

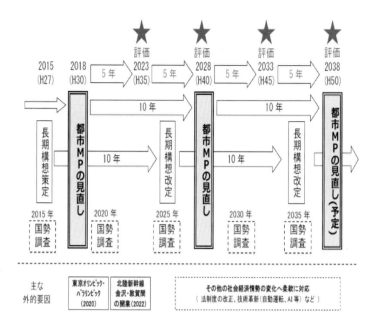

図5　評価サイクル

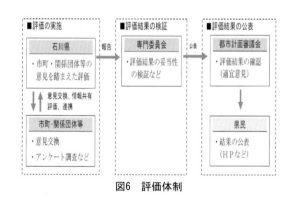

図6　評価体制

目標・方策	評価	①定量評価			②関連する取り組み		③方策の評価	
		指標	結果	評価	概要	評価	評価	コメント
目標1	方策①	居住集約率	+●%	a	居住誘導区域への住宅補助事業を実施	+	A	改善しているが、更なる取り組みが必要
		人口密度	-●人/ha	b				
	方策②	公共交通利用率	+●%	c	●●などの利用促進を実施	+	B	利便性向上と利用促進などの総合的な取組みが必要
③総合評価コメント		(上記を総括し、都市計画区域の評価コメントを記載)						

図7　評価指標シート

を随時把握し、各都市計画区域ごとに総合的な視点から評価を行うこととしている。

図8で示す評価方法については、定量指標による評価（a・b・c）と、関連する取り組みの評価（＋・－）を次のとおり組み合わせ、方策ごとに評価（A・B・C）を行うこととし、方策の評価コメントについては、定量指標の結果と関連する取組みをくみ取り、総合評価とするものとしている[5]。

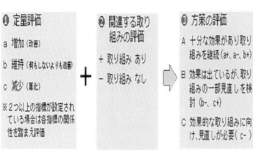

図8　評価方法

5　市町との広域連携

また、今回のマスタープランの見直しに伴い、都市計画を効果的に進めて行く上では、市町間の連携強化、広域的な視点が必要であることから、県と市町で構成する「広域都市圏都市計画連携協議会」（写真1）を設置し、定期的・継続的に評価結果や課題等について情報共有を図り、各市町の都市計画に反映するよう努めるとともに、各市町が横断的に意見交換を行える場を設け、連携できる体制を構築した。

写真1　広域都市圏都市計画連携協議会

6　成果と今後の課題

以上の取り組みにより、計画をマネジメントする手法を構築したことで、今まで以上に計画の状況を把握しやすい環境が形成されたとともに、定期的に協議会を開催することで市町都市計画との連携、強化に結び付けることができた。

また、課題としては、まずは試行的な取り組みであるため、今後、行っていく評価の際に生じる課題や大きく変化する時代の流れを踏まえながら、見直し、改良を行い運用していく必要があることに加え、今後、各市町の都市計画に対し、県が広域的な視点で役割を果たせるよう市町と積極的に関わり、持続可能な都市の実現ため、実施につなげていくことが課題と考えている。

7　おわりに

今後のまちづくりにあたっては、広域的な役割を果たす県と、地域に根ざした市町に加え、多様な主体による協働が不可欠と考えており、それぞれの主体が試行錯誤しながら緊密に連携しつつ、今後のまちづくりに全力で取り組んで参りたい。

【謝　辞】

今回の見直しにあたり、金沢大学川上光彦名誉教授、高山純一名誉教授をはじめとする専門委員会の各委員からの助言をいただきながら、県マスタープランの見直しを進めることができたこと、ここに記して深く感謝を申し上げたい。

【引用・参考文献】

1),2) 国立社会保障人口問題研究所：「日本の地域別将来推計人口」（2018年3月推計）

3) 石川県：石川県の都市計画2018, 2018.

4) 石川県：石川県都市計画マスタープラン, 2019.

5) 石川県：都市計画マスタープランの評価に関する解説書(第一版), 2019.

都市の使い方のコンパクトから始める都市集約化計画の策定
―金沢市集約都市形成計画の策定を通して―

Formulation of Compact City Plan focusing on simplification of city usage
-Case introduction of Kanazawa edition location rationalization Plan-

木谷　弘司　　**金沢市都市整備局**※（令和2年3月退職）
Hiroshi KIDANI　　Urban Development Bureau, Kanazawa City

1　はじめに

　金沢市では、人口減少を避け難い問題として捉え、都市計画マスタープラン2009の策定の際、原則として市街地を拡大しないことを打ち出すとともに、図1に示すように都心と郊外の関係性を高めて公共交通の便利な地域へ居住を誘導し人口密度の適正化を図る政策提案を行っている。

　この提案の考え方は、国が提起した立地適正化計画の基本概念である「コンパクト・アンド・ネットワーク」と共通するものであり、2015（平成27）年から都市計画マスタープランに沿った政策として計画の策定に着手した。なお、本市の計画策定の目的は、市街地の物理的な縮退は想定せずに人口密度の緩やかな変化を誘導することにある。これは、今の場所に住めなくなるなどの市民の誤解を避ける上で重要であり、そのため金沢市では「金沢市集約都市形成計画」と名称を変えて策定に臨んでいる。また、手段論的には土地利用政策と交通政策を連動させてまちづくりを展開することに重きをおいている。

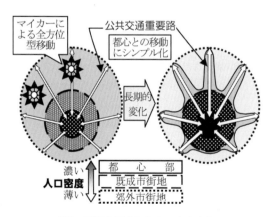

図1　目指す緩やかな人口密度変化

2　金沢市の現状診断と将来予測
(1) 人口の将来推計

　金沢市における2015（平成27）年時点の人口は約46万6千人であり、北陸新幹線の開業の効果もあり微増横ばいの傾向にある。将来推計については、図2のように現状のままのトレンドとなる社人研推計とできる限りの対策を施した人口ビジョンの2種類を行っており、これ以降の現状分析には最悪のケースとなる社人研データを用いている[1]。これによると2040（令和22）年で10%減と緩やかであるが高齢化率は35%となり、先ずは高齢化への対応が喫緊の課題であることが分かる。

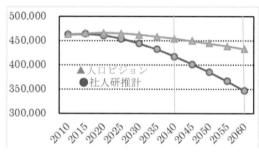

図2　金沢市の推計人口

(2) 居住分布の推計

　図3は、小学校区別に人口密度を推計しDID区域を表記したものである。2015（平成27）年時点では市街地の73%がDID区域となり都市化が広範囲に拡がっていることが分かる。一方、推計では、人口が約25%減少する2060（令和42）年において、いずれの地区も人口密度は低下するがDID区域はほとんど変化せず、現市街地の大半で都市的な土地利用が成立していることが見て取れ、少なくともこの先半世紀程度の期間では市街地

の物理的な縮退を想定することには無理があることが分かる。

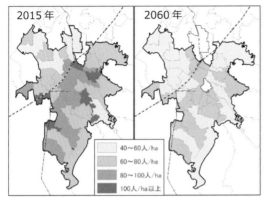

図3　地区別の推計人口密度の比較

(3)生活に必要な都市機能の配置状況

　都市機能の配置を検討するにあたり、生活に必要な各種施設がどのように配置されているかを把握することは重要となる。そこで、GISを用いて各種施設がカバーしている圏域人口を調査し、その結果を表1に示す。これによると、ほとんどの施設において半径300m圏域で約4割強、1,000m圏域では9割強の人口をカバーしており、地区により濃淡はあるが歩ける範囲で一定の生活が可能な市民が多いことが読み取れる。

表1　生活必需施設の人口カバー率

日常生活に必要と想定される機能		施設から各徒歩圏でカバーされる人口		
		半径300m	半径500m	半径1,000m
医療施設	病院、診療所（内科、小児科のある施設）	208,850人 46.2 %	333,719人 73.8 %	423,970人 93.7 %
商業施設	食料品店、薬局・薬店、スーパーストア	189,707人 41.9 %	321,817人 71.1 %	408,440人 90.3 %
	上記施設＋コンビニエンスストア	296,667人 65.6 %	395,246人 87.4 %	433,620人 95.8 %
金融施設	銀行、信用組合、信用金庫、郵便局	209,911人 46.4 %	338,435人 74.8 %	433,388人 95.8 %
教育施設	保育園、幼稚園、認定こども園	8,770人 36.5 %	16,473人 68.6 %	22,981人 95.7 %

(4)公共交通の利便性水準の現状

　金沢市の移動手段では全国の地方都市と同様に自動車が主体[2]となっており、この自動車への過度な依存からの脱却が大きな課題となっている。そこで金沢市では、公共交通事業者とともに公共交通重要路線を設定し、これを幹として市域全体の公共交通網を確立することとしている。現在の公共交通のカバー状況を把握するためGISを用いて各バス停の圏域別にカバーして

いる人口を調査した表2を見ると、利便性の高い公共交通重要路線だけでも300m圏域で人口の4割をカバーしており、全路線では9割弱と一定の対応がなされている。

　高齢社会において公共交通の維持確立は必須の課題であることを考慮すると、これを支える幹となる公共交通重要路線の沿線人口（便利な公共交通を使いやすい人口）を減らさないことが非常に重要となると考えられる。

表2　路線バスバス停圏域別の人口カバー率

対象路線	300m圏域	1,000m圏域
公共交通重要路線	40%	86%
全路線	86%	—

(5)総合診断と計画策定のポイント

　金沢市の現状診断の主要事項を整理すると、
・市街地の縮退が考えられる段階にはなく高齢化への対応が緊急課題となる。
・日常生活を歩ける範囲で賄うために必要な施設も一定の配置水準にある。
・移動方向を郊外と都心部の往来に限定するならば現状でも一定のサービスを提供できる公共交通網がある。

　これらの診断結果から、金沢市が持続可能な都市経営に結び付けるために現段階で必要な計画策定のポイントを整理する。
・市街地の物理的な縮退は想定できないが、将来の縮退や都市経営の効率化につながる道筋を明確にする必要がある
・高齢化に対応するために公共交通移動の方向性を郊外と都心部に絞り、その利便性を高めるとともに人口が減少してもそれを支える利用者を減らさないための居住誘導に取り組まなければならない
・日常生活を支えるための施設の配置にも配慮していく必要がある

　都市計画マスタープラン2009の提案は、現状の好きな時に好きな方向に移動するという生活スタイルを、買い回り品の購入や文化的活動などのハレの行為で都心部との関係を高め、日常的には歩ける範囲で生活を送るというスタイルに変えていくという「都市の使い方のコンパクト化」を前提にしている。これは財政を含め行

政能力に限界がある中で、自動車を使えない高齢者などの移動を支えていくための投資のコンパクト化でもあると考えている。

3　金沢市集約都市形成計画の概要

　この計画では「持続的な成長を支える『軸線強化型都市構造』への転換 〜まちなかを核とした魅力ある集約都市の形成」という将来都市像を掲げている。また、前述のように計画策定では公共交通網の確立がカギを握っていることから、この計画は「人口が減っても便利な公共交通を使いやすい人口を減らさないための計画」と言い換えることもできると考えている。

(1)「歩いて行ける」ことの尺度

　過度な自動車依存から脱却し歩いて暮らせる都市を目指す場合に、無理なく歩いてもらえる距離を把握することは大切な要素となる。金沢市では、西野らの研究やバスサービスハンドブック等から直線距離で300mを歩きやすい距離として設定[3]している。この考え方に基づき、公共交通の使いやすい人口を減らさないために、居住を誘導する区域を図4のように公共交通重要路線の各バス停から半径300mとし、実質的にこれが連続することから路線の両側300mを帯状に設定することとした。なお、主要鉄道駅周辺に設定する地域拠点については、一団性を考慮して半径500mを設定している。

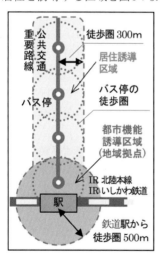

図4　居住誘導区域の徒歩圏の考え方

(2) 居住誘導区域の設定

　金沢市では、計画策定の方針から居住誘導区域を先行して設定しており、図5に示すように、前述した公共交通重要路線沿線（両側300m）に配している。また、図中で都市機能誘導区域となっているエリアについては、公共交通の利便

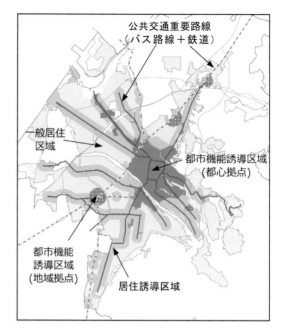

図5　集約都市形成計画の設定区域と公共交通重要路線

性が高くかつ商業、業務、居住の複合的な土地利用を目指していることから居住誘導区域としても位置付けており、この結果、市街化区域の43%が居住誘導区域となっている。

　金沢市では市街地の物理的な縮退を想定しないことから、「居住誘導区域以外は将来的に住めなくなる」などの誤解を招かないよう法定外となる『一般居住区域』を独自に設定し、自動車の利用が前提となるがこれまで通りの生活を継続してもらうことを表現している。

　都市が郊外に薄く広がった背景のひとつに、広さと安さが住宅を取得する際の主要条件となっていることがあげられる。これは自動車の利用を前提しており、今後は自動車が使えなくなった時の生活設計を条件に加えてもらう啓発が必要と考えており、本計画の居住誘導区域は、自動車を使わない生活設計がたてやすいエリアとして市民に明示する役割も担っている。

(3) 都市機能誘導区域の設定

　都市機能の配置においては、歩いて日常生活を送るために食料品店などのように居住誘導区域や一般居住区域を問わず市街地に分散配置させるべき施設と、デパートなどのようにハレの時間を過ごすために一定の集積を図ることが望ましい施設に大別される。また、立地適正化計

画に基づく土地利用コントロール手法が実質的にお願いレベル[4]であることから、現状では誘導の実効性を期待できるのは公共施設にとどまると考えざるを得ない。これらのことから、計画では法に基づき誘導する施設については、大学等関連施設、図書館、美術館、コンベンション施設、特定機能病院、福祉健康センター、その他市長が指定する施設など公共性の高いものに限定している。あわせて、補助金を受けるために計画での明示が必要な一団の開発が予定されているエリアについては、特定機能地区として都市機能誘導区域の位置付けを行っている。また、これらの法に基づく誘導とは別に、日常生活を支える施設を適正に配置していくために表3に示すように施設に応じて目指すべき誘導方針を提示している。なお、金沢市では2001（平成13）年から商業環境形成まちづくり条例を制定し事前調整による民間商業施設の床面積規制を行っており、今後もこれを継続していくために、前述の都市機能誘導区域のほかに、法定外とはなるが生活拠点（郊外部の既存商店街）を位置付けるなど、条例の指導方針と本計画の区域設定が整合性を保つよう配慮している。

4 長期的な誘導の実現方策

　立地適正化計画の仕組みでは、規制による誘導手法がないことから、支援制度等によりインセンティブを与え長期的視点に立って緩やかな誘導を行うことが柱となる。

　金沢市では、都市計画マスタープランの改定を終えた2019（令和1）年度に、1998（平成10）年から実施してきた住宅取得支援制度を抜本的に見直し、居住誘導区域外から区域内に、居住誘導

区域から都心拠点にといった外から内への移動に対して支援する方式に変更し集約化を図ることとしている。

5 おわりに

　立地適正化計画は、我が国の人口減少・少子高齢化という課題に対して持続可能な都市経営を実現するための羅針盤的役割を担っており、個々の都市が置かれた状況に違いはあるが、この目標に一歩でも近づけていくための仕組みを持たなければならない。それ故に補助金を受けることを主目的に計画を策定することは本末転倒といわざるを得ない。また、計画の実現にはいかに市民の意識を変えていけるかも大切な要素となる。都市計画の最も有効な使い方は先手を打つことであり、今後も長期的視点を持って取組を積み重ね持続的な成長につなげていきたい。

【補　注】

(1) 最終的な人口は、人口ビジョンと社人研推計の間になると想定しているが、本計画が担う人口減少に対するリスク管理計画的な性格を重視した。
(2) 2007（平成19）年の第4回金沢都市圏パーソントリップ調査の代表交通手段別分担率では自動車だけが増加し67.2%を占め、公共交通は横ばいで6.4%にとどまっている。
(3) 西野金沢大学准教授らの研究より、金沢市内の健康な高齢者の平均外出距離が481mであること、ハンドブックの抵抗なく歩ける距離が300mであることなどから設定している。
(4) 一部に届け出制度などが設けられているが、代替え措置を講じない限り禁止や大幅な変更を求めることはできないのが現状である。

表3　居住や各種都市機能（抜粋）の配置の方針

◎：積極的に誘導、○：一定の誘導

| 機能 | 施　　設 | 居住誘導区域 | 都市機能誘導区域 | | | 生活拠点 | 一般居住区域 |
			都心	地域	特定機能		
居住	戸建て住宅・共同住宅（中低層）	○	◎	○		○	
	共同住宅（高層）		◎	◎			
商業	最寄品（食料・日用品）、飲食店	○	◎	◎	○	◎	○
	買回品、複合商業施設など		◎	○			
	大型商品を扱う店舗	○				○	○

注）計画では13機能（計23施設分類）で上記のような方針を提示

福井県内の市町における立地適正化計画について

Suitable Urban Facility Location Plan of Cities and Towns in Fukui Prefecture

川下　将克　　　福井県土木部都市計画課
Masakatsu KAWASHITA　　　Civil Engineering Department, Fukui Prefecture

1　福井県内の将来人口予測

　福井県内の市町数は9市8町あり、このうち都市計画区域を有する市町は、9市5町の計14市町ある。

　立地適正化計画策定の背景の1つに、急速に進むと予測されている人口減少と高齢化が挙げられる。そこで表1に、福井県内の市町の2015(平

表1　福井県内の市町の将来人口予測（国立社会保障人口問題研究所より）

市町名	都市計画区域	2015（平成27）年		2045（令和27）年		人口指数 H27 を 100 とした場合
		人口	65歳以上の割合(%)	人口	65歳以上の割合(%)	
福井市	○	265,904	28.1	234,380	37.4	88.1
敦賀市	○	66,165	26.8	51,000	37.7	77.1
小浜市	○	29,670	30.9	19,978	39.3	67.3
大野市	○	33,109	34.0	19,743	43.7	59.6
勝山市	○	24,125	34.0	15,578	44.1	64.6
鯖江市	○	68,284	26.2	63,912	34.6	93.6
あわら市	○	28,729	30.9	19,306	41.2	67.2
越前市	○	81,524	27.8	56,254	39.9	69.0
坂井市	○	90,280	26.3	71,802	37.9	79.5
永平寺町	○	19,883	27.4	14,308	37.2	72.0
池田町		2,638	43.2	1,137	54.0	43.1
南越前町		10,799	33.8	6,329	43.5	58.6
越前町	○	21,538	31.4	12,121	47.2	56.3
美浜町	○	9,914	33.4	5,942	42.5	59.9
高浜町	○	10,596	29.9	7,126	40.4	67.3
おおい町		8,325	29.5	4,827	41.9	58.0
若狭町	○	15,257	33.7	10,401	42.4	68.2
合計		786,740	28.6	614,144	38.5	78.1

成27)年の人口と、30年後である2045(令和27)年の将来人口予測をまとめてみた。

国立社会保障人口問題研究所によると、福井県内の全ての市町で人口の減少が予測されている。県庁所在地の福井市と南側に隣接する鯖江市は、10%前後の減少率に抑えられているが、他の市町は20%以上の減少率になっている。さらに、減少率が30%を超えている市町は17市町のうち、12市町にのぼっている。

高齢化についても、65歳以上の人口割合を見ると、全ての市町で35%以上の予測が出されている。

これらの予測データを見ると、人口減少と高齢化社会に対応したまちづくりが喫緊に求められていることを、改めて認識させられる。

2　立地適正化計画の策定状況

令和2年3月現在、福井県内の立地適正化計画を策定済みの市町は11市町あり、都市計画区域を有する市町に対する割合は約79%である。（表2参照）

全国で都市計画区域を有する市町村1,352のうち、策定済みが339（約25%）（2020（令和2）年7月31日時点：国交省HPより）であることと比較すると、福井県内の市町は、全国的に見ても立地適正化計画の策定が進んでいるといえる。

3　都市機能誘導区域と居住誘導区域の割合

立地適正化計画策定の基本となるのは、都市機能誘導区域と居住誘導区域の設定である。コンパクトなまちづくりを目指すためには、これらの区域をできるだけ絞り込む必要がある。

表2の右側には、用途地域に対する都市機能誘導区域および居住誘導区域の面積割合をグラフにまとめたものである。

各市町の居住誘導区域の割合を比較すると、約39〜83%に収まっているが、都市機能誘導区域の割合は約9〜59%と、かなり差が大きくなっている。

それぞれの面積割合が比較的高い市町を見てみると、過去に比較的規模の似通った市町が合併して誕生したという共通点がある。合併前の

表2　福井県内の市町の立地適正化計画策定状況

市町名	策定年月	用途地域面積(ha)	居住誘導区域		都市機能誘導区域		割合グラフ
			面積(ha)	割合(%)	面積(ha)	割合(%)	
福井市	H31.3	4,685	3,832	82	601	13	
敦賀市	H31.3	1,664	646	39	215	13	
小浜市	H30.9	448	351	78	125	28	
大野市	H30.3	642	462	72	178	28	
勝山市	H31.3	659	356	54	68	10	
鯖江市	H29.3	1,513	1,257	83	898	59	
あわら市	H29.3	501	404	81	186	37	
越前市	H29.3	1,875	1,539	82	163	9	
越前町	H29.5	378	231	61	75	20	
美浜町	H31.3	166	87	52	23	14	
高浜町	H31.3	279	145	52	82	29	

旧市町の中心部において、都市機能や居住がすでに一定程度集積しているため、都市機能誘導区域や居住誘導区域に設定せざるを得なかった事情があったものと思われる。

福井市の居住誘導区域の割合が高いことも特徴的だが、福井市は、居住誘導区域の中に居住環境再構築区域という独自の区域を設定し、居住誘導区域よりさらにコンパクトな区域において居住環境の再構築を図っている。

4 居住誘導区域への独自誘導施策

都市再生特別措置法において、居住誘導区域外において住宅開発等を行おうとする場合に、市町村長への届出が義務付けられているが、それだけでは居住誘導区域への居住を誘導することには限界があると思われる。

そこで、福井県内の市町における主な独自誘導施策を表3にまとめた。

この表以外においても、現在、独自施策を検討中の市町が数多くあり、今後、より実効性の高い施策の展開が期待される。

表3　居住誘導区域への主な独自誘導施策

市町名	主な独自施策（細かい要件は省略）
福井市	・多世帯近居の住宅取得への補助 ・多世帯同居の住宅リフォームへの補助 ・空き家の購入、リフォームへの補助
敦賀市	・多世帯同居・近居の住宅取得、リフォームへの補助
小浜市	・多世帯近居の住宅購入への補助
大野市	・U・Iターン者の住宅取得への補助 ・三世代以上の世帯、新婚世帯、転入者と同居する世帯の住宅取得への補助
鯖江市	・多世帯近居の住宅取得への補助
越前市	・40歳未満または子育て世帯の住宅取得への補助

5 大野市の立地適正化計画

ここで、国のコンパクトシティ形成支援チームにおいて、モデル都市に決定された大野市を紹介する。

大野市は、福井県の東部に位置し、人口約3万2,000人の小規模な市であるが、天空の城として売り出し中の越前大野城を有し、碁盤目状の市街地には数多くの寺院があることから、「北陸の小京都」と呼ばれている。

市の面積は約872km²あり福井県内の市町の中で最も広いが、用途地域の面積は約642ha、用途地域内には約1万8,000人が居住している。県内の他の市町と比較すると、コンパクトな市街地が概ね形成されており、人口集積も適度に高い状況である。

大野市の立地適正化計画の特徴として、都市機能誘導区域に、いわゆる中抜けを設定したことがある。これにより、用途地域に対する都市機能誘導区域の割合が約28％に抑えられている。

まちなかへの居住支援は、先程も述べたとおり、U・Iターン者、三世代同居、新婚世帯など、多様な世帯に対する住宅取得への補助を実施している。また、居住誘導区域外にあった市営住宅を居住誘導区域内へ統合するなど、行政自らが積極的にまちなか居住へ取り組んでいることも特徴として挙げられる。

また大野市が、まちなかの結節点として駐車場と観光案内所等を備えた結（ゆい）ステーションを整備したことが、観光客をまちなかへ誘導することに大きく寄与している。これらの施策により、まちなかの歩行者通行量が増加するなど、着実に成果を上げてきている。

一方、郊外には高規格道路である中部縦貫自動車道の大野インターチェンジがあり、2022（令和4）年度の県内全線開通を目指して、鋭意工事が進められている。そこで、大規模集客施設を規制する特定用途制限地域を、2019（平成31）年4月にインターチェンジ周辺に拡大し、郊外開発の抑制にも取り組んでいることも、モデル都市の選定要因と思われる。

結（ゆい）ステーション
（まちなかの結節点の役割を担っている）

6　今後の課題

　立地適正化計画は、おおむね5年毎に計画に記載された施策・事業の実施状況について、調査、分析および評価を行い、計画の進捗状況や、妥当性等を精査、検討することとなっている。

　また見直しにあたっては、人口減少だけではなく、近年、想定を超えるような自然災害が頻発している、という新たな課題にも対応する必要がある。福井県内においても、浸水想定区域内に居住誘導区域および都市機能誘導区域を設定している市町が多くあり、見直しの際の大きな課題となっている。

　県としても、市町と協働し、人口減少下においても快適で持続可能な都市を目指して、医療、福祉、商業などの都市機能の集約や居住の誘導を推進していきたい。

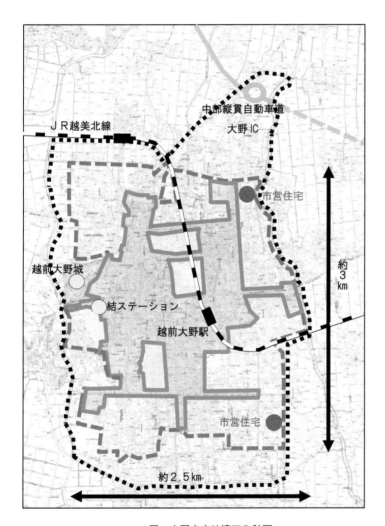

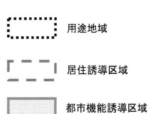

図　大野市立地適正化計画

福井市の中心市街地再生への取り組みと今後の展望

Efforts and Future Prospects for City Center Renewal in Fukui City

安 間　猛　　**福井市都市戦略部都市計画課**
Takeshi YASUMA　　Urban Strategy Department, Fukui City

1　はじめに

　本市の都市づくりは、戦災・震災からの復興に向けた戦災復興土地区画整理事業に始まり、復興事業以後も計画的に市街地整備を進めてきており、道路や公園などの都市基盤は全国的にみても高い水準で整備され、その結果、本市の暮らしやすさは高い評価を得ている。

　しかしながら、近年の郊外大型店舗の進出やモータリゼーションの進展により、福井駅を中心とした中心市街地では商業の空洞化が進み、公共施設をはじめ、民間所有のビルも老朽化による更新時期を迎え、都市としての求心力も低下している。

　一方で、「福井市都市計画マスタープラン」において位置付けられている、中心市街地を含む「広域商業・業務ゾーン」においては、路面電車・地域鉄道を活かした交通結節機能の強化等による駅周辺の整備や2023（令和5）年春の北陸新幹線福井開業を契機とした民間再開発の動きが活発になり、街区再構築を念頭に置いた都市機能の再編が図られようとしている。

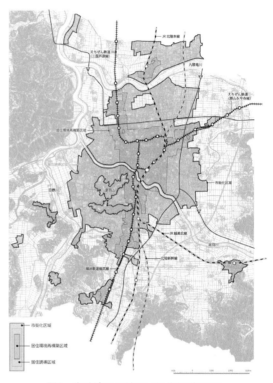

図1　立地適正化計画（居住誘導区域）

図2　立地適正化計画（都市機能誘導区域）

2 中心市街地再生に向けた各種計画

(1)立地適正化計画

市街化区域（A=4,685ha）のうち、都市機能誘導区域（A=601ha）を2017（平成29）年、居住誘導区域（A=3,832ha）を2019（平成31）年に設定した。

居住誘導区域内の中心市街地を含む「まちなか地区」及び鉄道の駅から概ね500m圏の「鉄道沿線地区」を本市独自で「居住環境再構築区域」と位置付け、都市基盤や鉄軌道などのストックを有効に活用しながら、居住環境の再構築に取り組んでいる。

(2)県都デザイン戦略

2018（平成30）年の福井国体や北陸新幹線福井開業を見据えた短期的な取り組みだけでなく、公共施設の移転等を踏まえた2050年を目標年次とする中長期的なまちづくりの指針を、2013（平成25）年に県と本市で策定した。

(3)福井駅・城址周辺地区市街地総合再生計画

計画期間を2018（平成30）年から2027（令和9）年とし、建物の更新にあわせた適切な開発誘導を行い、土地の有効活用・都市機能の更新・市街地環境の整備等を推進することにより、中心市街地全体の活性化に寄与するための方針等を策定した。

(4)都市再生整備計画

計画期間を2018（平成30）年度から2022（令和4）年度とし、都市の再生に必要な公共公益施設の整備等を重点的に実施すべき土地の区域として、立地適正化計画の都市機能誘導区域のうち300haを設定し、「公共交通の利用と連携したまちなか地区の賑わいの再生」、「歴史資源を活かしたまちなか地区の魅力向上」、「まちなか地区における生活機能の確保」を目標に計画を策定、都市構造再編集中支援事業を活用しながら、事業を推進している。

(5)景観計画

県都の顔である中心市街地は商業・業務、歴史など、様々な景観要素が複合している場所であり、「特定景観計画区域」に指定し、重点的に良好な景観形成を図っている。

3 これまでの取り組み

本市は、国により中心市街地活性化基本計画の認定を受け、2010（平成22）年度より都市再生整備計画事業を活用し、中心市街地の賑わいの再生を目標にまちの拠点となる施設の整備を行ってきた。

(1)福井駅西口中央地区 第一種市街地再開発事業

県都の玄関口にふさわしい「にぎわい交流拠点」の形成をスローガンに、魅力ある商業や文化の拠点、まちなか居住を推進する質の高い住宅を整備し、商業の賑わいばかりでなく、地域外からの観光客等のための「おもてなしの拠点」、地域内の人のための「生活の拠点」としての役割を果たし、中心市街地の活性化に資することを目標に実施した。

2016（平成28）年に再開発ビル（ハピリン）が開業し、大きな屋根のかかった全天候型の「屋根付き広場」と「屋外広場」の2つからなるマチナカ広場（ハピテラス）では、週末を中心にさまざまなイベントが開催され、賑わいの創出につながっている。

写真1　ハピテラスでのイベント開催状況
（ラグビーW杯　パブリックビューイング）

(2)交通利便性向上に向けた事業

2016（平成28）年には、福井駅前広場への路面電車の乗入れやバスターミナルの移設により、鉄道、バス、タクシーなどの乗り継ぎの利便性が向上した。

また、えちぜん鉄道と福井鉄道の異なる事業者による鉄道と路面電車の全国初となる相互乗入れにより、南北の幹線軸沿線の住民、学校、公共施設、企業の通学・通院・通勤等の利便性

が向上した。

2018(平成30)年には、えちぜん鉄道の高架化により踏切がなくなり鉄道で分断されていた東西市街地が一体化された。

写真2　福井駅西口広場

写真3　異なる鉄道事業者の相互乗り入れ

写真4　えちぜん鉄道高架化

(3)中央公園の再整備

2018(平成30)年には、県都デザイン戦略の一つとして「福井城址公園」の整備を掲げ、県民会館跡地を含めて城址と中央公園の一体性を高める公園整備を行った。

市街地中心部の中央公園をメイン会場に、まち全体がテーマパークとなる全国でも珍しい都市型野外音楽祭「ワンパークフェスティバル」が開催され、観客は、音楽と福井の食を堪能し、県都中心部での関連イベントを満喫した。

実行委員会、福井商工会議所によると2日間における経済波及効果は約6.4億円となり、まちなかイベントの新しい形として、今後の継続・発展が期待されている。

写真5　中央公園でのイベント開催状況
（野外音楽祭「ワンパークフェスティバル」）

4　民間都市開発の動向

2018(平成30)年に福井駅周辺地域の約66haが「都市再生緊急整備地域」として国の指定を受けるなど、北陸新幹線福井開業を見据え民間都市開発の機運が高まっている。

福井駅西口で現在事業中の福井駅前電車通り北地区A街区第一種市街地再開発事業では、世界最大手の外資系高級ホテルが進出するなど富裕層や訪日客の宿泊需要が見込まれる。

また、福井駅前南通り商店街を中心とした準備組合が第一種市街地再開発事業の都市計画決定に向け準備を進めている。

国の社会資本整備交付金を活用した優良建築物等整備事業としては、新たにホテルが建設され、ほかにも商業施設・マンションの複合施設の建設が進んでいる。

図3　都市再生緊急整備地域

5　今後の展望

　福井駅を中心とした中心市街地と福井鉄道沿線からなる広域商業・業務ゾーン及び教育文化施設が集積し、福井鉄道とえちぜん鉄道の相互乗り入れによる福井駅周辺との交通結節機能を強化した田原町駅周辺を「中心拠点区域」に位置付け、民間や公共が所有する低未利用地を活用して、集客の核となる商業施設の整備を図るほか、中心市街地や田原町駅周辺において老朽化した公共施設の更新を中心拠点区域内で行い、都市機能の拡散防止と中心市街地の公共・公益サービスの維持を図っていく。

　また、福井城址を核とした歴史資源をつなぐ回廊を形成し、養浩館庭園などの歴史資源と足羽山や足羽川などの自然を観光資源として活用しながら居住を推進し、まちなかの再生を目指していく。

　さらに、北陸新幹線の福井開業による交流人口の拡大を見据えた民間開発の効果を周辺に波及させるため、民間事業者やまちづくり団体の取り組みと連携し、歩行空間の整備や広場の整備、観光・情報発信機能などのソフト事業を充

実させていく。

6　おわりに

　新型コロナウイルスの世界的な感染拡大による外出自粛規制や休業要請などにより、本市の中心市街地においても、人通りが減り、店舗の売り上げが減少するなど深刻な影響が出ている。

　しかし、一日も早くこの事態が収束し、北陸新幹線福井開業まで3年となった今、これまで以上に官民が連携して、このピンチを乗り越え、中心市街地再生、本市の発展に取り組んでいく必要があると思う。

人口減少時代における「清流の国ぎふ」のまちづくり

City planning of "Gifu land of clear waters" In the age of population decline

田添　隆男　　**岐阜県都市建築部都市政策課**
Takao TAZOE　　　　Urban Policy Division, Gifu Prefecture

1　はじめに

　人口減少・少子高齢化社会をはじめとし、中心市街地の衰退、大規模集客施設の郊外立地など、都市を取り巻く変化に対応するため、岐阜県では、2007(平成19)年3月に「岐阜県都市政策に関する基本方針」を作成した。

　基本方針の内容としては、2030(令和12)年頃の都市の将来像を想定して都市政策を進めていくためには、その前提として、都市を取り巻く社会情勢の変化を的確に分析することが重要であったことから、これらの「都市における社会情勢の変化」を抽出し、「回避すべき問題」「2030年頃における目指すべき都市像」の検討をもとに、問題回避と目指すべき都市像の実現のための5つの「都市政策の基本的な方針」を示した。

　当該方針を軸として、本稿では、県内におけるコンパクト・プラス・ネットワークのまちづくりの取り組み状況について紹介する。

```
＜5つの方針＞
①活力あふれる都市
　　～コンパクトで賑わいあふれる都市～
②暮らしやすい都市
　　～住民の行動圏・暮らしを重視した都市～
③安全・安心な都市
　　～災害に強く防犯に優れた都市～
④美しい都市
　　～人と環境にやさしい都市～
⑤みんなで進めるまちづくり
　　～まちづくりを担うひとづくり～
```

```
＜回避すべき問題＞
①中心市街地の空洞化
②郊外部の衰退
③インフラ整備・維持などの都市経営コストの増
　大
④自動車を利用しない高齢者などのアクセシビ
　リティの低下
⑤都市機能の拡散による公共交通機能の低下
⑥公共的サービスの低下
⑦大規模災害の発生
⑧都市におけるコミュニティ機能の低下による
　防犯・防災機能の低下
⑨自動車利用の増加による地球環境への悪影響
⑩郊外開発による自然環境への負荷増大
```

```
＜2030年頃における目指すべき都市像＞
①中心市街地の賑わいがあふれる魅力ある都市
②近隣県からも遊びに来たい、働きに来たいと思
　える魅力ある都市
③豊かな自然、歴史、文化を活かした魅力ある
　都市
④自動車を利用しなくても快適に暮らせる都市
⑤高齢者、障がい者、外国人など誰もが快適に暮
　らせる都市
⑥モノづくり産業・サービス産業の発展・成長を
　支える都市
⑦地域に「誇り」と「愛着」をもてるまちづくり
⑧地域の創意工夫を活かしたまちづくり
```

2　岐阜県の人口の現状と今後の予測

(1)現在人口と将来人口予測

　総務省「国勢調査」では、本県の人口は2000（平成12）年の約211万人をピークに減少を続け、2015（平成27）年は約203万人となっている。これらを基にした岐阜県政策研究会人口動向研究部会[1]による推計（図）では、本県の人口は、2045（令和27）年には約151万人まで減少すると推計されている。

(2)少子高齢化の進行状況と影響

　人口構成を①0〜14歳、②15〜64歳、③65歳以上の3つの年齢層に区分すると、本県の全人口に占める③65歳以上の割合は、2015（平成27）年の約28%から2045（令和27）年には約39%へと上昇する。総人口が同程度の1955（昭和30）年と比較しても、人口構造は大きく変化し、年少人口の割合は大幅に減少、老年人口の割合は大幅に増加しており、「超少子高齢化」となると予測される。

3　県内市町の取り組み

　本県においては、都市計画区域を有する38市町のうち、岐阜市、関市、大垣市、多治見市、美濃加茂市の5市において立地適正化計画を策定している（2020（令和2）年4月1日現在）。また、中津川市、瑞浪市、各務原市、大野町において、立地適正化計画を作成中、または作成を検討し、コンパクト・プラス・ネットワークの取り組みを進めている。

(1)岐阜市

　岐阜市は市域全域が線引き都市計画区域であり、約40%が市街化区域となっている。人口40万人弱の県内最大の都市で唯一の中核都市である。しかし、人口減少・少子高齢化の進行は進んでおり、「国勢調査」では2010（平成22）年から2015（平成27）年までに約6,400人減少し、今後も減少が見込まれている。

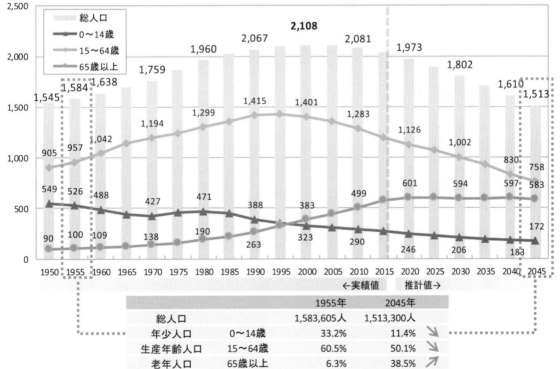

（千人）
岐阜県の総人口と年齢3区分別人口の推移と将来見通し

凡例：総人口／0〜14歳／15〜64歳／65歳以上

←実績値　推計値→

		1955年	2045年
総人口		1,583,605人	1,513,300人
年少人口	0〜14歳	33.2%	11.4%
生産年齢人口	15〜64歳	60.5%	50.1%
老年人口	65歳以上	6.3%	38.5%

注：2010年の年齢3区分は、年齢不詳を按分した人口。

図　岐阜県の総人口と年齢3区分別人口の推移と将来見通し【出典：総務省「国勢調査」、岐阜県政策研究会人口動向研究部会】

2017（平成29）年3月に策定した立地適正化計画では、都市づくりの基本理念を「豊かな自然と歴史に恵まれた環境の中で、快適でコンパクトな市街地が互いに連携し、健やかに住み続けられる活力あふれる県都〜賑わいある中心市街地と暮らしやすい生活圏が結びあった、歩いて出かけたくなる健幸都市〜」とし、将来の都市像を「高度で多様な都市機能が集積した中心市街地と、身近な生活拠点が適切に配置された日常生活圏とが、公共交通など総合的な交通体系により効率的に連絡しあう、多様な地域核のある集約型都市」としている。

都市機能誘導区域は、商業系用途地域や都市機能誘導施設が既に立地している区域等を中心に、市街化区域の約16％に設定している。居住誘導区域は、鉄道及び幹線バス路線の沿線の市街化区域の約57％を設定している。

(2) 関市

関市は市域の約28％が非線引き都市計画区域であり、その約13％に用途地域を指定している。

人口は、2005（平成17）年をピークに人口減少の局面を迎えており、また、市で最も人口密度が高い中心部の市街地では空き家が増加し、人口減少エリアが虫食い状に広がることが予測されている。

関市は2017（平成29）年3月に立地適正化計画を策定し、「にぎわい・つながりのある 歩いて楽しいまち」を将来都市像として、①生活サービス施設充実と利便性向上、②子育てしやすい環境づくり、③まちがつながる、歩いて楽しい空間づくり、を立地適正化方針としている。

市役所や鉄道駅のある市街地中心部を都市機能誘導区域とし、用途地域の約15％に設定している。居住誘導区域は、一定以上の人口密度が確保でき、通学や、医療・買い物などの生活サービス施設へのアクセスに便利など、公共交通の利便性の高い区域を中心に、用途地域の約51％に設定している。

(3) 大垣市

大垣市は上石津地区を除く全域が線引き都市計画区域であり、都市計画区域の約42％が市街化区域となっている。人口約15万人の県内2番目の都市であるが、人口減少は進み、中心部の空き家の増加、市街地の拡散などが課題となっている。

2018（平成30）年3月に策定した立地適正化計画では、基本目標を『子育て日本一が実感できるコンパクトなまちづくり』とし、「子育て世代の定住促進」、「子育て環境の充実」、「公共交通の利便性向上」の3つの居住、都市機能の誘導方針を設定している。

都市機能誘導区域は、都市の中心拠点都市として、中心市街地活性化基本計画にて各種活性化施策を実施してきた区域や地域の生活拠点として、中心拠点に公共交通でアクセスでき、徒歩、自転車で都市機能が利用可能な区域に設定し、市街化区域の約32％に設定している。居住誘導区域は、都市機能誘導区域へのアクセス性を考慮し、公共交通の利便性が高い区域を設定し、市街化区域の約78％に設定している。

(4) 多治見市

多治見市は市域全域が線引き都市計画区域であり、約34％が市街化区域となっている。東濃圏域の中心都市で、名古屋圏との結びつきも強い交通の要衝となっているが、人口減少、空き家の増加が課題となっている。

2019（平成31）年3月に策定した立地適正化計画では、立地適正化に向けたまちづくりの方針を「人にやさしく、活力を生み出す『ネットワーク型コンパクトシティ』の実現」とし、「中心拠点と地域拠点への都市機能の誘導」、「拠点を中心とした公共交通利便性の高い地域への居住の誘導」、「拠点間をつなぐ基幹的な公共交通ネットワークの維持・構築」の3つの居住、都市機能の誘導方針を設定している。

都市機能誘導区域は、多治見駅周辺地区を中心拠点として、商業系用途地域を指定している地区等を地域拠点として、市街化区域の約14％に設定している。居住誘導区域は、都市機能誘導区域へのアクセスが便利な地域を中心に、市街化区域の約41％に設定している。

(5) 美濃加茂市

美濃加茂市は市域全域が非線引き都市計画区域であり、約12％に用途地域を指定している。美濃加茂市においては、2015（平成27）年時点で人口は増加傾向で推移しており、白地地域での

開発が多くみられる。しばらくはその傾向が続くものと推計されるが、その後は他市と同様に減少に転ずることが見込まれる。

2020(令和2)年3月に策定した立地適正化計画では「『みんなの夢がかなうまち』『いつまでも豊かに暮らせる』『コンパクト・プラス・ネットワークのまち』の実現」を、まちづくりの基本的な考え方とし、「健やかな心と体を育む、歩いて楽しいまちづくり」、「多様な世代が暮らしやすい居住環境が整ったまちづくり」、「拠点ごとの特性に応じた機能が整ったまちづくり」、「誰もが移動しやすい環境が整ったまちづくり」の4つの基本方針を設定している。

鉄道駅周辺の中心市街地を含む都市機能を備えた地区や教育・文化、交流機能の集積が認められる地区等を都市機能誘導区域とし、用途地域の約26%を設定している。居住誘導区域は、美濃太田駅等に徒歩や自転車、公共交通でアクセスできる、しやすい地区を中心に、用途地域の約82%に設定している。

4　県の役割

コンパクト・プラス・ネットワークのまちづくりの方針は、市町村が主体となって策定し、推進していくものであるが、その中で、広域調整の観点から県の役割について検討をする必要がある。

コンパクト・プラス・ネットワークを構築するにあたって、必要に応じて都市機能を共有する広域市町村圏において、県による広域調整が求められる。

例えば、広大な市町村圏を効率よく機能させるため、各道路を国土軸、広域連携軸、地域間連携軸、地域内連携軸、地域内生活道路等の目的別に位置付け、それぞれの機能を相互連携させるよう体系付けるとともに、優先順位付けを行ったうえで道路整備の提案を行うことや、また、公共交通についても同様に広域公共交通、地域内幹線公共交通、地域内補助幹線公共交通、市街地内公共交通といった体系で整理を行いそれぞれに応じた対応の提案を行うことなどが考えられる。

このような提案を行うためには、総合的な見地からコンパクト・プラス・ネットワークを実現させる上で、各道路・交通の位置付けや地域間連携を強化する上での効果を検討し、整備の優先度設定を行うこと、また、それに伴う各市町村の意見の調整や取りまとめが求められる。

さらには、各広域市町村圏間の調整についても求められると考えられ、各区域市町村圏の特性を踏まえた上で、県として広域観光対策や産業政策を各広域市町村圏間の関係性の中に位置付け、県土の適正かつバランスの取れた利用を推進する必要がある。

5　おわりに

人口減少・少子高齢化と都市構造に関する問題については、行政のみで解決できる問題ではなく、住民、事業者が一体となり、理解を深め、協働により対策に取り組む必要がある。

県では、コンパクト・プラス・ネットワークのまちづくりの推進に向けて、普及啓発と、県民、事業者と連携しながら、都市計画の主体である市町村に対し、きめ細やかな支援をしていく。

【補　注】
(1) 日本創生会議のレポートで「消滅可能性都市」とされた県内17の市町村の状況を中心に、人口減少問題の全体像を検討する場として設けられた、学識経験者、民間シンクタンク、県、市町村の職員による研究会。

岐阜市のコンパクトシティへの取り組み
―目指すべき将来都市構造の実現に向けて―

Approach to the compact city of Gifu-city
-For realization of the future city structure that you should aim at-

生駒　正之　　**岐阜市都市建設部都市計画課**※（※令和2年3月時点）
Masayuki IKOMA　　City Planning Division, Gifu City

1　はじめに

　岐阜市は、我が国のほぼ中央部、岐阜県の南西部に位置し、名古屋市から北約30kmの距離にある人口約41万人、面積約203㎢を擁す中核市で、市の中心部には、織田信長公ゆかりの岐阜城を頂く緑豊かな金華山が聳え、1300余年の伝統を誇る鵜飼で名高い清流長良川が流れるなど、自然や歴史、文化に恵まれた県都である。

2　本市の現状と課題

　本市の人口は、戦後、近隣町村との合併や高度経済成長などを背景に大きく増加を続けていたが、他都市と同様に、昭和60年代からは減少傾向にあり、国立社会保障・人口問題研究所の推計によると、2010(平成22)年～2025(令和7)年の間に、約41万人から約38万人へと人口が減少し、高齢化率は24%から30%へと大きく増加することが予想されている（図1）。

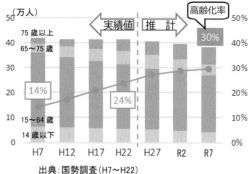

出典：国勢調査（H7～H22）
国立社会保障・人口問題研究所（H25.3 推計）

図1 年齢区分別の人口推移及び高齢化率

　また、人口集中地区（DID）の面積は、1970(昭和45)年～2010(平成22)年の40年間で、約2,800haから5,500haへと約2倍に拡大したが、人口密度は94人/haから53人/haへと約4割減少し、市街地の低密度化が進行している（図2）。

　このように、本市の抱える課題として、この先も人口減少や高齢化が進展することによる、日常生活に必要な生活利便施設の減少や公共交通サービスの低下、更には空き家の増加や地域コミュニティの希薄化などが懸念されている。

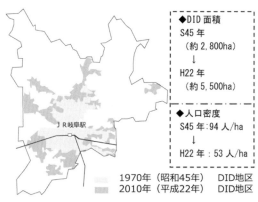

図2　DID区域の拡大状況

3　これまでのまちづくり

(1)岐阜市総合計画

　本市では、こうした社会状況の変化を見据え、人口減少や少子高齢化の中にあっても住民サービスを維持し、持続可能な都市を目指すため、2003(平成15)年に策定した岐阜市総合計画「ぎふ躍動プラン・21」の将来都市像において、「多様な地域核のある都市」を掲げ、将来のまちづくりの方向性を示してきた。

　そのイメージは、車に依存しなくても、歩き

や自転車、公共交通によって、日常的なサービスが充足されるような地域核の形成を目指すものである。

(2)岐阜市都市計画マスタープラン

2008(平成20)年12月には、上記の「多様な地域核のある都市」の実現のため、「豊かな環境のなか、活力あふれるコンパクトな市街地が互いに連携した都市構造の構築を図る」ことを基本的な考え方とし、従来の自動車交通だけでなく、交通施策と連携した市街地の形成を目指すべく、拡大型から集約型への都市構造の転換を志向した、「岐阜市都市計画マスタープラン」を策定した。

この都市計画マスタープランでは、市内を13の地域生活圏に分け、各地域生活圏に、日常生活に必要な都市機能の集積を図る地域生活拠点候補地と学術・研究拠点、観光・コンベンション拠点などの特定の都市機能を集約する都市機能拠点や新たなものづくり産業を集積するための産業拠点を定め、集約型都市構造の形成を目指すこととしている。

(3)中心市街地活性化基本計画

中心市街地は、コンパクトシティ形成に重要な中枢拠点であるが、本市においても全国の地方都市と同様に人口減少・少子高齢化による空き家の増加、百貨店の撤退、大型商業施設の郊外立地などにより、中心市街地の空洞化が進み、まちの活力とにぎわいが減退している。

このような中、2007(平成19)年5月に「岐阜市中心市街地活性化基本計画（第1期）」、2012(平成24)年6月に「2期岐阜市中心市街地活性化基本計画」の内閣総理大臣認定を受け、「まちなか居住の推進」「商業の活性化の増進」「にぎわいの創出」を目標とし、中心市街地の活性化に取り組んできた。この基本計画により、超高層再開発ビルの「岐阜シティ・タワー43」や「岐阜スカイウィング37」、広場面積約2.7haを誇る「岐阜駅北口駅前広場」（写真1）、知の拠点となる図書館を有する「みんなの森 ぎふメディアコスモス」など、都心居住とにぎわいの拠点となる施設を整備してきた。

写真1　岐阜駅北口駅前広場

(4)岐阜市地域公共交通網形成計画

2015(平成27)年3月には、公共交通の果たす役割を明らかにし、地域にとって望ましい公共交通ネットワークの姿を実現するため「岐阜市地域公共交通網形成計画」を策定した。この計画では、コンパクトシティ・プラス・ネットワークの構築を目指し、公共交通軸となる幹線バス路線強化のため、地方都市では初めてBRT[1]を導入した（写真2）。また、市民協働のコミュニティバスの導入により、暮らしを支える地域の移動手段の確保を推進している。

写真2　岐阜市型BRT（連節バス）

4　岐阜市立地適正化計画

2014(平成26)年の都市再生特別措置法の改正に基づく、「コンパクトシティ・プラス・ネットワーク」の考え方は、これまでの岐阜市のまちづくりの理念である「多様な地域核のある都市」と共通するものであり、このまちづくりを実現させるため、2017(平成29)年3月に岐阜市立地適正化計画を策定・公表した。

(1)誘導区域の設定

　岐阜市立地適正化計画では、これまでのコンパクトシティを志向する「岐阜市総合計画」、「岐阜市都市計画マスタープラン」及び「岐阜市地域公共交通網形成計画」のまちづくりの方針に基づき、公共交通ネットワークを都市の基軸と位置付け、まちづくりと公共交通が連携した持続可能な都市構造の実現の観点から、以下の5種類の居住区域（表1）と3種類の拠点区域（表2）を設定し、それぞれの公共交通の利便性等に応じたまちづくりを進めて行くこととした。

表1　5種類の居住区域

まちなか居住促進区域（市街化区域）	
定義	岐阜市まちなか居住支援事業のまちなか居住促進区域の範囲
基本方針	高度で多様な都市サービスを享受できる区域 ・多様な都市機能が立地した魅力ある住環境の形成 ・都市機能の集積による幹線バス路線沿線のにぎわいの形成
居住促進区域（市街化区域）	
定義	JR岐阜駅を中心とした8本の幹線バス路線から500mの範囲と鉄道駅から半径1kmの範囲
基本方針	特に公共交通の利便性が高い区域 ・公共交通軸沿線で歩いて生活ができる住環境の形成 ・幹線バス等によるサービス水準の高い公共交通環境の形成
一般居住区域（市街化区域）	
定義	比較的利便性の高い支線バス路線から500mの範囲
基本方針	比較的公共交通の利便性が高い区域 ・比較的便利な交通環境の中で、良好な住環境を保全 ・支線バス等の地域ニーズに適した効率的なサービスの提供
郊外居住区域（市街化区域）	
定義	上記3区域以外の市街化区域
基本方針	ゆとりある低層住宅地がある良好な居住区域 ・継続して居住が出来るよう良好な住環境を保全 ・地域交通等による移動手段の確保に向けた取り組み

集落区域	
定義	市街化調整区域
基本方針	住環境が自然環境や営農環境と調和する区域 ・豊かな自然や営農環境と調和した住環境を維持 ・地域交通等による移動手段の確保に向けた取り組み

表2　3種類の拠点区域

都心拠点区域	
定義	都市計画マスタープラン等で示す中心商業地区
基本方針	集約型都市を先導する都市の顔となる拠点 ・高度利用を図り魅力ある市街地形成を促進 ・便利で快適なまちなか居住の推進
地域生活拠点区域	
定義	都市計画マスタープランで示す13の地域生活拠点候補地
基本方針	地域生活圏の核となる集約拠点 ・日常生活に必要な都市機能の充足 ・公共交通により中心部と結ばれた拠点の形成
都市機能拠点区域・産業拠点区域	
定義	都市計画マスタープランで示す12の都市機能拠点と3か所の産業拠点
基本方針	都市の活力と魅力の向上を先導する拠点 ・特定の都市機能を中心とした集約拠点の強化（観光・コンベンション拠点、学術・研究拠点等）

　このまちづくりでは、JR岐阜駅を中心とした8本の幹線バス路線と鉄道を都市の基軸と位置付け、その周辺の人口密度を維持することにより、都市機能の維持・誘導を図り、地域の核となる地域生活拠点の形成を目指すものである。また、それ以外の地域についても、良好な住環境の保全や形成を図り、地域の需要に適した効率的な支線バスやコミュニティバスの運行により、歩いて出かけられるまちづくりに取り組んでいくことを示した。本計画では、この5種類の居住区域と3種類の拠点区域に基づいて、居住誘導区域・都市機能誘導区域の設定を行った。

　具体的には、特に公共交通の利便性の高い区域として誘導区域図（図3）に示す鉄道及び幹線バス路線の利用圏（鉄道駅から半径1kmと幹線バス路線沿線500mの範囲）を居住誘導区域に位置付け、将来に渡り現在の人口密度（51.2人/ha）を維持することを目標に掲げた。居住区域の内、「まちなか居住促進区域」と「居住促進区域」

がこれに該当し、市街化区域の57%が該当する。

　また、拠点区域の「都心拠点区域」と「地域生活拠点区域」において、用途地域や都市機能誘導施設の立地状況等を考慮し、12の都市機能誘導区域を定めた。更には、岐阜市独自の取り組みとして、「地域生活拠点候補地」を定め、居住誘導区域や都市機能誘導区域の設定ができない地域にもこれまでと同様に都市計画マスタープランの整備方針に基づき、日常生活を支える都市機能の誘導を図っていくことを計画に示した。

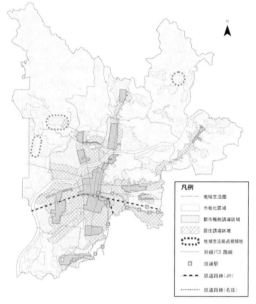

図3　誘導区域図

(2)実現化方策（期待される効果）

　立地適正化計画は、様々な計画と関わり合い互いに連携することで、健康で快適な生活環境を実現し、持続可能な都市経営を推進することができるものである。本市においても、まちなかへの居住の誘導に向け、これまでも継続的に取り組んできた「岐阜市中心市街地活性化基本計画」や「岐阜市地域公共交通網形成計画」、「スマートウエルネスぎふ推進事業」などの各施策や事業と連携して計画を推進することとしている。

　具体的には、市街地再開発事業やまちなか居住支援事業による住宅供給や取得支援などによる居住の誘導とともに、幹線バス区間のBRT化や乗継拠点の整備と併せた幹線・支線バスの再編などにより、バスの利便性の向上を図り、利用

者数を2013（平成25）年の17百万人/年から増加させ、まちなか居住につなげていく。更には、まちづくり施策と健康政策を一体的に進めることにより、「公共交通と連携した、歩いて出かけられるまち・思わず歩きたくなるまち」を実現し、市民の平均歩数を増加させ、将来の医療費削減につなげることも期待されている。

5　おわりに

　本市の計画は、国が設置したコンパクトシティ形成支援チーム会議において、2017（平成29）年に「コンパクト・プラス・ネットワークのモデル都市」の10都市の1つに選ばれた。これは、公共交通を軸に都市機能が集約した、歩いて出かけられるコンパクトなまちづくりが評価された結果と考えている。

　今後は、都市の現状等を把握するツールとして、立地適正化計画の検討に先駆け、2014（平成26）年に構築した「都市基礎情報活用支援システム（GIS）」を活用し、PDCAサイクルを実施して行く。このシステムは、住民基本台帳や要介護者情報などの個人情報をはじめ、税情報や医療・福祉・商業施設などの多様なデータを整備しており、客観的・定量的なデータの裏付けをもって「見える化」することで、都市の現状をより住民にわかりやすく見せることができる。

　これらのデータは毎年更新しており、都市の状況を早期に、かつミクロな視点で把握することが出来ることから、関係部局と連携を図りながら、都市の状況に合わせた各種施策・事業の立案や都市計画マスタープラン等の計画の見直し等、目指すべき将来都市像の実現に向けた取り組みを進めて行く。

【補　注】

(1) BRT（Bus Rapid Transit）の略で、バスレーンの導入など走行環境の改善によるバスの定時性や速達性を確保し、連節バスなどの車両の高度化とあわせ、利便性・快適性を高めた次世代のバスシステムのこと。

【引用・参考文献】

岐阜市立地適正化計画に関するHPアドレス，
http://www.city.gifu.lg.jp/28935.htm

静岡市のコンパクトなまちづくりの概要と今後の展望
―「お茶っ葉型」の都市構造を目指して―

Compact city development and future prospects of Shizuoka City
- For a "Tea-Leaf" Structure -

瀧　　康　俊　　静岡市都市局都市計画部都市計画課
Yasutoshi TAKI　　City of Shizuoka Urban Planning Division
髙　橋　勇　亮　　静岡市都市局都市計画部都市計画課※　（※所属は 2019（令和元）年度のもの）
Yusuke TAKAHASHI　　City of Shizuoka Urban Planning Division

1　静岡市の概要

　静岡市は、静岡県の県庁所在地であり、政治、経済、文化、教育などの様々な中枢機能が集積した都市である。

　地勢については、北は長野県や山梨県にも跨って連なる南アルプスから、南は太平洋に位置する駿河湾に至っている。市域の約8割は山間地で、残りの少ない平野部にコンパクトにまとまった市街地が形成されている。

2　「成長・拡大」から「成熟・持続可能」へ

　本市では、古くから、まちの中心である静岡駅周辺や清水駅周辺に人口が集積していたが、高度経済成長期の人口増加やモータリゼーションの進展とともに、郊外部においても住宅地開発が進められてきた。しかしながら、近年は、全国の地方都市と同様に、人口減少と高齢化が懸念されており（図1）、市街地をコンパクトに集約し、持続可能なまちづくりを進めることが課題となっている。

　このような状況を踏まえ、本市では「静岡市都市計画マスタープラン」を、2015（平成27）年度に改定した。

　改定にあたっては、時代認識を「成長・拡大」から「成熟・持続可能」へと転換し、「コンパクト＋ネットワーク」の考え方に基づき、目指すべき将来都市構造を「集約連携型都市構造」とした（図2）。この将来都市構造では、都市や地域の中心となる鉄道駅周辺などに、市民生活に必要な都市機能を集約することで拠点性を高め、これらの拠点間を公共交通で結ぶ。これにより、市民生活の質を高めるとともに、地域経済を活性化させることを目指し、都市拠点、地域拠点、公共交通軸等を示した。

3　立地適正化計画の策定

　都市計画マスタープランで示す将来都市構造の実現には、市街地のコンパクト化に向けた働きかけを行う必要があり、「静岡市立地適正化計画」を、2018（平成30）年度に策定した。

　立地適正化計画で定めた区域は、図3に示すとおりである。区域の名称は、都市計画マスタープランを踏まえ、都市機能誘導区域を「集約化拠点形成区域」、居住誘導区域を「利便性の高い市街地形成区域」、その外側の市街地を本市独自の「ゆとりある市街地形成区域」とした。

図1　将来人口推計（静岡市都市計画マスタープランより）

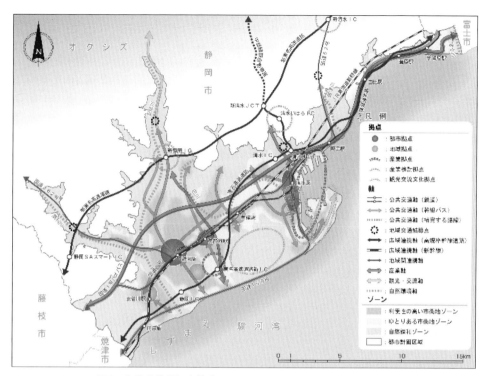

図2　集約連携型都市構造図（静岡市都市計画マスタープランより）

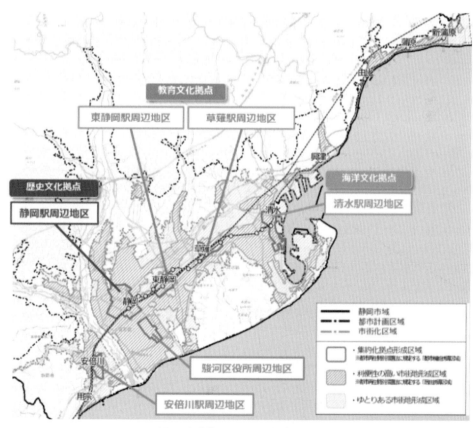

図3　立地適正化計画で定めた区域

特徴は、(1)お茶っ葉型の都市構造、(2)世界に存在感を示す3つの都心づくり、(3)郊外部の良好な環境を守る「ゆとりある市街地形成区域」の3点である。以下にその概要を紹介する。

(1)「お茶っ葉型」の都市構造

コンパクトなまちづくりのコンセプトを分かりやすく伝えるため、本市の名産品であるお茶をモチーフに「お茶っ葉型」の都市構造として、そのイメージを示した（図4）。

「しずく」は拠点、「葉脈」は公共交通軸を表現している。東西軸を鉄道、南北軸をバスが担うフィッシュボーン型の地域公共交通網の構築と、公共交通結節点における拠点の形成を連携して進めることで、都市に必要なサービスが住まいの身近にあるようなコンパクトなまちづくりを目指していく。

このイメージを実現するには、公共交通との連携が必要不可欠で、地域公共交通のあり方を示す「静岡市地域公共交通網形成計画」の内容と両輪となって取り組んでいくこととしている。

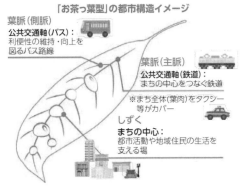

図4　「お茶っ葉型」の都市構造

(2)世界に存在感を示す3つの都心づくり

「集約化拠点形成区域」の設定にあたっては、東海道を軸として鉄道駅周辺にコンパクトな市街地が形成されてきた本市の特性を活かし、地区数や区域面積を最小限に絞ることで、投資の効率化を図ることとした。市街化区域が約10,474haであるのに対して、集約化拠点形成区域は約847ha（6地区計）で、約8％の割合である。

6地区の中でも特に重要な役割を担うのが、市政運営の最上位計画である「第3次静岡市総合計画」において、世界に存在感を示す3つの都心づくりとして示す歴史文化拠点（静岡都心）、海洋文化拠点（清水都心）、教育文化拠点（東静岡副都心、草薙駅周辺）の3拠点である。

①歴史文化の拠点づくり（静岡都心）

静岡駅周辺では、駿府城公園を始めとする歴史的名所（ランドマーク）を活用しながら、静岡都心のにぎわいを創出することで、交流人口の増加を図るとともに、地域経済の活性化を実現する。

図5　静岡都心の将来イメージ

②海洋文化の拠点づくり（清水都心）

清水駅周辺及び清水港周辺では、集積する海洋関連産業や教育機関を活かし、世界の玄関口となる「国際海洋文化都市」に変身を遂げるとともに、災害に強い清水都心を形成し、ウォーターフロント地区の新たなにぎわい、交流、経済の活性化を実現する。

図6　清水都心の将来イメージ

③教育文化の拠点づくり
（東静岡副都心、草薙駅周辺）

副都心として拠点整備を進めてきた東静岡駅周辺と草薙駅周辺では、教育文化の薫りが漂い、多くの若者が集まり、交流が生まれる拠点として、新たなにぎわい、地域活性化を実現する。

(3)郊外部の良好な環境を守る「ゆとりある市街地形成区域」

本市の郊外部には、豊かな自然環境に近接した住宅地が広がっている。コンパクトなまちづくりを進めるためには、集約するエリアだけではなく、郊外部のあり方についても明確にする必要がある。これが、本市独自の「ゆとりある市街地形成区域」であり、居住誘導を図る「利便性の高い市街地形成区域」の外側の市街地に設定した。

この区域は、空き地や空き家を有効的に活用するなどして、地域の閑静な住環境を守りながら、ゆとりある生活を楽しむ区域と定義した。これは、ライフスタイルの多様化に対応したゆとりある空間づくりを進めることを狙ったものである。

図7　ゆとりある市街地形成区域のイメージ

4　更なる推進に向けて

立地適正化計画の策定後は、実効性を高めるための本市独自の誘導施策の事業実施や検討を進めている。

2019(令和元)年度には、「集約化拠点形成区域」における誘導施設整備を促進するために、誘導施設整備に係る容積率緩和の仕組みを導入した。高度利用地区や高度利用型地区計画の指定にあたっての、対象地区や容積率の最高限度の指定基準等を定める「静岡市高度利用地区指定指針」、「静岡市高度利用型地区計画指定指針」を改正し、対象地区を「集約化拠点形成区域」に限定するとともに、誘導施設を整備する際の容積率緩和を可能にした(図8)。

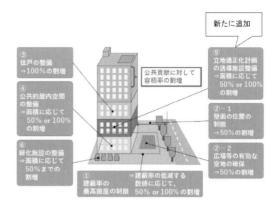

図8　容積率緩和のイメージ

「利便性の高い市街地形成区域」への居住誘導については、住宅誘導しやすい土地利用規制への見直しを進めている。また、今後、増加が見込まれる空き家・空き地の有効活用を促進する施策についても、関係部局との連携のもと検討を行っている。

公共交通については、「静岡型MaaS」を始めとした地域公共交通網形成計画の各種施策の推進により、市街地での公共交通の利便性向上に加え、中山間地域を含めた市内各所から、様々な交通手段の組み合わせにより、安心・安全に3つの都心にアクセスできる仕組みの整備を進めている。

5　おわりに

SDGs(持続可能な開発目標)の推進に積極的に取り組んでいる本市は、2018(平成30)年度に「SDGs未来都市」、「SDGsハブ都市」に選出された。

SDGsでは、経済・社会・環境の3側面が調和した、誰1人取り残さない世界が掲げられている。これは、本市が「お茶っ葉型」の都市構造への転換により実現を目指す、地域の経済活動が活発で、誰もが安心・安全・快適に暮らし続けられ、そして環境への負荷が小さい、将来の都市の姿と重なっている。

メリハリのあるまちづくりとともに、市民ニーズの多様化に対応しながら、今後も、市民・事業者と一体となって、「住み続けられるまちづくり」を推進していきたい。

浜松市におけるコンパクトでメリハリの効いたまちづくり

Compact and Effective Community Development in Hamamatsu City

井熊　久人　　浜松市都市整備部
Hisato IKUMA　　Urban Development Department, Hamamatsu City

1　はじめに

浜松市は、東京と大阪のほぼ中間、静岡県の西部に位置し、2005（平成17）年の12市町村合併により、市域面積155,806haと全国第2位の広大な市域を有する都市である。

東は天竜川、西は浜名湖、南は遠州灘、北は赤石山系と豊かな自然環境に恵まれており、全国的にも類を見ない地域の多様性を有している。2007（平成19）年に政令指定都市に移行したが、大都市圏の政令指定都市とは異なり、市域の7割近くを占める中山間地から都市部まで多彩な顔を持つ姿は、「国土縮図型政令指定都市」とも言われている。

また、江戸時代から始まった綿織物や製材業、その後の輸送用機器や楽器、近年では光・電子技術などの特色ある産業も加わり、世界を舞台に活躍する大企業や高度なオンリーワン・ナンバーワン技術を有する中小・ベンチャー企業が集積する「ものづくり都市」である。

2　現状と課題

浜松市の人口は、現在約80万人で、2009（平成21）年をピークに減少に転じている。25年後の2045（令和27）年には、約70万人まで減少すると推計されており、特に都心や市街地で人口密度が低下することが予測されている。また、65歳以上の高齢人口は今後も増加し、2045（令和27）年には市民の約4割に達すると推計されている。都市計画区域については、市町村合併、政令指定都市移行時に、それまでの4つの都市計画区域を統合し、現在の「浜松都市計画区域」となった。浜松都市計画区域は、市域の約3分の1に当たる51,455haであり、この区域に市民の約97％

が居住している。市街化区域は市域面積の約6％で、市民の約63％が居住している一方、これまで合併を繰り返して市域を拡大してきた経緯から、市街化調整区域にも大規模な集落が多く点在し、現在も市民の約34％が市街化調整区域に居住している状況である。近年においては、市街化区域で人口が減少する一方、市街化調整区域の人口は増加しており、市街地の外延的拡大及び低密度化が進んでいる。このまま進むと、一定の人口密度に支えられてきたサービス施設や公共交通のサービス提供が困難になることが懸念される。

図1　浜松都市計画区域と区域区分

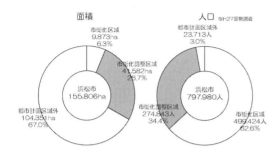

面積　　　　　　　　　人口 ※H-27国勢調査

都市計画区域外
23,713人
3.0%

市街化区域
9,873ha
6.3%

市街化調整区域
41,582ha
26.7%

浜松市
155,806ha

都市計画区域外
104,351ha
67.0%

市街化調整区域
274,843人
34.4%

浜松市
797,980人

市街化区域
499,424人
62.6%

図2　浜松市の面積と人口

また、郊外における大規模集客施設立地の影響等による都心における商業施設の撤退や賑わいの低下、高齢人口増加に伴う扶助費割合の増加や生産年齢人口減少に伴う税収の減少等、限りある財源での公共施設の老朽化への対応、東日本大震災や新東名高速道路開通による工場等の内陸部への立地意向の高まりに伴う周辺への居住需要への対応等が本市のまちづくりの課題となっている。

3　まちづくりの方針

2015（平成27）年にスタートした浜松市総合計画においては、都市の将来像を「市民協働で築く『未来へかがやく創造都市・浜松』」とし、まちづくりの基本的な考え方として、「コンパクトでメリハリの効いたまちづくり」を掲げている。市民が居住するエリアを公共交通結節点や沿線に集約し、人口密度にメリハリをつけ、民間活力を誘発するとともに、人口規模に応じた持続可能で最適化されたまちを市民とともに目指すとしている。

また、2010（平成22）年に策定した都市計画マスタープランでは、将来都市構造を都市機能が集積した複数の拠点形成と公共交通を基本とした有機的な連携による「拠点ネットワーク型都市構造」とし、低炭素都市形成や効率的な都市経営が可能となる都市を目指すとしている。主要な交通結節点や基幹的な公共交通沿線で人口集積と公共交通利用の需要を一体的に高め、公共交通の維持と効率的な土地利用が連携した都市構造につなげることとしている。

4　立地適正化計画の策定

都市計画マスタープランに掲げた将来都市構造「拠点ネットワーク型都市構造」を実現するため、市街化区域内の一定の区域に都市機能や居住を誘導する立地適正化計画を2019（平成31）年1月に策定した。

立地適正化計画の策定にあたっては、本市の抱えるまちづくりの課題をターゲットとして、都市機能や居住の誘導による課題解決を目指し、それぞれの課題に対応した拠点とネットワークで構成する都市の骨格構造を軸に、都市機能誘導区域と誘導施設、居住誘導区域の検討を行った。

(1)誘導区域と誘導施設

①都心の賑わい向上

都心への都市機能集積や多様な世代の都心居住促進による賑わい向上のため、広域交通の玄関口でもあるJR浜松駅周辺を「広域サービス型」の都市機能誘導区域として、交流や賑わい向上に資する商業・文化等の機能を集積し、都心機能の維持向上を図るものとした。誘導施設には、大規模なホールや集客施設、広域から利用のある本市の特徴的な公共施設を設定した。

②公共施設の集約・再編と生活利便性の維持

限りある財源で効率的、効果的な公共施設運営を行うため、公共施設の集約・再編を利用者の利便性を維持しながら推進する必要があることから、少し広範な市域・地域からも公共交通で便利にアクセスできる主要な鉄道駅やバス停周辺を「市域・地域サービス型」の都市機能誘導区域とし、公共施設の集約・再編に合わせて拠点的な公共施設を集積させることで、利用者の利便性確保を目指すものとした。誘導施設には、中小規模のホールや図書館、保健福祉センターを設定した。

③公共交通で暮らしやすい機能誘導と産業振興を支える居住誘導

サービス施設や公共交通を今後も維持していくための市街地の人口密度の維持、産業振興を支援する必要性から、広域または市域・地域サービス型の拠点へアクセスしやすい公共交通の結節点周辺を「生活サービス型」の都市機能誘導区域とし、暮らしを充実する身近なサービ

ス施設を確保するものとした。誘導施設には、保育園をはじめとする子育て施設や医療・福祉関連施設を設定した。

また、各拠点周辺や基幹的な公共交通沿線を居住誘導区域とし、人口密度の維持による拠点の都市機能や公共交通の維持を図るとともに、勤務地や生活サービスに公共交通でアクセスしやすい居住地を確保するものとした。

設定した都市機能誘導区域は約792haで市街化区域の約8％、居住誘導区域は約4,981haで市街化区域の約50％となっている。また、市民の安全性を考慮し、このうち災害リスクの高い地域（災害危険区域、土砂災害警戒区域、砂防指定地、地すべり防止区域、急傾斜地崩壊危険区域、津波浸水想定区域（防潮堤整備後））や生産緑地地区、都市計画施設の区域などは誘導区域から除外することとしている。

(2)誘導施策

都市機能と居住を誘導するための施策としては、魅力ある拠点の形成や公共交通を中心とした移動環境の確保、各サービス型の拠点における誘導施設の立地促進等に資する多様な分野における取り組みを設定している。

庁内関係部局との連携により、進捗管理をしながら各種施策を推進しているところであるが、今後も引き続き、より効果的な新たな施策について研究し、誘導施策の充実を図っていく。

5　将来都市構造の実現に向けた拠点整備

立地適正化計画で誘導区域を明らかにするとともに、本市では拠点ネットワーク型都市構造の実現に向けた拠点整備を進めている。

(1)都心の再生

都心であるJR浜松駅周辺においては、創造都市の顔として、土地区画整理事業や市街地再開発事業等による計画的な都市基盤整備を実施し、多様な高次都市機能の集積や都心居住の促進に向けた取り組みを行っている。

また、都市再生特別措置法に基づく都市再生緊急整備地域を都市再生促進地区として、建築物又は土地の適正管理及び活用促進に関する条例を定め、市が必要な啓発や支援、また、問題のある建物に対する指導、勧告等を行うとともに、空き家等の遊休不動産利活用事業として、リノベーションスクールを継続的に開催するなど、産業振興、雇用創出、コミュニティ再生、エリア価値の向上など、都心再生に向けたリノベーションまちづくりに取り組んでいる。

これにより、リノベーションスクール等への参加者が建築物等を活用して新事業を起こすな

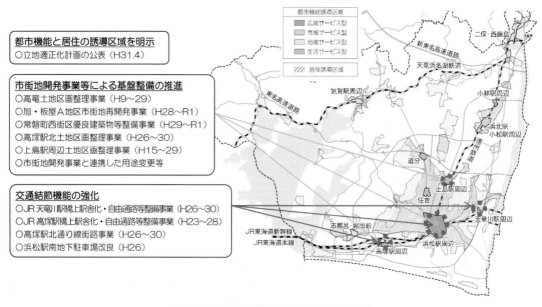

図3　立地適正化計画の誘導区域と拠点整備

ど、都心に新たな変化を生み出している。

写真1 都心における旭・板屋地区市街地再開発事業

(2) 生活拠点の形成

　主要な交通結節点である鉄道駅周辺などの生活拠点においても、都市機能の集積や居住促進に向けた取り組みを行っている。

　JR高塚駅、JR天竜川駅周辺の拠点においては、鉄道駅舎の橋上化や自由通路、駅前広場の整備等、利便性向上やバリアフリー化による交通結節機能の強化を図るとともに、都市機能の立地誘導を図るため、工業系用途地域から商業系用途地域へ変更し、土地の高度利用が図られるようにしている。

　また、JR高塚駅北側においては橋上駅舎化等に合わせ、遠州鉄道上島駅周辺においては連続立体交差事業に合わせて、それぞれ都市機能集積や良好な居住環境に向けた土地区画整理事業及びアクセス道路（都市計画道路）整備などの総合的な都市基盤整備を実施している。

写真2 高塚駅橋上駅舎化と高塚駅北土地区画整理事業

　今後も、生活拠点における新たな土地区画整理事業等の計画もあり、引き続き拠点の魅力や利便性を高め、賑わいを創出する等、拠点性の向上を目指した取り組みをより一層推進していく。

6　おわりに

　本市では、2019（平成31）年4月より立地適正化計画に基づく届出制度の運用を開始した。

　今後は、拠点ネットワーク型都市構造の実現に向け、立地適正化計画の推進を図るとともに、本市の都市計画マスタープランも策定後10年が経過することから、立地適正化計画を踏まえコンパクトなまちづくりをより一層推進するため、2020（令和2）年度の公表に向けた改定作業を行っている。併せて、コンパクトなまちづくりと連携して持続可能な公共交通ネットワークを面的に形成するための地域公共交通網形成計画の策定も予定している。

　また、立地適正化計画により市街化区域内の一定の区域に都市機能や居住の誘導を図る一方で、市街化調整区域においても依然として開発需要が高いことから、開発許可制度を含む土地利用制度について、コンパクトシティ推進に向けた見直し検討も必要となっている。

　これからのまちづくりは、市民協働、官民連携がこれまで以上に重要になると考えている。都市活力や市民生活の質の向上を図るため、まちづくりの主体である市民や民間事業者などと都市の将来像やコンパクトシティの意義を共有し、連携・協力を図りながら、人口減少社会においても持続可能で効率的なコンパクトでメリハリの効いた拠点ネットワーク型都市構造の実現に向けた取り組みを推進していく。

大見　明弘　　愛知県都市整備局都市基盤部都市計画課
Akihiro OMI　　City Planning Division, Aichi Prefectural Government

1　はじめに

　愛知県では、人口減少・超高齢社会の到来や大規模自然災害への対応など、様々な社会経済情勢等の変化に対応し、持続可能なまちづくりを進めるため、2016(平成28)年から都市計画区域の整備、開発及び保全の方針（都市計画区域マスタープラン）や区域区分の見直しを行ってきた。

　本稿では、「集約型都市構造への転換」を都市づくりの基本方向の1つに掲げた今回の都市計画の見直しの概要を説明するとともに、都市再生特別措置法の改正に伴う立地適正化計画制度の県内における取組状況を紹介する。

2　愛知県の人口動向及び将来予測

　本県の人口は、2019(令和元)年10月1日時点で、約755万人となっており、2008(平成16)年をピークに人口減少が進む我が国において、人口増加を維持する数少ない都道府県の1つとなっている。

　2018(平成30)年の1年間では、約1万3,700人の増加となっているが、その内訳を見ると、自然増減が約1万人の減少、社会増減が約2万3,700人の増加となっている。

　自然増減については、2017(平成29)年に約2,400人の減少と初めて減少に転じ、年々減少幅が拡大している。

　社会増減については、活発な経済環境の中で、2万人程度の増加を続けており、自然減を社会増が補うかたちで人口増加を維持している状況にある。

　ただし、日本人と外国人を分けた人口動向では、日本人は約8,000人の減少、外国人は約2万2,000人の増加となっている。外国人については、自然増減・社会増減ともに増加を維持しており、人口増加に大きく寄与している。

　また、地域別の人口動向については、尾張及び西三河地域は継続的に増加している一方、東三河地域では、2005(平成17)年をピークに減少が始まっている。

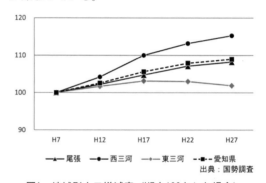

出典：国勢調査

図1　地域別人口増減率（H7を100とした場合）

　次に、本県の最新の将来人口予測は、2020(令和2)年3月に「第2期愛知県人口ビジョン・まち・ひと・しごと創生総合戦略」が策定・公表されている。

　国の長期ビジョンと同様に出生率が上昇（2030年時点で1.8、2040年時点で2.07まで上昇）すると仮定した場合、人口のピークは2025(令和7)年頃に約756万人となり、2060(令和42)年には約720万人を維持していると予測されている。

　特に、名古屋市のベッドタウンである尾張東部地域や製造業が集積する西三河地域では、2045(令和27)年頃でも2015(平成27)年の人口を上回る市町もあると見込まれている。

　なお、第1期人口ビジョンの将来推計人口と比べると大きく上振れする見通しとなっているが、これは「日本一元気で、すべての人が輝く住み

やすい愛知」を目指し、産業振興や雇用対策の
ほか、魅力発信、子育て支援など、幅広い施策
に総合的に取り組んできた成果と思われる。

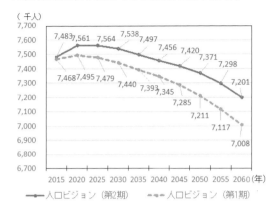

（千人）

図2　本県人口の長期的な見通し

3　愛知の都市づくりビジョンの策定

　人口の将来予測については、これまでの想定
より上振れしているものの、いずれは人口減少
に転じ、少子高齢化も依然として厳しい状況が
見込まれることから、都市計画においても人口
減少・超高齢社会への対応が重要となってくる。
　また、南海トラフ地震の発生が懸念される本
県においては、東日本大震災をはじめ、広島土
砂災害や熊本地震など大規模自然災害の教訓を

踏まえ、災害に強い都市づくりが強く求められ
ている。
　そこで、今回の都市計画の見直しにあたり、
2017（平成29年）3月に今後の都市計画の基本的な
方針となる「愛知の都市づくりビジョン」を策
定し、社会経済情勢等の変化と都市づくり上の
現状・課題を整理するとともに、都市づくりの
理念と5つの基本方向を定めた。

愛知県の都市づくりの理念

『時代の波を乗りこなし、
元気と暮らしやすさを育みつづける未来へ』

社会情勢等の変化（「時代の波」）に的確に対応し
（「乗りこなし」）、活発な産業活動のみならず、
健康・長寿を含めたあらゆる面における「元気」と、
これまで最も重視してきた県民の「暮らしやすさ」を
引き続き将来の都市づくり（「未来」）に追及していく

都市づくりの基本方向

①暮らしやすさを支える集約型都市構造への転換

②リニア新時代に向けた地域特性を最大限活かした
　対流の促進

③力強い愛知を支えるさらなる産業集積の推進

④大規模自然災害等に備えた安全安心な暮らしの確保

⑤自然環境や地球温暖化に配慮した環境負荷の小さな
　都市づくりの推進

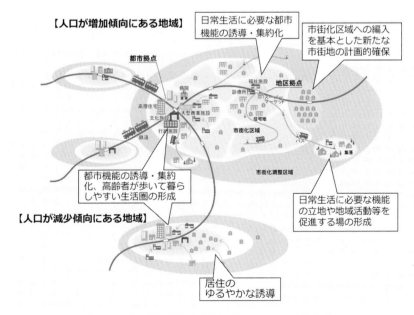

図3　都市ごとの特性を踏まえた集約型都市構造のイメージ

特に、「集約型都市構造への転換」については、日常生活に必要なサービスが身近に享受できる暮らしやすさを支えるため、主要駅周辺などの中心市街地や生活拠点となる地区に商業、業務、医療、福祉等の都市機能の集約を進めるとともに、その地区周辺や公共交通の沿線に居住を誘導することを掲げている。

ただし、県内では今後も人口や世帯数の増加が見込まれる地域も存在するため、都市ごとの特性を踏まえた対応が必要となる。そのような地域においては、鉄道駅や市街化区域の周辺など既存ストックの活用が可能な地区を中心に、今後の需要動向に対応した新たな市街地を計画的に確保することも検討していくこととした。

また、2027（令和9）年のリニア中央新幹線の開業に向け、多様な都市機能の高次化・強化を図るとともに、地域特有の産業、歴史・文化資源、豊かな自然資源などを活かした地域づくりを進め、様々な対流を促進し、賑わいの創出を図っていく。

さらに、製造品出荷額等が42年連続日本一の産業県であり、かつ全国有数の農業県でもある本県が一層の飛躍を遂げるため、新たな産業用地の確保や生産性の高い優良農地の保全を図り、さらなる産業集積を推進していく。

安全安心な暮らしの確保については、発生が懸念される南海トラフ地震や風水害・土砂災害の多頻度・激甚化を踏まえ、土地利用の適切な規制・誘導を図るとともに、災害を防止・軽減する施設の整備や密集市街地の改善等を進めていく。

このように「愛知の都市づくりビジョン」は、本県において取り組むべき今後の都市づくりの方向性や主な施策の考え方などを定めている。

4　都市計画区域マスタープランの見直し

「愛知の都市づくりビジョン」の考え方を踏まえ、県が広域的見地から都市計画の基本的な方向性を定める都市計画区域マスタープランを2019（平成31）年3月に見直した。

本県では、6つの都市計画区域（名古屋、尾張、知多、豊田、西三河、東三河）と1つの準都市計画区域（新城長篠）を指定している。

図4　都市計画区域・準都市計画区域位置図

今回のマスタープラン見直しの主なポイントとして、次の3点があげられる。

都市計画区域マスタープランの見直しのポイント
○　集約型都市構造への転換を明文化
○　工業フレームに観光交流を加えた　　産業フレームの創出
○　災害発生のおそれのある土地が　　含まれる区域の市街化調整区域への　　編入検討を明文化

「集約型都市構造への転換」については、見直し前のマスタープランでもその概念は含まれていたものの、見直しにあたり改めて明文化し、都市づくりの目標や土地利用の方針等を定めた。

主要駅周辺などの中心市街地や生活拠点となる地区に都市機能の集約を進めるとともに、その地区周辺や公共交通の沿線に居住を誘導し、各拠点間のアクセスを充実することで、集約型都市構造への転換を図ることとした。

その一方で、市街化調整区域に散在する集落地では、今後も居住する住民がいることから、生活利便性や地域のコミュニティを維持していくため、日常生活に必要な機能の立地や地域住民の交流・地域活動などを促進する場の形成を目指すことも掲げている。

「産業フレームの創出」については、これまで本県の強みであった工業に加え、リニア新時代に向けた対流の促進を図るため、新たに観光交

流施設の立地を可能とした。なお、観光交流施設とは、観光入込客数が年間1万人以上見込まれ、非日常利用が多いなどの要件に当てはまる施設を対象としている。

災害発生のおそれのある土地については、災害リスク、警戒避難体制の整備状況、災害を防止又は軽減する施設の整備状況などを踏まえ、必要に応じて市街化調整区域への編入（逆線引き）を検討することを定めた。

また、今回のマスタープランの見直しとあわせ、区域区分（線引き）の総見直しを行ったが、その中で災害リスクが懸念される地区をはじめ、約16haについて逆線引きを行った。

県の都市計画区域マスタープランの見直しを受け、県内約7割の市町村において、市町村都市計画マスタープランの見直しが進められている。市町村マスタープランは都市計画区域マスタープランに即すとされており、県が集約型都市構造への転換の方針を明確に打ち出したことで、多くの市町村においても集約型都市構造を目指した計画策定が進められていくものと考えている。

5　立地適正化計画の取組状況

2020（令和2）年4月における本県の立地適正化計画の策定及び居住誘導区域、都市機能誘導区域の設定状況は以下のとおりである。

立地適正化計画の策定状況

策定年度	市町村名
2016(H28)	豊川市、小牧市、東海市
2017(H29)	春日井市、知立市
2018(H30)	名古屋市、豊橋市、岡崎市、刈谷市 豊田市、安城市、東郷町
2019(R1)	一宮市、蒲郡市、江南市、豊明市 田原市

※　一宮市は、都市機能誘導区域のみ公表済

居住誘導区域及び都市機能誘導区域の設定状況

○市街化区域に対する居住誘導区域の割合

平均　約77%　（最小23% 最大95%）

○市街化区域に対する都市機能誘導区域の割合

平均　約37%　（最小4% 最大58%）

※　面積ベース、2018年までに公表済の市町で集計

これまで土地区画整理事業等を実施し、積極的に都市基盤整備を実施してきたため、市街化区域内に対する居住誘導区域の割合が高い市町が多くなっているように思われる。

また、計画策定にあわせ、新たに居住誘導区域に転居する住民や都市機能誘導区域に誘導施設を立地する事業者に対する補助金制度を創設するなど、独自のインセンティブ施策を導入し、居住や都市機能の誘導を図っている市町もみられる。

一方、近年では自然災害の激甚化等により、居住誘導区域と災害ハザードエリアの重複が問題となっている。特に洪水浸水想定区域等の浸水想定区域と居住誘導区域が重複している市町が多くなっている。

これらの市町では、予想される浸水深さにより居住誘導区域から除外するなどの工夫がされているが、都市再生特別措置法等の改正に伴い、新たに居住誘導区域における防災指針の策定が求められており、さらなる対応が必要になってくる。

立地適正化計画による居住の誘導等は、期間を要するものであり、5年ごとに行う評価等を通じ、今後の動向について注視する必要がある。

6　おわりに

人口減少・超高齢社会などを見据え、集約型都市構造への転換を掲げた都市計画区域マスタープランの見直しを行い、それに即した市町村マスタープランや立地適正化計画の策定が進んでいる。

今後は、これらマスタープランの具現化に向けた取組が重要であり、本県では2019（平成31）年3月に「市町村まちづくり支援窓口」を開設し、市町村のまちづくり計画の立案を構想段階から支援するほか、実現に向けた事業手法の提案などの取り組みを進めている。まだまだ手探り状態の支援窓口であるが、市町村とさらに連携を深め、「元気と暮らしやすさを育みつづける」まちづくりに取り組んでいきたいと考えている。

なごや集約連携型まちづくりプランについて
―魅力ある「名古屋ライフスタイル」を育む大都市の形成のために―

Location Normalization Plan for Nagoya
-For the formation of the large city developing an attractive "Nagoya Life style"-

名古屋市住宅都市局都市計画部都市計画課
City of Nagoya Housing & City Planning Bureau

1　はじめに

　名古屋のまちづくりは、1610年の名古屋城築城と「清須越」と呼ばれるまちぐるみの移転によって始まった。その後、戦災復興をはじめとする土地区画整理など先人たちの大胆な都市計画により、市域の拡大とともに良好な市街地の整備が進められ、便利さと快適さを兼ね備えた大都市名古屋として成長してきた。

　一方、本市を取り巻く状況は、人口減少や高齢者の増加といった人口構造の変化、発生が懸念されている南海トラフ巨大地震や激甚化する自然災害によるリスク、グローバル化にともなう都市間競争の激化など、近年大きく変化しつつある。

　こうした状況に適切に対応し、都市活動の持続性を確保するためにも、都市の魅力や市民生活の質の向上等をはかることが求められている。

　本市では、平成23(2011)年に策定した都市計画マスタープランにおいて、駅を中心とした歩いて暮らせる圏域に多様な都市機能が適切に配置・連携された都市構造として「集約連携型都市構造」を位置づけ、その実現に向けた取り組みを進めてきた。

　こうした中、平成26(2014)年の都市再生特別措置法の改正により、立地適正化計画制度が創設されたことから、本市がめざす集約連携型都市構造の実現をはかることを目的として、平成30(2018)年に立地適正化計画として「なごや集約連携型まちづくりプラン」を策定した。

2　なごや集約連携型まちづくりプランの概要
(1)課題と対応の方向性

　本市の人口は今後ピークアウトを迎え、人口

減少に転じるとされている。中でも、鉄道をはじめとした都市基盤や都市機能が集積し、利便性が高い駅そば生活圏（駅から800m圏内）の人口は、駅そば生活圏外に比べ、大きく減少するとされている。

　そのため、駅そば生活圏における人口減少の抑制をはかるなど、人口減少を見据えたまちづくりを推進していきたいと考えている。

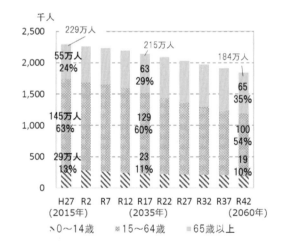

図1　将来人口推計

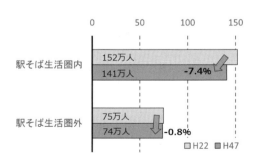

図2　駅そば生活圏内外の人口推計

また、東京圏への人口の流出も大きな課題である。本市の社会増減数を地域別にみると、東京圏（関東）以外の地域からは転入超過となっているが、東京圏に限っては転出超過の状況が続いている。令和9(2027)年にはリニア中央新幹線の東京〜名古屋間の開業も予定されており、都市の発展の契機を迎える一方で、ストロー効果といった負の影響も危惧されている。そのため、名古屋大都市圏の中心都市として、高次都市機能のさらなる強化をはかり、名古屋大都市圏全体の発展をめざしていきたいと考えている。

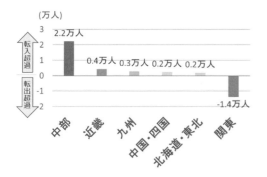

図3　地域別の社会増減数

さらに、市街地の広範囲に存在する災害リスクへの対応も必要である。浸水や土砂災害等の災害リスクが存在する地域にも市街地が広がっており、集中豪雨の増加や南海トラフ巨大地震の発生も懸念される中、防災性の高い都市構造をめざし、災害被害を防ぐ都市基盤の整備や災害リスクを十分に認識した上での土地利用をはかっていきたいと考えている。

図4　洪水浸水想定区域

(2) 基本方針と基本的な区域の設定

こうした課題と対応の方向性を踏まえ、本市では「魅力ある『名古屋ライフスタイル』を育む大都市の形成」を目標に掲げ、名古屋の強みである「住みやすさ」を磨き伸ばすとともに、この圏域の中心都市として都市圏を牽引する魅力と活力を高めていくこととしている。

また、基本方針として、①都心や拠点の魅力向上・創出、②様々な世代が活動しやすいまちづくり、③成熟した市街地を活用したまちづくり、④ゆとりある郊外居住地の持続と新規開発の抑制、⑤災害リスクを意識したまちづくり、の5点を掲げるとともに、この基本方針に基づいて効果的に都市機能と居住の誘導をはかるため、市街地を「拠点市街地」「駅そば市街地」「郊外市街地」の3つのゾーンに区分し、地域の特性を踏まえた上で取り組みを進めていくこととした。

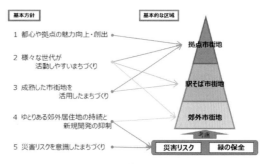

図5　基本方針と基本的な区域の関係

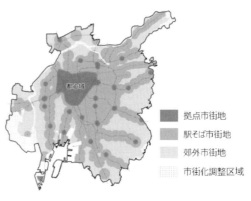

図6　基本的な区域

(3) 誘導の考え方と考慮する要素

都市機能については、拠点市街地の都心域を中心に、都心の魅力向上や産業競争力の強化など、都市の国際競争力を高める施設の誘導を地域拠点を中心に、多数の市民が利用する生活の利便性や質を高める施設の誘導をはかっていきたいと考えている。一方で、日常生活施設については、郊外市街地も含めて、維持・充実をはかっていくものとした。

次に居住については、拠点市街地や駅そば市街地において、将来にわたって人口水準を維持するために重点的な居住誘導をはかるとともに、郊外市街地においては、現状の市街地を基本に、ゆとりとうるおいのある居住環境の持続をはかっていくものとした。

都市機能や居住誘導の際、考慮すべき要素として、災害リスクと緑の保全の2点を掲げた。

「災害リスク」としては、相対的に大きな災害リスクが想定される、土砂災害警戒区域等が指定されているエリア、洪水浸水想定区域のうち浸水深3m以上のエリア、津波浸水想定区域のうち浸水深2m以上のエリアについて、居住誘導区域には含めないこととし、重点的に災害リスクの内容の周知をはかることとした。

なお、本市では昭和34（1959）年に発生した伊勢湾台風の高潮被害を踏まえ市域南西部の広範囲で災害危険区域（臨海部防災区域）を指定しているが、土地利用にあたっての周知や必要な構造等の配慮が、条例で定められていることから、居住誘導区域に含めることとした。

緑の保全としては、特別緑地保全地区や大規模な公園・緑地、低未利用の基盤未整備地区について、居住誘導区域に含めていない。樹林地など、低未利用な基盤未整備地区における今後の宅地開発においては、緑を活かしたゆとりとうるおいのある開発になるよう、誘導していきたいと考えている。

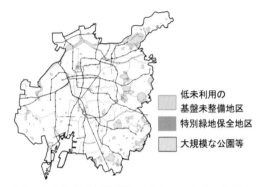

図8　都市機能や居住誘導にあたって考慮する要素（緑の保全）

(4) 都市機能誘導区域と居住誘導区域の設定

都市機能誘導区域は、拠点市街地、駅そば市街地を基本とし、災害リスク、緑の保全、環境との調和などを考慮して設定した。都市機能誘導区域には、主に拠点的な施設の立地誘導をはかるため、低層住居専用地域など良好な住宅地が広がっている地域は除外した。

この誘導区域に誘導する施設としては、劇場や美術館などの「文化・スポーツ交流施設」や、ホールやイノベーション施設等の「国際・産業交流施設」、また、「子育て・高齢者交流施設」「拠点的な医療施設、拠点的な行政サービス施設」などを定めている。

図7　都市機能や居住誘導にあたって考慮する要素（災害リスク）

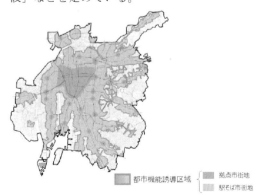

図9　都市機能誘導区域

居住誘導区域としては、拠点市街地、駅そば市街地、郊外市街地を基本としつつ、災害リスクや緑の保全を考慮して設定した。なお、本市の場合、20年後においても、市域の広範囲において、一定以上の人口密度（住宅市街地に必要な人口密度水準）の維持が見込まれ、圏域の中枢として都市基盤も整っていることから、今後も住み継がれることを前提に、市街化区域に占める居住誘導区域の面積割合は82％となっている。

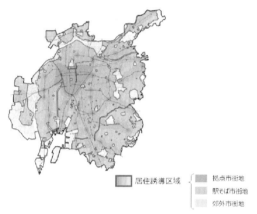

図10　居住誘導区域

(5) 誘導のための施策の方向性

誘導のための施策については、前述した5つの基本方針ごとに整理した。

都心や拠点の魅力向上・創出に関する取り組みとして、容積率緩和に関する各種施策を活用し、拠点市街地の都市機能の促進をはかるため、平成31(2019)年4月に都心域に特定用途誘導地区を都市計画決定した（約857ha）。都心域の対象区域で誘導施設を整備しようとする場合、認定を受けることで最大で70％の容積率の割増を受けることができるようにした。

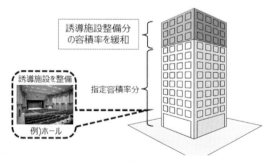

図11　特定用途誘導地区のイメージ

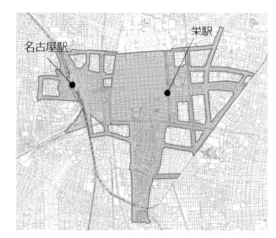

図12　特定用途誘導地区の区域図

また、災害リスクについては、一定以上の災害リスクが想定される区域では、立地適正化計画に基づく届出制度を活用し、届出の際にチラシ等により災害リスクの周知・啓発や対応方法に関する情報提供を行い、災害リスクを踏まえた居住や土地利用をはかっている。さらに、災害リスクについて知る機会を拡大するため、用途地域等を検索する都市計画情報提供サービスから、国交省が運営している「重ねるハザードマップ」へ移動し、洪水や土砂災害、津波など様々なハザードが調べることができるようにもしている。

3　おわりに

本市では2020(令和2)年6月に、なごや集約連携型まちづくりプランの内容を踏まえながら、関連する個別の計画を空間的に統合した「名古屋市都市計画マスタープラン2030」を策定した。

今後、この都市計画マスタープランに基づき、リニア中央新幹線の開業により形成される「スーパー・メガリージョン」の一核として、また、中部圏のハブとして、本市が果たす役割とその効果を最大化しつつ、さらなる生活の質の向上に向けた都市づくりに取り組んでいきたいと考えている。

多拠点ネットワーク型都市の構築を目指して

Aiming to build a Multi-site Network City

勝野　直樹　　一宮市まちづくり部都市計画課
Naoki KATSUNO　　City Development Department, City Ichinomiya

1　はじめに

本市は愛知県の北西部に位置し、木曽川を挟んで岐阜県と接している。市域の面積は約113.8㎢で、標高差の少ない極めて平坦な地形であり、北側と西側で約18㎞にわたって木曽川と接している。

鉄道は市内を南北にJR東海道本線、名古屋鉄道名古屋本線、尾西線が走り、名古屋駅まで最短で約10分でアクセスできる。また、道路では名神高速道路と東海北陸自動車道を結ぶジャンクションと、4つのインターチェンジがあり、交通の要所となっている。

人口は約38万5,000人と尾張地方の中核的な都市であり、2021(令和3)年の市制施行100周年を機に中核市への移行を目指している。

2　都市構造上の課題

本市は市域全域が尾張都市計画区域に属し、市域の約3割に当たる約38㎢が市街化区域、約7割に当たる約76㎢が市街化調整区域となっている。しかし、人口分布を見ると約6割が市街化区域に居住しているのに対し、約4割が市街化調整区域に居住している状況にある。人口集中地区(DID)の面積においても、その約3割に当たる約17㎢が市街化調整区域に分布しているという特徴を持っている。

人口はこれまで増加傾向で推移しており、1990(平成2)年の約34万7,000人から2015(平成27)年の約38万1,000人へと25年間で約1割増加している。また、人口集中地区(DID)の面積も同様に約1割増加しており、市街地の拡大が見られた。

しかし、国立社会保障・人口問題研究所の推計によると、今後の本市の人口は減少傾向に転じ、2040(令和22)年には約34万7,000人へと、約1割減少することが予想されている。

2015(平成27)年から2040(令和22)年の人口増減で見ると、市街化調整区域の人口集中地区(DID)である浅井町地域や西成地域において人口減少が顕著に表れている。また、都市拠点である一宮駅周辺においても人口減少が進む予想となっている。(図1)

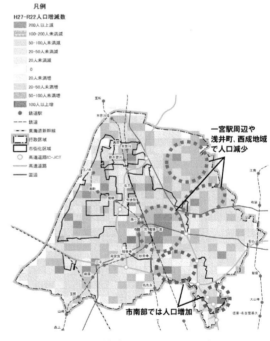

図1　人口増減（2015年から2040年）
（一宮市都市計画に関する基本的な方針より）

このように、人口減少による人口密度の低下や、これに伴う商業や医療、子育て、公共交通などの日常生活サービスの維持・提供が困難になる恐れがあることや、拡大した市街地に対す

るインフラの維持・更新に係るコストが大きな負担になることが懸念されることから、「一宮市都市計画に関する基本的な方針（都市計画マスタープラン）」の全面改定と合わせて「一宮市立地適正化計画」を策定し、市街地の人口密度の維持や拠点への都市機能の集積を図るとともに、公共交通ネットワークを活かした利便性を確保していくことで、暮らしやすい持続可能なまちづくりを目指していく。

3 都市構造の方針

　一宮市都市計画に関する基本的な方針（都市計画マスタープラン）の全面改定と立地適正化計画の策定に先駆け、2016（平成28）年2月に策定した、「一宮市まち・ひと・しごと創生総合戦略」の目標を実現するため、都市構造評価及び土地利用の方針について整理を行い、人口減少社会を見据えた一宮市の将来都市像について検討を行っている。

　これを踏まえた形で、2017（平成29）年4月にまずは一宮駅周辺のまちづくり方針を策定し、その方針を基に一宮市都市計画に関する基本的な方針（都市計画マスタープラン）の部分改定を行ったのである。この部分改定の中では、市街地開発事業の計画に関する方針において、リニアインパクトや尾張一宮駅前ビル（通称 i －ビル）の整備効果を活かした民間開発の促進について追記している。

　2018（平成30）年10月には、民間開発を促すため、一宮駅周辺の4車線道路沿道の街区の容積率を400％から600％に変更し、併せて、準防火地域から防火地域への変更を行っている。容積率600％の区域はこれにより約0.04㎢から約0.24㎢に大幅に拡大している。この容積率の緩和は、一宮駅周辺の土地の高度利用を促進することを目的としているが、現状土地が細分化されていることからいわゆる「ペンシルビル」の建築が懸念されたため、容積率が600％となる区域に地区計画を定め、敷地面積500㎡未満で建築物を建築する場合には容積率の最高限度を600％ではなく400％として、土地の集約化を促している。（図2）

図2　一宮駅周辺容積率緩和

　更に2019（平成31）年からは一宮市都市計画に関する基本的な方針（都市計画マスタープラン）の全面改定に乗り出し、併せて一宮市立地適正化計画の策定も行うことで、多拠点ネットワーク型都市の構築に向けた取り組みを加速させた。

4 都市計画に関する基本的な方針

　2020（令和2）年6月に全面改定した一宮市都市計画に関する基本的な方針（都市計画マスタープラン）では、将来の都市像を「都会の利便性と田舎の豊かさが織りなす、だれもが住みよいまち」とし、この実現に向けて、持続可能な都市構造として、多拠点ネットワーク型都市を目指すこととしている。

　一宮駅周辺は都市拠点と位置付け、先に述べた容積率緩和も踏まえ、都市機能の集積及び維持向上を図る方針としている。また、尾西庁舎周辺及び木曽川駅周辺については、副次的都市拠点と位置付け、市西部及び北部地域における都市機能の集積及び維持向上を図る方針としている。さらに、出張所または公民館周辺を地域生活拠点に位置付け、日常生活を支える機能の集積及び維持を図る方針としている。

　具体の方針では、都市拠点である一宮駅周辺においては、民間活力の導入による土地の高度利用を目指して、既に実施した容積率の緩和に加えて、高度利用地区や再開発等促進区の指定や市街地再開発事業や優良建築物等整備事業を活用して、都市拠点にふさわしいにぎわいのある市街地の形成を図る方針としている。また、

市南部のにぎわいの核として、丹陽町の地域生活拠点では、居住及び都市機能を誘導するため、土地区画整理事業による良好な市街地の形成を図る方針としている。それ以外の市街化区域の拠点については、後述の一宮市立地適正化計画の中で都市機能誘導区域として位置付け、誘導施設の立地による拠点機能の維持に努めることとしている。

　一方、市街化調整区域については、前述のとおり多くの人口集中地区（DID）が広がっている状況ではあるが、今後の人口減少においては、この地区の人口減少が顕著に表れる予想となっていることから、公共交通も含めた今ある集落の既存コミュニティの維持が重要となってくる。そこで、2017（平成29）年に策定した一宮市市街化調整区域内地区計画運用指針に基づき、現時点では市街化調整区域ではあるものの、将来的に地区計画による面整備によって、市街化区域への編入が見込まれる市街化調整区域内の鉄道駅、市役所出張所、学校などの周辺を市街化調整区域内地区計画の実施可能エリアとして、地区計画による面整備を図る方針としている。

　これらの拠点を鉄道もしくはバスで結ぶことによって、利便性の高い持続可能な公共交通ネットワークが形成されることとなる。

　また、産業の面においては、基幹産業である繊維工業の衰退により、既存の工業地が住宅等に建て替わっている現状がある。その中で、新たな企業の進出の際にまとまった敷地の確保が難しいという問題が生じている。そこで、高速道路のインターチェンジ周辺や郊外にある既存の工業団地周辺など既存ストックの活用できる場所を産業拠点に位置づけ、工業・物流施設や農商工が連携した地域の振興に施設などの充実・集積を目指す方針としている。

　こうした方針による取り組みが進むことによって、市域の主要な箇所にそれぞれの機能を持った拠点が形成され、公共交通や道路のネットワークによって結ばれることで、多拠点ネットワーク型都市構造を形成していくこととなる。（図3）

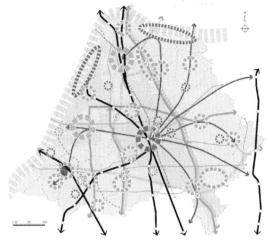

図3　将来都市構造図
（一宮市都市計画に関する基本的な方針より）

5　立地適正化計画における取り組み

　一宮市立地適正化計画における基本方針としては、近年転入超過傾向にある子育て世代や、今後ますます増加する高齢者への対応に注力するため、まちづくりの方針を「子育て世代や高齢者が安心・快適に暮らせるまちづくり」と位置付け、これを踏まえた目指すべき都市構造を多拠点ネットワーク型都市としている。

(1)都市機能誘導区域

　本市の歴史的背景から、生活の中心となっている将来都市構造図における都市拠点、副次的都市拠点、市街化区域内の地域生活拠点に都市機能誘導区域を設定している。区域設定については、拠点の中心となる施設、駅等から徒歩での移動が可能な範囲（概ね800m）を目安に、関連計画の区域との整合性、都市機能の立地状況を考慮して、地形地物などの地域の一体性により設定を行っている。誘導施設については、まちづくりの方針を踏まえ、子育て世代や高齢者の利便性の向上を図るため、介護福祉機能、子育て機能、商業機能、医療機能について検討を

行い、介護福祉機能としては、高齢者が自立し生活できるように健康増進施設、子育て機能については、子育て世代にとって必要な認定こども園（公立を除く）、商業機能としては、日々の生活に必要な商業施設（生鮮食料品を取り扱うもの）、医療機能としては、愛知県地域保健医療計画における医療圏を踏まえ、既存施設の維持や必要性を考慮して地域医療支援病院（病床200床以上）と病院（病床20床以上）を誘導施設として位置付けている。誘導施設の検討過程において、地域包括支援センターや在宅系、通所系の介護施設、保育園や小規模商業施設、一般診療所なども検討を行ったが、現状市内全域にバランスよく立地している施設が多く、地域の生活と密接に関係しており、いきなり都市機能誘導区域だけに誘導してしまうと、それ以外の地域でのこれらの生活利便施設が無くなり、地域住民の生活に支障をきたす恐れがあることから、これらの施設については、今後の人口動向を見ながらその必要性と配置について検討を行うこととした。

(2)居住誘導区域

居住誘導区域の設定においては、都市機能誘導区域に誘導する誘導施設に容易にアクセスできる区域を基本とし、以下の3つの条件により区域の検討を行っている。
①都市機能誘導区域とその徒歩圏
②基幹的公共交通などを利用可能な徒歩圏
　（鉄道駅800m圏、バス停500m圏）
③土地区画整理事業区域

この条件のいずれかに該当する区域を基本としているが、その中でも良好な居住環境を確保するため、用途地域が工業専用地域もしくは工業地域及び準工業地域のうち工業的土地利用の割合が高い地域については、居住誘導区域に含めないこととし、さらに地形地物の状況等を考慮して居住誘導区域の区域を決めている。

本市の居住誘導区域の面積は、これによって約32k㎡となり、市街化区域の83.4%を占める結果となっている。

6　おわりに

最初にも述べたように、本市の都市構造は平坦な地形や歴史的背景から、市街化調整区域にまで人口集中地区（DID）が広がり、市域全域に様々な機能が混在する状態となっている。

しかし、今後の人口減少や少子高齢化においては、市域全域が人口の低密度化により、既存の生活利便施設やインフラ・公共交通の維持が困難になることが予想される。そこで、人口密度の維持が重要となってくる訳であるが、立地適正化計画により市街化区域内の居住誘導区域への誘導をいきなり図ることは、今までの本市の都市構造からして難しい問題である。そこで、市街化調整区域の公共交通の利便性の高い地域においても、今ある地域コミュニティの維持を目的とした地域生活拠点を設けることによって、本市の特徴を踏まえた持続可能な都市構造を構築することが出来ると考えられる。

今回策定した一宮市都市計画に関する基本的な方針（都市計画マスタープラン）及び一宮市立地適正化計画では、持続可能な都市構造を実現するための施策を位置づけているが、今後は人口動向等を注視しながら各施策を推進することにより、一宮市独自の多拠点ネットワーク型都市を構築していきたいと考えている。

岡崎市立地適正化計画と公民連携による暮らしの質とエリアの価値の向上

Improving Quality of Life and Area Value through Location Normalization Plans and Public-Private Partnership

鈴木　智晴　　岡崎市都市整備部都市計画課

Tomoharu SUZUKI　　Urban Development Department, City of Okazaki

1　はじめに

本市は、愛知県のほぼ中央部に位置し、総面積は約387㎢で、一級河川矢作川や乙川といった河川や森林等、豊かな自然環境に恵まれている。

また、東名高速道路、新東名高速道路や国道1号による広域的な自動車交通ネットワークが構築され、加えて17もの鉄道駅があり、バス路線を含めた公共交通による人口のカバー率は概ね85%となっている。

徳川家康公の生誕の地である岡崎城や旧東海道の宿場町の面影を残す町並み、伝統的な祭事が点在しており、快適な暮らしと自然・歴史資源が調和した風格ある都市として地域の中心的都市として発展を続けている。

2　岡崎市の現況と課題

本市の人口は、2020（令和2）年3月に約38万7000人（住民基本台帳）で、その内の約86%が市域の約15%の市街化区域に居住している。また、人口の約13%が市域の約52%を占める市街化調整区域に、残りの約1%が、市域の33%を占める都市計画区域外に居住し、秩序あるコンパクトな都市構造を形成している。

2010（平成22）年に策定した岡崎市都市計画マスタープランでは、「快適な暮らしと自然・歴史資源が調和した風格ある都市」を基本理念に、「ゾーン」、「拠点」、「軸」から成る将来都市構造図を設定し、コンパクトで持続可能な都市づくりを進めているところである。

本市の人口は、国立社会保障・人口問題研究所の推計によると、2030（令和12）年頃まで増加し、その後減少に転じるが、岡崎市立地適正化計画の目標年度である2040（令和22）年の人口は、約38万4000人と、現在の人口とほぼ同程度の見込みである。しかし、本市中心部（都心ゾーン）である東岡崎駅から岡崎城のある岡崎公園周辺の、人口減少が予測されている。（図1）

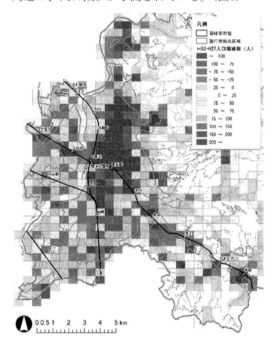

図1　2015〜2040年人口増減

この都心ゾーンは、鉄道駅、バス基幹路線から成る本市の骨格であり、商業・業務機能、文化・交流機能、行政機能等といった都市機能の中でも広域的な機能が集積しており、加えて多くの優れた既存ストック（道路、公園、乙川等の公共空間）の有効活用が図られる区域である。このため、都心ゾーンの人口集積は、重要な課題となっている。

こうした都心部の魅力向上、居住の集約等の

本市が抱える課題に対応するため、2017(平成29)年3月に都心ゾーンに2か所の都市機能誘導区域を定めた岡崎市立地適正化計画を策定・公表した。その後、2018(平成30)年11月に、立地誘導促進施設協定に関する事項を追加する軽微な変更を行い、2019(平成31)年3月に、11箇所の都市機能誘導区域と居住誘導区域を定めた計画とし、現在に至っている。

3 岡崎市立地適正化計画の特徴[1]

(1)居住誘導区域

本市は、法令等に示されている災害危険性が高い区域等を除外した上で、公共交通の利便性、土地利用の状況、インフラ整備状況、公的施設や生活利便施設の立地状況といった利便度と地震や浸水等の災害リスクを総合的に評価した上で、居住誘導区域を設定(市街化区域の約85%)した。(図2)

居住誘導区域には、都心ゾーン、バス基幹軸沿線といった区域については高度利用化・高密度化によりにぎわいと居住の誘導を図っていくこととして、居住誘導重点区域と称する区域を設定した。

本計画の評価指標の1つとして、目標年度である2040(令和22)年の居住誘導区域の可住地人口密度を、95.0人/ha(2015年は約93.5人/ha)とし、特に課題となっている居住誘導重点区域は、土地の高度利用や空き家・空き地の活用を促進することで、まちの賑わいと居住の誘導を図り、現状の人口密度である99人/haの維持を目指し、目標値を100人/haに設定している。

(2)都市機能誘導区域

本市の都市機能誘導区域は、都市計画マスタープランにおける拠点を基本として、鉄道駅周辺、主要なバス停周辺の11地区(市街化区域の約13%)に定めている。

都市機能誘導区域は、対象としている圏域や機能により、「都市拠点」、「準都市拠点」、「地域拠点」に区分し、それぞれに誘導施設と誘導施策を設定し、賑わいと交流の創造や歩いて暮らしやすい生活圏の形成を図っている。

特に、都市拠点である東岡崎駅周辺の都市機能誘導区域では、「乙川リバーフロント地区公民

連携まちづくり基本計画(QURUWA戦略)[2]」を打ち立て、立地適正化計画と連携して公民連携まちづくりに取組んでいる。

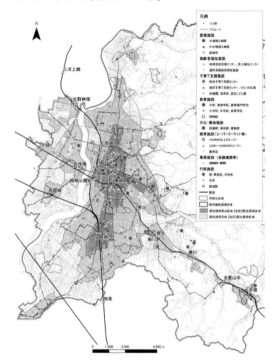

図2　居住誘導区域と都市機能誘導区域

4 公共空間を活用した公民連携

(1)乙川リバーフロント地区QURUWA戦略

本市の中心部である都心ゾーンを東西に流れる乙川の清流と豊かな水辺空間は、岡崎城と並んで、市民が誇る貴重な財産である。現在、この乙川を含めた中心市街地「乙川リバーフロント地区」約157haにおいて、水辺空間を整備し、地区内の豊富な公共空間を活用して、中心市街地の魅力や回遊性の向上に取り組んでいるところである。

「QURUWA」とは、乙川リバーフロント地区内の乙川河川緑地や籠田公園等再整備、中央緑道と市道籠田町線の道路空間再構築等、地区の東西・南北軸の公共投資と地区内の既存集客施設を結ぶ動線が、岡崎城跡の総曲輪（そうくるわ）と重なることや、「Q」の字に見えることから、これを主要回遊動線「QURUWA」と名付けたものである。(図3)

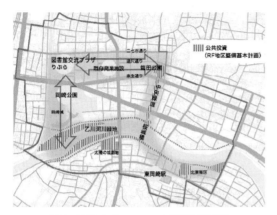

図3　乙川リバーフロント地区とQURUWA

そして「QURUWA戦略」とは、質の高い民間事業を誘発する、この「QURUWA」上の徒歩5分圏内の公共空間の拠点や軸線において公民連携事業（QURUWAプロジェクト）を展開し、回遊を実現させ、その波及効果により、「市民の暮らしの質の向上」、敷地単位でなく「エリアの価値の向上」を図る戦略であり、次の7つのプロジェクトの具現化に取組んでいる。（図4）

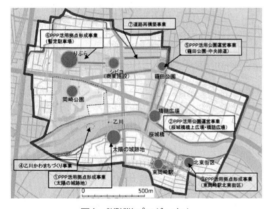

図4　QURUWAプロジェクト

①PPP活用拠点形成事業（太陽の城跡地）

　約8,000㎡の市有地で事業用定期借地等によりシティホテル、コンベンション、リバーベースを民間で一体整備するまちの拠点形成プロジェクト。

②PPP活用公園運営事業（桜城橋橋上広場・橋詰広場）

　公園人道橋の桜城橋（2020（令和2）年3月22日開通（写真1））橋上広場とその橋詰広場約2,800㎡

の公園用地を活用し、Park-PFIによる民間活力を導入し、休憩所、飲食店等を整備、運営するプロジェクト。

写真1　桜城橋と乙川

③PPP活用拠点形成事業（東岡崎駅北東街区）

　東岡崎駅に隣接する約6,600㎡の事業用定期借地権を設定した市有地で、商業等の都市機能を担う民間事業者を核に、河川空間を含め一体的に活用するプロジェクト。

④乙川かわまちづくり事業

　規制緩和により実現した河川空間での観光船運航や殿橋テラスにおけるカフェ等、様々な民間事業が連携するプロジェクト。

⑤PPP活用公園運営事業（籠田公園・中央緑道）

　ステージ等を有する約7,000㎡の籠田公園（写真2）、道路再構築により拡幅する約6,000㎡の中央緑道での、地元団体や公園管理・活用に関係する民間事業者等と共に、公園で稼ぎ、公園に還元する組織・仕組みづくりに挑むプロジェクト。

⑥PPP活用拠点形成事業（暫定駐車場）

　図書館交流プラザ「りぶら」東側に有する約11,000㎡もの駐車場や広場等の公的不動産を活かした公民連携事業により、まちと「りぶら」を繋ぐプロジェクト。

⑦道路再構築事業

　康生通り約300m区間等で、規制緩和による認定団体を組織することで、オープンカフェ、広告版設置等の道路空間を利活用する民間取組みの事業化と、それに併せた道路空間再配置を含めたプロジェクト。

　このようなQURUWA上での公的不動産を活かし

たPPP拠点形成事業や公園でのP-PFI事業、乙川での民間主体のかわまちづくり事業等、良質な公共空間を活用し、優良な民間事業者を引き込むQURUWAプロジェクトを順次実施していくことで、まちなかの回遊を実現させ、その波及効果として、まちの活性化、暮らしの質の向上を図るまちづくりについて引続き取組んでいくものである。

写真2　籠田公園

(2)スポンジ化対策の取組み

QURUWA戦略のプロジェクトの1つに「道路再構築事業」がある。これは、商店街において、沿道建物と一体となった道路活用を図ることで、「まち歩きが楽しい街」、「魅力ある、来やすいまち」を目指すものである。

現在、乙川リバーフロント地区内の商店街（康生通り）周辺には収容台数の少ない駐車場が散見されており、地元関係者の中でも都市のスポンジ化に対する危機感を持っている状況である。

こうしたことから、道路の利活用に合わせた駐車場の再配置により、車動線を整理し、まちのスポンジ化の解消と、来訪者の増加を図ろうとするものである。

本市では、この取り組みを支援するために、立地適正化計画において、東岡崎駅周辺の都市機能誘導区域を対象に、「立地誘導促進施設協定に関する事項」（コモンズ協定）を記載した。

一昨年度に、広場空間を創出し、スポンジ化の解消とエリアの価値の向上を図るため、康生通りで社会実験を行い、現在、都市再生推進法人を中心に、コモンズ協定の活用に向けて駐車場事業者、不動産事業者等と調整を行っている段階である。

5　リノベーションまちづくり

東岡崎駅周辺地区の誘導施策の1つに、リノベーションまちづくりの推進を掲げ、本市と商工会議所、日本政策金融公庫、宅建協会、Oka-Biz（産業支援センター）が「岡崎市リノベーションまちづくり実行委員会」を組織し、リノベーションまちづくりを推進している。

これまでにリノベーションスクールを3回開催し、民間主導で自ら稼ぎ、まちを元気にするための担い手となる人材の発掘と育成に力を入れている。また、空き物件オーナーと入居者を結びつける「家守事業者」と連携しながらリノベーションまちづくりを進めているところである。

こうした中、空き店舗を改修した総菜屋等の事例が出てきている。

6　おわりに

このように様々なプロジェクトで「まちなか」の魅力を高め、今後は緩和型地区計画制度等を活用しながら都市機能・居住の集積を図るとともに、「まちなか」と「郊外地域」を結ぶ既存バス路線のうち、優先的に確保すべき路線を基幹路線と位置づけ、利便性の向上を図り、基幹路線の確保維持に努めることとしている。

こうした取り組を通じて、コンパクト・プラス・ネットワークを推進し、「良質な都市空間を楽しむ日常」、「暮らしやすいまち」の創造を図っていく。

さらに本市では、令和3年3月を目途に都市計画マスタープランの全面改定作業を行っているところである。前人が大切に育んできた岡崎の「自然・歴史・文化」を継承しつつ、中枢中核都市として風格を有し、市民が誇りを持ち活力ある新岡崎市になるよう取り組んでいきたい。

【引用・参考文献】
1) 岡崎市立地適正化計画, 岡崎市
2) 乙川リバーフロント地区公民連携まちづくり基本計画 -QURUWA戦略-, 岡崎市

三重県がめざす都市づくりの方向

Direction for Urban Development in Mie

山室　明　　三重県県土整備部都市政策課
Akira YAMAMURO　　Department of Prefectural Land Development, Mie Prefecture

1 三重県の概要

　三重県は日本列島のほぼ中央、太平洋側に位置し、東西約80km、南北約170kmの南北に細長い県土を有し、県土の中央を流れる櫛田川に沿った中央構造線を境に大きく北側と南側に分けられている。中央構造線より北側の地域は、岐阜県、滋賀県との境界に沿って南北に細長く連なる養老山地及び鈴鹿山脈、布引山地があり、東部には山麓部、丘陵地を経て伊勢平野が広がっている。また、西部には、布引山地と奈良県境の笠置山地に囲まれた上野盆地がある。中央構造線より南側の地域は、東側には志摩半島から熊野灘に至るリアス式海岸が続き、西側には県内最高峰1,695mの大台ヶ原山を中心に紀伊山地が連なっている。

2 三重県が抱える課題
(1) 人口減少・少子高齢化の進展

　三重県の総人口は、平成19(2007)年をピークに減少に転じている。国立社会保障・人口問題研究所の推計によれば、令和22(2040)年の総人口は昭和40(1965)年と同程度になることが予測される。

図1　三重県全図

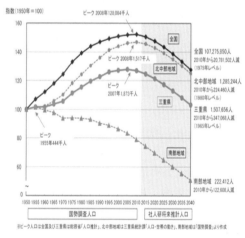

図2　三重県人口ビジョン（平成27(2007)年10月）

(2)大規模自然災害の発生

　三重県では、1時間降水量50mm以上（非常に激しい雨）や同80mm以上（猛烈な雨）の年間観測回数は増加傾向にあり、土砂災害の発生回数も増加している。平成23（2011）年の台風第12号による「紀伊半島大水害」では、県南部を中心に総降水量が各地で1,000mmを超える大雨となり、土砂災害や浸水被害により、県内で3人の死者・行方不明者が生じた。

　地震・津波に関して、政府の地震調査研究推進本部による長期評価（算定基準日：平成31（2019）年1月1日）では、南海トラフ地震（M8〜M9クラス）の発生確率は30年以内であれば70%程度、50年以内であれば90%程度とされている。また、三重県は全域が「南海トラフ地震防災対策推進地域」に指定され、川越町以南の沿岸部の市町が「南海トラフ地震津波避難対策特別強化地域」に指定されており、南海トラフ地震が発生した場合には、約5万3,000人の人的被害（理論上最大クラス）など甚大な被害が想定されている。

紀伊半島大水害

(3)産業のグローバル化の進展

　三重県では、県内総生産に占める製造業の割合が高く、主要産業を担ってきた。しかし、世界経済危機の影響により、平成20（2008）年度に急減するなど、世界経済の変化に大きな影響を受けやすい産業構造になっている。今後の三重県における産業の方向性は、みえ産業振興ビジョン（平成30（2018）年11月改訂）において、第4次産業革命への迅速な適応が求められている。

　このことにより、三重県経済を牽引している「ものづくり産業」を今後も維持し、地域経済の活性化を図ることが重要である。

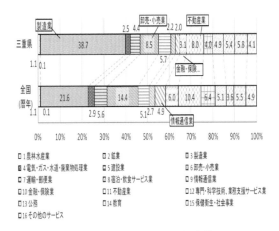

図3　平成29年度三重県民経済結果

3　圏域マスタープランの設定

　三重県では、ライフスタイル多様化による活動範囲の広域化、広域道路ネットワーク整備の推進に伴う産業活動の広域化、および市町村合併による行政区域の拡大もあり、個別の都市計画区域を越える活動や都市計画区域と行政区域の不整合があることから、個別の都市計画区域内だけをみていては、広域的な視点からの都市の将来像をわかりやすく提示することが困難である。このため、上位・関連計画等による圏域の考え方や生活上の結びつきを考慮し、市町の区域を単位として5つに区分した圏域マスタープランにおいて都市計画区域外も含めた圏域全体の将来像を示した上で、都市計画区域マスタープランにおいて都市計画区域内での主要な都市計画の方針を示している。

表1　三重県における圏域

圏域	圏域内の市町
北勢	四日市市、桑名市、鈴鹿市、亀山市、いなべ市、木曽岬町、東員町、菰野町、朝日町、川越町
中南勢	津市、松阪市、多気町、明和町、大台町、大紀町
伊勢志摩	伊勢市、鳥羽市、志摩市、玉城町、度会町、南伊勢町
伊賀	名張市、伊賀市
東紀州	尾鷲市、熊野市、紀北町、御浜町、紀宝町

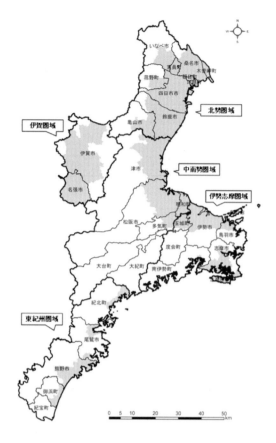

図4　区域マスタープラン区分図

川原町駅前広場

け公共交通を利用することのできる場所に都市の拠点を定める。

　拠点の役割に応じて、例えば広域拠点では大規模集客施設を含む多様な都市機能、地域拠点では日常サービス機能の立地の誘導を図りつつ、拠点及びその周辺で生活利便性が比較的高い区域に居住の誘導を図る。

　ネットワークを形成する交通に関しては、主要な鉄道駅周辺等を中心に自動車交通、鉄道、バス交通、自転車・徒歩交通等の適切な連携を促進するなど、交通結節機能を充実させることで、総合交通体系の構築をめざす。

4　三重県の都市づくりの方向性

　三重県が抱える課題を踏まえ、新たな都市づくりの方向は「県民と共に考える地域づくり」を土台とし、①地域の個性を生かした魅力の向上、②都市機能の効率性と生活利便性の向上、③災害に対応した安全性の向上、④産業振興による地域活力の向上の4つの方向に整理した。これらの「都市づくりの方向」に従い、将来都市像と現状との乖離を解消し、実効性のあるものとするための具体化策を以下に示す。

5　三重県がめざす都市構造の具体化

(1)都市経営の観点

　三重県における公共交通網の整備状況や、現状の日常生活や都市活動での利用状況から、ある程度自動車交通に依存した都市構造とならざるを得ないと考えられるが、誰もが住みやすく環境にもやさしい都市の形成に向け、できるだ

(2)都市防災の観点

　都市における土地利用及び施設配置について、市街地は災害リスクの低い場所に形成し、災害リスクが高い場所では用途を考慮しながら都市的土地利用の抑制等を行うことを基本的な考え方とする。

　災害時における被害の防止・低減のため、防災施設及び避難施設の整備のハード対策を推進するとともに、建築物の構造強化、土地利用の規制・誘導等のソフト対策を組み合わせて実施する。これにあたり、災害リスクがある場所のうち、都市的土地利用の抑制や建築物の構造等の規制による被害の低減などの施策の実施を検討すべき区域を「土地利用検討区域」として設定する。

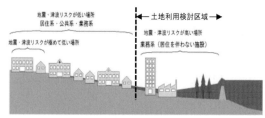

図5　土地利用検討区域のイメージ

出典：「三重県地震津波被害の低減に向けた都市計画指針」

(3) 都市活力の観点

　新たに構築が進む広域交通ネットワーク等や既存工業用地の産業集積を考慮して、三重県都市計画区域マスタープランに位置づける「工業系土地利用誘導ゾーン」の運用等の見直しを実施し、企業誘致を進める。

　また、新名神高速道路、東海環状自動車道、紀勢自動車道等の新たに整備が進む高規格道路ネットワークやリニア中央新幹線等の産業振興に資するインフラを活用し、産業機能の集約に向けた土地利用を促進するとともに、観光や農林水産を含むすべての産業活力を支える新たな都市基盤の検討・整備を進める。

勢和・多気IC周辺　パース図

6　立地適正化計画の取り組み状況

　これまでに都市計画における課題やその解決に向けた方針を示してきたが、その解決手法の1つが立地適正化計画である。人口が減少に転じ民間の投資意欲が低下する中では、将来の都市像を明示し、財政・金融・税制等の経済的インセンティブにより、計画的な時間軸の中で、集約型都市構造の形成に向けて誘導を図ることが重要となっている。立地適正化計画は、計画制度と財政・金融・税制等による支援措置を結び

つける役割を果たすものであり、自治体の大きな財政支出を最小化し時間軸の中でより安全で快適な都市構造の構築を目指すことができるアクションプランであると考えている。

　これまでに、県内市町向けの意見交換会や研修会を実施し、策定を先行または希望している市町との勉強会を開催し、市町の作業と県の支援策について検討を進めている。平成27(2015)年度から集約都市形成支援事業費補助を受け立地適正化計画の策定に取り組んでおり、現時点で8市町が策定済である。

　しかし、計画立案にはこれまで縦割りであった自治体組織を横断的に調整する必要がある。例えば、医療、子育て支援、商業などの誘導すべき施設の優先順位などを決定する必要がある。また、地域的な課題もあり、隣接する市町が同種の施設を希望する際に、双方の競合により、効果が弱まることも考えられる。

　このように、行政内の連携と広域的な調整の必要性は高まっている。

　県として期待される役割の一つとして、行政内の連携と広域的な調整があり、策定を進める市町と連携して横断的に調整を行っている。

7　今後の対応

　現行の都市計画区域マスタープランの目標年度は令和2(2020)年度である。このため、都市経営の観点、都市防災の観点、都市活力の観点の3つの変革の観点を基本に、各圏域の基本理念及び目標をもとに、特色ある集約型都市構造の形成をめざし、都市計画区域マスタープランの令和2(2020)年度改定を目標に進めている。

　都市計画区域マスタープランに基づくまちづくりを進めることにより、三重県が抱える課題の解消に大きく寄与するものと考えている。

津市における多極ネットワーク型コンパクトシティの構築に向けた取り組み

Strategies for the Creation of Compact City with Multiple Communities Connected by Transportation Network in Tsu City

草深　寿雄　　津市都市計画部
Hisao KUSABUKA　　Urban Policy Division, Tsu City

1　津市の概要

　2006（平成18）年に10の市町村が合併して誕生した津市は、三重県の中央部に位置する県庁所在地で、県内の市町の中で最も広い約711km²の面積を有している。県都として国や県の公共施設、大学や短期大学などの高等教育機関、大学病院などの医療機関、企業の本社・支店・営業所など多様な都市機能が集積し、バランスの取れた都市である。また中部・近畿両圏の結節点として交通の利便性が高く、本市と中部国際空港を約45分で結ぶ高速船のターミナル「津なぎさまち」もあり、海外へのアクセスも良好となっている。（図1）

図1　津市からのアクセス

2　津市の現状

　国勢調査による本市における1990（平成2）年からの総人口の推移をみると、2005（平成17）年の28万8,538人をピークに減少し、2015（平成27）年の総人口は27万9,886人となっている。また、年齢3区分別人口をみると、15歳未満の年少人口は年々減少し、2015（平成27）年には3万5,663人（12.7%）となっている。一方、65歳以上の高齢人口は年々増加し、2015（平成27）年には7万7,624人（27.7%）となっており、全国的な人口減少・少子高齢化の傾向は、本市においても同様であることがわかる。

　本市における人口の将来の見通しとしては、国立社会保障・人口問題研究所が公表している将来推計人口を基に、2027（令和9）年の将来目標人口を、25万9,646人と設定している。（図2）

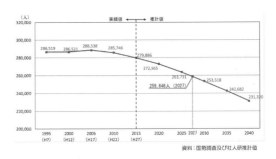

図2　津市の人口推計

3　津市立地適正化計画策定の背景

　以上のような本市の現状を踏まえ、今後も持続的に発展し、安心して暮らせる都市をつくりあげていくためには、人口規模や経済規模に見合ったまとまりのある市街地を形成し、様々な都市機能がコンパクトに集積した生活利便性の高い都市づくりを実現していく必要がある。

　また、高齢化の進展に伴い、自動車を運転できない交通弱者が増加することが想定される中、都市の活力を維持するためにも市民の重要な移動手段である公共交通サービスは不可欠と言える。

　このような背景を受け、本市においても効率

的な多極ネットワーク型コンパクトシティの構築に向け、2018(平成30)年3月、都市機能誘導区域及び居住誘導区域を定めた津市立地適正化計画（以下「本計画」という。）を策定した。

4 津市立地適正化計画の計画対象区域

本市は、市町村合併を契機に、市域内に津都市計画区域（線引き都市計画区域）、安濃都市計画区域（非線引き都市計画区域）及び亀山都市計画区域（非線引き都市計画区域）の3つの都市計画区域を有しており、異なる線引き制度を運用している。現在は、各区域における今後の開発動向などを注視した上で、各区域が有する歴史的なつながり、産業、雇用、居住など他圏域との結び付きなども勘案し、都市づくりとの整合を図りながら津都市計画区域への統合について検討を進めている状況である。

このことから、本計画策定段階においては、市街化区域を有する津都市計画区域のみを計画対象区域とし、今後の都市計画区域の見直しに応じ、計画対象区域も随時見直しを検討するものとしている。（図3）

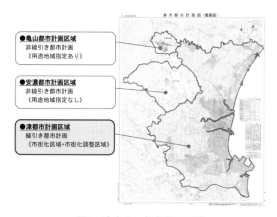

●亀山都市計画区域
　非線引き都市計画
　《用途地域指定あり》

●安濃都市計画区域
　非線引き都市計画
　《用途地域指定なし》

●津都市計画区域
　線引き都市計画
　《市街化区域+市街化調整区域》

図3　津市内の都市計画区域

5 津市立地適正化計画の基本的な方針
(1)都市づくりの基本目標及び考え方

本計画では、津市都市マスタープランで位置付けている都市づくりの目標の実現に向け、都市の現況特性、将来見通し等からみた課題を踏まえ、都市づくりの基本目標及び考え方を次のように掲げている。

1. 行きたい場所が集約された利便性の高い拠点

づくり

①徒歩、自転車によって回遊しやすい地域への機能集積

都市拠点の中心となる駅・バスターミナルから、徒歩・自転車で容易に回遊することが可能で、かつ、公共交通、都市機能、公共施設の配置、土地利用の実態などに照らし、地域としての一体性を有している区域への都市機能の集積を図る。

②利用者となる居住者ニーズに応じた魅力的な拠点地域を形成

居住の誘導、人口密度の維持には、居住地から移動利便性の高い地域に都市機能が充実していることが重要となるため、居住地からの移動利便性を踏まえた拠点配置と拠点周辺の地域特性を踏まえた都市機能誘導などによる魅力的な拠点地域を形成する。

2. 近距離圏で安心して生活ができる魅力的な居住地づくり

①生活利便性が確保される区域への居住誘導

都市機能が集積した拠点や、徒歩、自転車、公共交通などで拠点に容易にアクセスすることのできる拠点の周辺地域に居住を誘導する。

②居住を誘導する区域における生活サービス機能の持続的確保

居住の誘導を図る地域については、優先的に医療・福祉・商業・子育て支援などの生活サービス機能の持続的な確保が可能な水準となる人口密度を維持する。

③災害に対して安全性等が確保される区域への居住誘導

土砂災害、津波災害、浸水被害などにより甚大な被害を受ける災害リスクが低い区域であり、土地利用の実態を踏まえた上で、工業系用途地域などに該当しない地域に居住を誘導する。

3. 主要な公共交通ネットワークの維持

①都市拠点間の主要路線のサービス水準の確保

鉄道駅などの都市拠点間を一定以上のサービス水準で結んでいる路線（鉄道・バス）で、一定の沿線人口密度があり、かつ公共交通政策でも主要路線として位置付ける路線について、サービス水準の維持を図る。

②都市拠点と地域拠点を結ぶ公共交通ネットワークの確保

都市拠点と各地域拠点を結ぶ路線については、都市機能が集積する都市機能誘導区域への移動利便性の確保に向け、路線（鉄道・バス）の維持を図る。

(2) 目指すべき将来都市像

都市づくりの基本目標を実現するため、「津市都市マスタープラン」における将来都市構造の拠点配置及び交通ネットワークの位置付けを基に、将来都市像として、都市機能誘導区域、居住誘導区域及び公共交通ネットワークの構築を目指すこととしている。（図4）

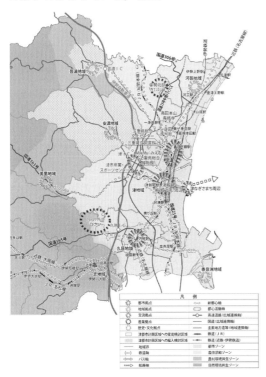

図4　将来都市構造図（津市都市マスタープラン）

6　都市機能誘導区域

(1) 基本的な考え方

本市においては、今後増加が見込まれる高齢者への対応のため、移動利便性が高い区域へ都市機能の誘導を図ることが必要と捉え、鉄道駅を始めとする交通拠点周辺及び鉄道駅から連続する中心市街地において都市機能誘導区域を検討した。

(2) 都市機能誘導区域の方針

都市機能誘導区域は、居住地からの移動利便性が高い区域であることが望ましいことから、検討対象とする区域は、一定のサービス水準や利用者数を有する鉄道駅を拠点駅として選定し、都市構造上の本市の中心的拠点の1つである中心市街地周辺を含め検討した。その上で、各拠点における具体的な区域の検討については、現状における都市機能の状況や鉄道の利用者数等の状況などのほか、鉄道駅までの移動利便性の状況（バス路線や道路網など）を勘案した上で、災害リスクを有する区域との整合を図りながら設定した。

具体的な区域の検討については、「拠点候補駅の抽出・設定」、「徒歩圏域等の検証」、「境界の具体化」の3つのステップで検討した。

また、都市機能誘導区域は、都市機能（行政・医療・福祉・商業等）の集積や関連計画における各種方針との整合のほか、広域的な交通利便性や本市が有する歴史的な市街地形成にも配慮し検討を行った。

その結果、津駅・江戸橋駅周辺地区、津新町駅周辺地区、久居駅周辺地区の3区域を都市機能誘導区域として設定した。

7　居住誘導区域

(1) 基本的な考え方

本市における居住誘導区域は、生活サービスやコミュニティが持続的に確保され、住民が安全・安心に居住できるとともに、公共交通にアクセスしやすい地域に設定した。

(2) 居住誘導区域の方針

居住誘導区域は、人口減少下においても人口密度を維持することで、生活サービス機能の維持を目的とする区域であるため、用途地域として居住を誘導しない工業系用途地域は基本的に区域に含まず、安心して暮らせる安全な市街地へ居住を誘導していくことが望ましいことから、災害リスクを有する地域については、災害リスクの情報提供の場として届出行為を活用することを念頭に、居住誘導区域に含めない区域とするとともに、災害の危険性を踏まえ必要な対策を講じる区域とした。

具体的な区域の検討については、「市街化区域内」、「居住の誘導に適さない用途地域等の整

理」、「災害リスクの高い区域の整理」、「境界の具体化」の4つのステップにより検討を行った。

以上のように検討した結果、都市機能誘導区域及び居住誘導区域を次のとおり設定した。（図5）

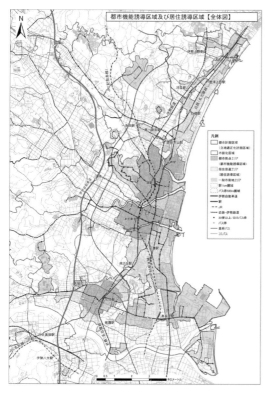

図5　都市機能誘導区域及び居住誘導区域

8　誘導施設の検討

各都市機能誘導区域における機能の必要性の検討結果より、本市において誘導施設として位置付ける都市機能を、①行政サービス施設（行政上の各種手続きの窓口機能を有する）、②医療施設（「内科」の診療科目を含む）、③商業施設（床面積1,000㎡以上の食品スーパー）、④金融施設の4機能と設定した。

その上で、各施設における充足度の判断基準を基に、都市機能誘導区域ごとの充足状況を次のように整理した。（表1）

整理の結果、本市においては現時点ですべての施設が充足状況にあるため、届出行為を活用して施設の維持を図るとともに、継続的に施設立地状況を把握し、充足度の判断基準を下回った場合については、積極的に施設誘導を図るこ

ととした。

表1　都市機能誘導区域別の誘導施設の充足状況

施設	行政サービス施設	医療施設 （診療所「内科」）	商業施設 （食品スーパー）	金融施設
充足基準	1施設以上	1施設当たり 5千人未満	1施設当たり 1万人未満	人口カバー率が都計区域の平均（77%）以上
津駅・江戸橋駅周辺区域	充足 1施設立地	充足 1施設当たり 1,537 人	充足 1施設当たり 3,331 人	充足 人口カバー率 89%
津新町駅周辺区域	充足 1施設立地	充足 1施設当たり 1,844 人	充足 1施設当たり 2,371 人	充足 人口カバー率 96%
久居駅周辺区域	充足 2施設立地	充足 1施設当たり 1,353 人	充足 1施設当たり 4,511 人	充足 人口カバー率 97%

9　誘導の方針

都市機能の誘導や居住の誘導に当たっては、強制力や規制的手法をもって誘導を図るのではなく、誘導施策を段階的に検討・実施しながら、また届出制度の活用により、時間をかけて事業者や市民の意識の醸成を図っていくことで、緩やかに誘導を図ることとした。

10　おわりに

本計画の計画期間は2018（平成30）年から2027（令和9）年の10年間とし、次のように目標値を設定した。（表2）

表2　目標値（2027（令和9）年）

評価指標	現況値	目標（2027 年）
都市機能誘導区域の 誘導施設の充足状況	充足 （2017 年度）	充足
居住誘導区域の 人口密度	44 人/ha （2015 年国勢調査）	44 人/ha

おおむね5年ごとにPDCAサイクルによる進行管理を行い、施策の実施による効果や課題を評価し、必要に応じて見直しながら計画を推進していくこととしている。また、災害リスクの高い土砂災害特別警戒区域や津波災害特別警戒区域の指定状況を勘案し、場合によっては居住誘導区域を見直すこととしている。

今後は、市民をはじめ、事業者や各種団体とともに住みやすさ・暮らしやすさを高めつつ、にぎわいや活力増進を図り、持続的に発展できる都市構造の構築を目指していきたい。

執筆者一覧 （五十音順）

阿久井康平	大阪府立大学大学院人間社会システム科学研究科助教	第Ⅰ部第2章1-1
	（2020.3まで富山大学学術研究部都市デザイン学系助教）	
浅野　聡	三重大学大学院工学研究科建築学専攻教授	序章、第Ⅰ部第2章2-2
浅野純一郎	豊橋技術科学大学建築・都市システム学系教授	第Ⅰ部第1章1-2
阿部　雅文	富山県土木部都市計画課長	第Ⅱ部第3章1
生駒　正之	岐阜市まちづくり推進部開発指導景観課副主幹	第Ⅱ部第4章2
磯部　真也	国土交通省中部地方整備局建政部計画管理課長補佐	第Ⅰ部第1章1-3
伊藤　孝紀	名古屋工業大学大学院工学研究科建築・デザイン分野准教授	第Ⅰ部第2章4-3
井熊　久人	浜松市都市整備部参事(兼)都市計画課長	第Ⅱ部第4章4
今村　洋一	椙山女学園大学文化情報学部文化情報学科准教授	第Ⅰ部第2章5-1
大見　明弘	愛知県都市整備局都市基盤部都市計画課企画・調査グループ主査	第Ⅱ部第4章5
勝野　直樹	一宮市まちづくり部都市計画課長	第Ⅱ部第4章7
辛島　一樹	豊橋技術科学大学建築・都市システム学系助教	第Ⅰ部第2章2-1
川下　将克	福井県土木部都市計画課主任	第Ⅱ部第3章5
川本　義海	福井大学学術研究院工学系部門建築建設工学講座教授	第Ⅰ部第1章2-4
菊地　吉信	福井大学学術研究院工学系部門建築建設工学講座准教授	第Ⅰ部第1章4-1
木谷　弘司	金沢市まちづくり相談員	第Ⅱ部第3章4
草深　寿雄	津市都市計画部都市政策担当参事	第Ⅱ部第4章10
倉内　文孝	岐阜大学工学部社会基盤工学科教授	第Ⅰ部第2章3-2
佐藤　雄哉	豊田工業高等専門学校環境都市工学科准教授	第Ⅰ部第1章3-2
佐野　正典	富山市活力都市創造部都市計画課主幹	第Ⅰ部第3章2
嶋田　喜昭	大同大学工学部建築学科土木・環境専攻教授	第Ⅰ部第1章2-6
鈴木　温	名城大学理工学部社会基盤デザイン工学科教授	第Ⅰ部第1章4-2
鈴木　智晴	岡崎市都市整備部都市計画課企画調査1係係長	第Ⅱ部第4章8
高橋　勇亮	静岡市建設局道路部道路計画課主査	第Ⅱ部第4章3
瀧　康俊	静岡市都市局都市計画部都市計画課課長補佐	第Ⅱ部第4章3
田添　隆男	岐阜県都市建築部都市政策課主任	第Ⅱ部第4章1
鶴田　佳子	岐阜工業高等専門学校建築学科教授	第Ⅰ部第2章6-1
中村　一樹	名城大学理工学部社会基盤デザイン工学科准教授	第Ⅰ部第2章4-1
中村　博昭	石川県土木部道路建設課長	第Ⅱ部第3章3
中山晶一朗	金沢大学地球社会基盤学系教授	第Ⅰ部第2章3-3
西堀　泰英	公益財団法人豊田都市交通研究所主席研究員	第Ⅰ部第2章3-1
樋口　恵一	大同大学工学部建築学科土木・環境専攻講師	第Ⅰ部第2章4-4
秀島　栄三	名古屋工業大学大学院工学研究科環境都市分野教授	序章、第Ⅰ部第2章4-2
福島　茂	名城大学都市情報学部教授	第Ⅰ部第1章1-1
福本　雅之	名古屋大学大学院環境学研究科客員准教授	第Ⅰ部第1章2-2
眞島　俊光	株式会社日本海コンサルタント社会事業本部計画研究室担当グループ長	第Ⅰ部第1章3-1
松尾幸二郎	豊橋技術科学大学建築・都市システム学系准教授	第Ⅰ部第1章2-3
松本　幸正	名城大学理工学部社会基盤デザイン工学科教授	序章、第Ⅰ部第1章2-1
三寺　潤	福井工業大学環境情報学部デザイン学科教授	第Ⅰ部第1章2-5
安間　猛	福井市都市戦略部都市計画課主幹	第Ⅱ部第3章6
山岡　俊一	豊田工業高等専門学校環境都市工学科教授	第Ⅰ部第1章2-7
山室　明	三重県県土整備部都市政策課主幹兼係長	第Ⅱ部第4章9
吉村　輝彦	日本福祉大学国際福祉開発学部教授	第Ⅰ部第2章1-2
劉　一辰	明海大学不動産学部講師	第Ⅰ部第2章7-1
名古屋市住宅都市局都市計画部都市計画課（組織名でご寄稿いただきました）		第Ⅱ部第4章6

あとがき

　本書の企画と編集は、日本都市計画学会中部支部創設30周年記念事業実行委員会の中に設けられた記念出版編集ワーキング・グループが担当し、同グループのメンバーが中心となって協議して進めてきた。

　刊行にあたり、中部地方の地方公共団体の担当者の皆様、中部支部の幹事や会員の皆様には、執筆のご協力を頂いた。また中日出版株式会社の代表取締役の寺西貴史氏、長谷川裕子氏には、多大なご協力を頂いた。この場をお借りして心から感謝申し上げたい。

　本書で論じた通り、現在の日本は、変革社会のまっただ中にあり、前世紀からの成長する時代の都市計画から大きく転換することが求められ、すでに様々な新しい取り組みが動き始めている。この動きは当面にわたって続くものと思われる。

　そして、編集作業の最中には新型コロナウィルス感染症が拡大し、国の緊急事態宣言が発表され、都道府県をまたぐ移動の制限、学校の一斉休校、公共施設や商業施設の閉鎖、在宅勤務の普及といった、過去に経験したことのない社会生活を強いられることとなった。いわゆる「新しい生活様式」の視点から、10年後の都市計画はどのようになっているだろうか。そのときにはぜひ本書を読み直していただき、さらなる考察を深めていただければ幸いである。

　2020（令和2）年9月

　　　　　　　　　　　　　公益社団法人日本都市計画学会中部支部
　　　　　　　　　　　　　　　　支部長　　松本幸正（名城大学）
　　　　　　　　　　　　　　　　副支部長　浅野　聡（三重大学）
　　　　　　　　　　　　　　　　副支部長　秀島栄三（名古屋工業大学）

　　　　　　　　　　　　　中部支部創設30周年記念出版編集ワーキング・グループ
　　　　　　　　　　　　　　　　浅野　聡（三重大学）
　　　　　　　　　　　　　　　　辛島一樹（豊橋技術科学大学）
　　　　　　　　　　　　　　　　佐藤雄哉（豊田工業高等専門学校）
　　　　　　　　　　　　　　　　樋口恵一（大同大学）
　　　　　　　　　　　　　　　　山岡俊一（豊田工業高等専門学校）

日本都市計画学会中部支部創設30周年記念

変革社会に対応する新しい都市計画像

―動き始めた「コンパクト・プラス・ネットワーク」型都市への取り組み―

2020年9月30日　　第1版第1刷発行

定価（本体2,500円＋税）

編著者　　公益社団法人日本都市計画学会中部支部

発行者　　公益社団法人日本都市計画学会中部支部 ©
　　　　　名古屋市金山町一丁目1番1号　金山南ビル
　　　　　日本都市計画学会中部支部事務局（名古屋都市センター内）
　　　　　電話（052）678-2216 FAX（052）678-2209

発行所　　中日出版株式会社
　　　　　名古屋市千種区池下一丁目4-17　オクト王子ビル6F
　　　　　電話（052）752-3033　FAX（052）752-3011

印刷・製本　株式会社サンコー

カバー裏写真（左下）康生通：撮影トロロスタジオ

ISBN978-4-908454-36-3